スペースデブリ

宇宙活動の持続的発展をめざして
TOWARDS THE SUSTAINABLE DEVELOPMENT OF OUTER SPACE ACTIVITIES

加藤 明 著

地人書館

目 次

はじめに ……………………………………………………………………… 1

第 1 章　スペースデブリ問題の背景 …………………………………… 14
1.1　デブリの発生 ………………………………………………………… 14
1.2　デブリの分布状況 …………………………………………………… 18
1.3　デブリの発生原因 …………………………………………………… 21
1.4　世界のデブリ規制の状況 …………………………………………… 24

第 2 章　デブリの分布 …………………………………………………… 26
2.1　地上から観測できる物体の発生数 ………………………………… 26
　　　2.1.1　概観 …………………………………………………………… 26
　　　2.1.2　低軌道域 ……………………………………………………… 34
　　　2.1.3　静止軌道域 …………………………………………………… 36
　　　2.1.4　我が国の衛星の打上げ状況 ………………………………… 39
2.2　デブリ分布モデル …………………………………………………… 39
2.3　将来予測 ……………………………………………………………… 41
2.4　我が国の状況 ………………………………………………………… 43

第 3 章　デブリの観測 …………………………………………………… 44
3.1　個別物体識別のための地上観測及び軌道上観測 ………………… 44
　　　3.1.1　観測技術 ……………………………………………………… 44
　　　3.1.2　主要国の状況：米国 ………………………………………… 52
　　　3.1.3　主要国の状況：欧州 ………………………………………… 59
　　　3.1.4　主要国の状況：ロシア ……………………………………… 61
　　　3.1.5　主要国の状況：中国 ………………………………………… 63
　　　3.1.6　主要国の状況：カナダ ……………………………………… 65
　　　3.1.7　我が国の状況 ………………………………………………… 66
3.2　微小粒子の軌道上捕獲・検知手法 ………………………………… 67

第4章 デブリの発生源 ……… 69
4.1 概要 ……… 69
4.2 デブリ発生事例 ……… 70
  4.2.1 中国衛星破壊実験 70
  4.2.2 Iridium 33 と Cosmos 2251 の軌道上衝突事故 ……… 72
4.3 破片の発生状況 ……… 75
4.4 意図的な破壊 ……… 80
4.5 運用終了後の破砕 ……… 81
4.6 不具合による破砕 ……… 85
4.7 将来の予測 ……… 86

第5章 衝突被害 ……… 89
5.1 概要 ……… 89
5.2 衝突の被害 ……… 93
5.3 衝突頻度 ……… 95
5.4 衝突被害回避策 ……… 96
  5.4.1 地上から観測可能な物体との衝突の回避 ……… 96
  5.4.2 微小デブリ ……… 100

第6章 デブリ対策設計・運用活動 ……… 101
6.1 概要 ……… 101
6.2 放出物の抑制 ……… 103
6.3 爆発防止 ……… 106
  6.3.1 意図的破壊活動の防止 ……… 106
  6.3.2 運用終了後の破砕防止 ……… 107
  6.3.3 不具合による破砕防止 ……… 108
6.4 運用終了後の保護軌道からの退避 ……… 110
  6.4.1 静止軌道について ……… 111
  6.4.2 低軌道衛星について ……… 112
6.5 再突入による地上被害の防止 ……… 114

	6.5.1 再突入から地上落下までの現象 …………………………………… 114
	6.5.2 世界の状況 ………………………………………………………… 115
	6.5.3 落下危険度はどのように表せるか ……………………………… 120
	6.5.4 どの程度溶けるのか ……………………………………………… 124
	6.5.5 落下の予報と被害の低減の可能性 ……………………………… 125
6.6	大きなデブリとの衝突の回避 …………………………………………… 126
	6.6.1 リスク管理 ………………………………………………………… 126
	6.6.2 大型物体との衝突回避 …………………………………………… 128
	6.6.3 ロケット打上げ時の衝突回避 …………………………………… 131
6.7	微小デブリに対する衝突防御 …………………………………………… 132
	6.7.1 リスク管理 ………………………………………………………… 132
	6.7.2 衝突防御措置の基本方針 ………………………………………… 133
	6.7.3 衝突頻度の見積もり ……………………………………………… 134
	6.7.4 防御対象の識別と損傷被害の見積もり ………………………… 135
	6.7.5 リスク許容限界と非故障確率 …………………………………… 136
	6.7.6 防御処置 …………………………………………………………… 138
	6.7.7 衝突検知と応急処置 ……………………………………………… 140
6.8	超小型衛星の問題 ………………………………………………………… 141
	6.8.1 背景 ………………………………………………………………… 141
	6.8.2 世界の動向 ………………………………………………………… 144
	6.8.3 小型衛星の問題 …………………………………………………… 146
	6.8.4 近い将来の小型衛星の動向 ……………………………………… 148

第7章 デブリの除去による軌道環境の改善 ……………………………… 151

7.1	除去の必要性 ……………………………………………………………… 151
7.2	実現に向けての課題 ……………………………………………………… 152
7.3	除去に関する研究について ……………………………………………… 155
	7.3.1 除去対象の選別 …………………………………………………… 155
	7.3.2 除去対象の検知、接近、捕獲方法 ……………………………… 156
	7.3.3 減速技術 …………………………………………………………… 157

目　次

第8章　世界の規制面での取り組み　165
8.1　経緯　165
8.2　各国の動向　173
　　8.2.1　米国の動向　173
　　8.2.2　フランスの動向　180
　　8.2.3　欧州宇宙機関（ESA）の動向　185
　　8.2.4　英国　186
　　8.2.5　ドイツ　187
　　8.2.6　ロシア　188
　　8.2.7　ウクライナ　189
　　8.2.8　中国　189

第9章　安全・平和を希求する国際的フレームワーク構築への努力　191
9.1　歴史的経緯　191
9.2　宇宙活動の長期持続性の検討　197
9.3　宇宙活動に関する国際行動規範　211
9.4　透明性及び信頼醸成措置　217
9.5　国際的取組の纏め　219
9.6　日本の取り組み　223
　　9.6.1　宇宙基本法　223
　　9.6.2　宇宙基本計画　226
　　9.6.3　我が国に求められる監視能力　231

付録　234
（1）　我が国の衛星の打上げ状況　234
（2）　破片類発生事象　243

あとがき　255
索引　263

はじめに

　2007年1月11日、中国が1999年に長征4Bロケットで打ち上げた質量960kgの気象観測衛星 Fengyun 1C（風雲1C）は高度851〜869kmを毎秒7kmで地球を周回していた。数十分前にその衛星に向けて放たれた中国のミサイルは、段間分離を繰り返して上昇を続け、先端に搭載した弾頭をその衛星にたたきつけた（と言われている）。弾頭が衝突した瞬間、超高圧に圧縮されたアルミパネルや搭載機器は溶融／気化し、高エネルギの灼熱の霧状の塊は背後の機器を粉砕し、数千分の1秒で衛星全体を木端微塵に吹き飛ばした。前方に吹き飛ばされた破片は加速されて軌道の一端が上昇し、後方に吹き飛ばされたものは減速して逆に下降し、その破片は長く引き伸ばされた蛇状の雲となって地球に巻きついた。雲の先端は高度4000kmまで上昇し、反対側の尾部は大気圏近くまで垂れ下がり、一部は地球に向けて降下し、流れ星のように発光

図1 破壊実験直後の破片の分布 [1]

---

1) U.S. Observations and Assessments of the Fengyun-1C Debris Cloud, 25th meeting of the IADC 3-6 July 2007 Toulouse, France, NASA

したであろう。やがて雲は拡散して地球の全周を覆い、薄い闇となって地球全体を覆った。

雲の中には10cm以上の破片が約3400個、1cm級のものは20万個弱が含まれているのが確認された。破片は地上のいかなる兵器も到達できない秒速7km/secの超高速で飛翔し、10cm以上の破片は衛星に衝突すれば瞬時に粉砕する脅威となった。1mm以下の微小な破片でさえ衛星のパネルを貫通すれば内部の機器を損壊し、宇宙服を貫通すれば宇宙飛行士の命に係わる危険を与える。この破片が接近して回避運動を行った衛星は米国のLANDSAT 7を始めとして数多く、国際宇宙ステーションも回避操作を行ったためこの間の無重力実験などに制約を与えたことであろう。2015年の今もこれらの破片は高度300〜4000kmの範囲に約3000個（地上から追跡監視しているものだけ）が存在し、それを生み出した者たちの意図をはるかに超えて、無差別に次の獲物を狙っているが如く超高速飛翔を続けている。

  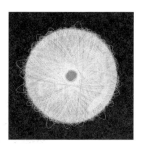

破砕3か月後　　　　　破砕1年後　　　　　破砕6年後

図2 破壊実験で生じた破片の分散状況 2)

2009年2月10日米国通信衛星イリジウム33号機（Iridium 33）は他の89機の僚機と共に高度約800kmを周回していた。その質量は残留推進剤を含めて500kgを超える軽自動車（1.02×1.57×3.6m）ほどの大きさである。イリジウムは米国のイリジウム・サテライト社が運営する衛星電話のための通

---

2) USA Space Debris Environment, Operations, and Modeling Updates, the 50th Session of the UN / COPUOS / STSC, 11-22 February 2013, NASA

信衛星である。

　軌道上の衛星が他の衛星と衝突する可能性があることはフランスの衛星(CERISE)が1996年にフランスのアリアンロケットの破片と衝突した時から認識されていたことである。しかし、技術の限界や人間の気の緩みが大事故につながることがあるように、この時も事前に警報は発令されなかった。16時56分（世界標準時）、南方から北極海近傍を通過しようとするイリジウム33がシベリア上空を通過しようとした時、スカンジナビア半島から極東樺太の上空に向けて周回する直径2m、長さ3m、重さ900kgのロシアの軍事用通信放送衛星（Cosmos 2251）が側面から接近した。高度800kmでの衛星の周回速度は7.5 km/secであり、それがほぼ真横からイリジウムに接触した。大きく展開したイリジウムの太陽電池パドルがCosmos 2251に衝突し（これは筆者の推定であるが）両機は大破した。2015年9月までに地上から観測できた破片はコスモス側が1667個、イリジウム側が620個の合計2287個であり、そのうち1516個が残存し軌道を周回している。

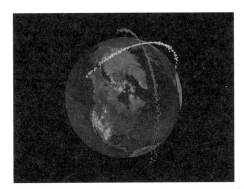

図3 イリジウム33号機とコスモス2251の衝突状況[3]

　宇宙開発には、下記のような有用性がある。
(1) 日常生活
　　・気象観測衛星による気象予報、台風接近情報の精度を高めて被災を防ぐ

---

3) NASA, Collision of Iridium 33 and Cosmos 2251, 27th Meeting of the IADC, Darmstadt, 25-27 March 2009

のに貢献
- 衛星放送(特に離島や急峻な山岳地方にお住いの方々向け)によるテレビ放送を提供
- カーナビゲーションによる道案内
- 国際電話の提供(近年は海底ケーブルの場合が多いが)

(2) 産業分野
- 海水温度データを受信して適切な漁場を発見することで効率的な漁業を支援
- 航空管制の支援
- 穀物などの作付状態の管理
- 地表の状態から鉱物の埋蔵場所を特定する鉱物資源探査
- 無重量環境での薬品・合金などの製造(未だ実験段階)

(3) 安全・安心な社会の維持
- 災害時の被災状況監視
- 被災地、山岳・海洋など一般の電話回線が確保できない状況での通信手段の提供
- 陸域・海域の汚染状況、海岸線など浸食状況、植生の確認

(3) 宇宙科学、地球科学
- 月、火星、金星、小惑星の調査
- 太陽活動とその影響についての調査
- 宇宙の成り立ちに関する科学的解明への貢献
- 地球を取り巻く環境(宇宙放射線等)の変化の把握、物理的解明

しかしながら、こうした便益の陰で、使い終わった人工衛星やロケット、並びにそれらの破片などが地球を周回し、宇宙活動に支障を与える事態となっている。

「宇宙のゴミ(スペースデブリ)」[4] を地上のゴミと対比するとわかりやす

---

[4] 宇宙のゴミは、世界的にスペースデブリあるいはデブリと呼ばれることが一般的であるので、本書でもこれ以降それに準じる。

いかもしれない（表1参照）。

　スペースデブリを簡単に定義すれば「役に立たなくなった軌道上の人工物体」であるが国連などで幾つかの定義5) がなされている。しかし正式に合意された定義は今のところ存在しない。

表1　地上のごみと宇宙のごみの代表的例

地上のごみ	宇宙のごみ（スペースデブリ）
・ちり、ほこり	・ロケット噴射物、微細な衝突破片、
・一般家庭廃棄物	・宇宙ステーション廃棄物、断熱材剥離片
・ビン、缶	・展開物締結具、破砕破片
・粗大ごみ（家電製品、自転車）	・分離式モータ、廃棄マイクロサテライト
・廃棄自動車（バイク〜ダンプ車）	・廃棄ロケット機体、廃棄衛星
・産業廃棄物（建築廃棄物・・・）	・廃棄大型宇宙ステーション
・汚染水、廃棄ガス、薬剤	・原子炉冷却液の漏洩、漏洩推進剤
・危険物	・原子炉搭載衛星、危険推進剤搭載衛星

　地上のごみと比較してスペースデブリは以下の点で大きな危険性を持っている。

(1) 超高速度（秒速7km以上）で地球を周回しているので衛星や宇宙ステーションなどに衝突すると危険である。1cm程度のデブリが衛星外側の数mm厚のアルミ板に衝突すればデブリもアルミ材も多くの部分が瞬時に液化して高エネルギの雲状の塊を形成し、後方にスプレー状に飛散して、衛星内部の機器を破損したり、衛星全体を爆発状に破砕することになる。一般の衛星では1mm程度以上のデブリの衝突から衛星を防御するには厚い装甲が必要になり実質的に防護対策は無いに等しい（宇宙ステーションの外部壁は部分的に防御壁で守られているが、一般の衛星には重すぎる）。

---

5) 1999年に国連が発行した「スペースデブリに関する技術報告書」Technical Report on Space Debris の中で暫定的に「人工の物体で、その破片や部品を含み、所有者が既知であるか否かを問わず地球軌道上や大気圏の高密度域を再突入してくる非機能的物体で、その意図した機能や他の認知された機能を回復する合理的期待が持てないものである」と定義している。(Space debris are all manmade objects, including their fragments and parts, whether their owners can be identified or not, in Earth orbit or re-entering the dense layers of the atmosphere that are non-functional with no reasonable expectation of their being able to assume or resume their intended functions or any other functions for which they are or can be authorized.)

(2) 地上から良く見えにくい（10cm 程度がはっきり見える限界）ので衝突を回避することは困難な場合が多い。
(3) 簡単には除去できないので、大気抵抗の少ない高度 600km 以上に投棄すると数十年から数百年、あるいは数千年も軌道を周回する。静止衛星の軌道では永久に落ちてこない。

　このデブリの存在について、近年までは一般の人工衛星を利用するにあたってそれほど大きな危機感は持たれていなかったが、スペースシャトルや宇宙ステーションを打上げる時代になると現実的な脅威となった。宇宙ステーションは一般の衛星に比べて巨大であるために衝突予測頻度が無視できないこと、人間が搭乗するシステムには高い信頼性が求められること等がその理由であろう。そのため、欧米露を中心に、地上からデブリを検知・追尾する観測技術、デブリの分布状態のモデル化、軌道環境の悪化の予測技術、衝突に備える防御設計技術の研究などが進んだ。
　1995 年には米国 NASA がデブリの発生を防止する指針を発行し、翌年には日本の宇宙開発事業団（現：宇宙航空研究開発機構 JAXA）が「スペースデブリ発生防止標準」を制定した。その後この流れを世界的に拡大するべく JAXA の提案・主導により、先進国宇宙機関間の初めての合意文書として IADC[6] スペースデブリ低減ガイドラインが発行された。この実質的な先進国間の合意を受けて、国連宇宙空間平和利用委員会でも 2007 年に国連スペースデブリ低減ガイドラインを制定し、もはやデブリ対策に向き合うことは世界の合意事項となっている。国際標準化機構（ISO）においてもデブリ問題を専門に議論する分科会が設けられ、「ISO-24113 スペースデブリ低減要求」や更に詳細なデブリ関連規格を幾つか制定している。

---

[6] IADC (Inter-Agency Space Debris Coordination Commiittee：機関間スペースデブリ調整委員会) は欧米を中心とした先進国の宇宙開発機関の研究者・技術者が 1993 年に設けたものである。現在は 13 の加盟機関がデブリ問題に関する協調した研究を進め、研究の成果を共有し、問題の改善に向けて努力している。(加盟機関：イタリア ASI, カナダ CSA, 仏国 CNES, 中国 CNSA, ドイツ DLR, 欧州宇宙機関 ESA, ロシア ROSKOSMOS, インド ISRO, 日本 JAXA, 韓国 KARI、米国 NASA, ウクライナ NSAU. 英国 UK Space Agency)

本書は、宇宙工学を目指す若い方々、宇宙法、国際政治、外交の分野で宇宙に係わろうとする方々に向けてデブリ問題の全体像を紹介することを目的としているが、既に衛星やロケットの開発に携われている方々にも役立てていただけるように配慮した。

　第1章は、デブリ問題の全貌を捉えるための章で、デブリの発生状況、発生の原因、世界のデブリ規制の状況をひととおり説明した。後続の章でそれぞれの項目をやや詳細に説明するに先立つ導入部である。

　第2章は現状のデブリの分布状況を主としてUSSTRATCOM（米国戦略司令部）がウェブサイト[7]で公開しているデータベースの情報を利用して、国別の発生状況や分布のパターンを分析したものである。地上から観測できない微小なデブリについては欧州宇宙機関（ESA）のデータベースの統計情報を参考に分布状態を示した。

　第3章では、地上からデブリを観測する手段や技術、主要な欧米露中の設備の整備状況について紹介した。観測の限界などにも触れており、第2章の分析の前提条件や精度の限界を知っていただくことができるであろう。

　第4章ではデブリの発生源について説明した。主要な発生源としての意図的破壊行為、不具合による破砕事故、運用終了後の破砕現象の特徴について説明し、将来予測についても言及した。

　第5章ではデブリの衝突被害について、被害の発生状況、衝突頻度、地上から観測できる比較的大きなデブリ（10cm以上）に対する衝突回避操作（軌道変更マヌーバ）、地上から観測できない微小なデブリに対する防護策について説明した。

　第6章ではデブリの発生原因毎の設計対策や運用対策を、国連の「デブリ低減ガイドライン」の項目に沿って説明した。エンジニアの方々にはリスク分析、コンテンジェンシー・プランニングに基づくリスク対策の計画手法、リスク要因ごとの対策手段などについても説明したいが、本書では割愛する[8]。是非専門書で確認されたい。とりあえずはその概念を含む包括的対策方法論と

---

[7] Space Track https://www.space-track.org/auth/login
[8] 参考として「加藤明著, JAXAスペースデブリ関係研究戦略, the jounal of Space Technology and Science vol.26 No.2 2012 Summer p18 – 27」がある。

してISOのテクニカル・レポート「ISO-TR-18146 Space Systems:- Space Debris Mitigation Design and Operation Guidelines for Spacecraft」（2015年11月発行予定）を起草したのでそれを購入していただきたい。

第7章では、大型のデブリの除去について研究の動向を説明した。軌道環境はかなり悪化しており、デブリ対策を徹底しても既に存在する大型デブリが破砕や衝突により重大な環境悪化を招く恐れがある。それら大型デブリの除去を行うことの必要性が世界のデブリ研究者の間ではほぼ合意事項になっている。その除去技術に関する研究の動向を紹介した。

第8章では、世界の規制面での取り組みについて解説した。これまでの世界の取り組みの経緯、各国の規制の動向について説明した。

純粋なデブリ問題の議論はほぼ以上の記述で網羅されるが、第9章では「宇宙活動の長期持続性の確保」の議論と国家安全保障の観点からの「透明性・信頼性の醸成手段」の議論が、デブリ衝突問題を接点として文書化されていく状況について説明する。

第10章ではそれらに向けての我が国の取り組みについて説明した。

筆者は平成5年より宇宙開発事業団（現、宇宙航空研究開発機構：JAXA）においてデブリ問題の改善に取り組み、「スペースデブリ発生防止標準」や関連する解説書などを制定し、JAXAが行う宇宙活動が軌道環境の悪化を加速しないように社内基準を設け、そのための技術情報を展開してきた。更にその流れを世界的な潮流とすべく「IADCデブリ低減ガイドライン」の制定を推進し、更にそれが国連の場で世界共通の認識となるように背景を整えた。最近は、世界の宇宙産業界にもデブリ対策を浸透すべくISO規格の制定を推進してきた。本書はこれらの経験に裏打ちされたものである。

筆者は平成23年3月に宇宙航空研究開発機構を退職した後、現在も非常勤でデブリ関連業務のために勤務を続けているが、本書はその職員としての立場よりも航空宇宙分野の技術士としての責務・倫理観より、軌道環境の保全の必要性を訴える立場から著したものである。よって、本書の内容は必ずしもJAXAの見解を代表するものではない。また、法的・外交的記述も筆者が参加してきた国連宇宙空間平和利用委員会やその他の各種国際会合への参加経験に依

存するもので、軍縮会議など別の観点からの説明は他の法律のエキスパートの著書に比べるべくもない。ここでは法的議論の陰に隠れてしまう技術者の本音としての懸念事項をお伝えしたい。

用語解説

(1) 人工衛星と衛星

　衛星とは本来は中心となる惑星などの周囲を周回する物体である。本書では人工物について議論するので、人工衛星を単に衛星と呼ぶ。これに対して太陽観測ミッションのように地球や他の天体の周囲を周回しない探査機は厳密な意味では人工衛星ではない。英語では周回衛星は satellites であり、探査機を含む広い概念としては「宇宙機」(spacecraft) と呼ぶのが一般的である（英語圏で satellites と呼ぶ場合、いわゆる人工衛星に限らず地球を周回する全ての物体を含む場合がある。この場合はデブリも satellites として扱われる）。

(2) 衛星の周回速度

　水平に発射された物体は重力の影響で地表に落下するが、ある程度の高速になると重力と遠心力が釣り合って地表に落下せずに周回を続けることになる。地表面でこのような状態になる速度は第一宇宙速度と呼ばれ、その値は秒速7.9km（時速28,000km）である。衛星の周回速度は遠心力と重力が釣り合っている状態の方程式から求めることができる。衛星の速さは地表からの高さのみで決まり、高度が上昇するほど速度は低下する。

表2 衛星の高度と周回速度[9]

高度 (km)	速度 (km/秒)	周期	備考
0	7.91	1時間24分30秒	第1宇宙速度
400	7.67	1時間32分30秒	
800	7.45	1時間40分50秒	
1,000	7.35	1時間45分10秒	
5,000	5.92	3時間21分20秒	
10,000	4.93	5時間47分40秒	
20,182	3.87	11時間58分00秒	GPS衛星軌道（軌道周期は半日）
35,786	3.07	23時間56分04秒	静止衛星軌道（軌道周期は1日）

(3) 衛星の軌道要素

衛星の軌道を表現するには数種の方式があるが、本書ではケプラリアン軌道要素に基づいている。これは①平均運動：m（周回/日）または軌道長半径(km)、②離心率：e、③軌道傾斜角：i（度）、④昇交点赤経：Ω（度）、⑤近地点引数：ω（度）、⑥平均近点離角：M（度）で表現される。これらのデータから衛星の軌道と与えられた日時での軌道上の位置を知ることができる。2章にて用いる遠地点高度と近地点高度の関係を下図に示す。

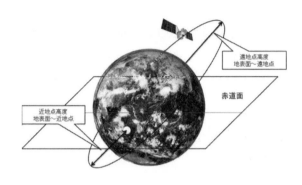

図4 遠地点高度と近地点高度

(4) 静止軌道と低軌道

衛星が地球を1周回する時間（周期）が1日である軌道を地球同期軌道と呼ぶ。そのうち軌道傾斜角が0度（赤道上）で離心率もゼロである衛星は地上から見ると一点に静止しているように見える。これを静止軌道と呼ぶ[10]。この静止軌道高度35,786km（軌道半径約42,000km）を中心に上下200km（及び軌道傾斜角±15度以内）を保全すべき軌道域として静止軌道保護域と呼ぶ。

低軌道についての厳密な定義はないが、デブリの議論では利用途の多い高度

---

9) JAXA宇宙情報センター http://spaceinfo.jaxa.jp/ja/orbital_motion.html
10) これに対して地上から見て移動していることが明らかに分かる低軌道衛星を「周回衛星」と呼ぶこともあるが、静止軌道も地球周回衛星である。

2,000km 以下を低軌道保護域と呼んでデブリの発生を管理すべき領域として識別するのが世界的な慣習となっている。本書でも高度 2,000km 以下の軌道を低軌道と認識しているがデブリの分布の調査などでは 2,500km 付近も低軌道域として扱っている。

　高度 20,000km 付近は周期が 12 時間で、準同期軌道と呼ばれており、GPS などの測位衛星が周回している。この軌道領域のように低軌道より上空で、静止軌道より下方の領域は、いわば中高度軌道域と呼ぶべきであろうが世界的な合意はされていない。

　運用を終了した衛星を静止軌道保護域や低高度保護域と干渉しない状態にするためには、これらと干渉しない軌道に移動させることが世界のデブリ規制で求められている。この場合両保護域と干渉しない軌道領域を graveyard orbit（墓場軌道域）と呼ぶことがあるが本書では使用しない。米国では高度 20,000km 付近の GPS などの運用域は墓場軌道域から除いて保護軌道域としている。しかし世界的には測位衛星の運用高度帯は一定していないこと、未だ保全が必要なほど混雑していないことからこの領域を保護軌道域とすることに合意が得られていない。

(5) 衛星のミッション軌道

　衛星は用途に応じた軌道に配置される。下記に特徴的なものを挙げる。

a) 静止軌道

　　赤道上の高度 35,786km の円軌道。軌道周期が地球の自転と一致する。常に地球上の同一地点の上空にあることを利用して、特定の地表領域を継続的に観測する気象衛星や警戒衛星、特定地域の通信・放送局との受送信リンクを維持する通信・放送衛星に利用される。

b) 太陽同期軌道 [11]

　　地球が太陽の周りを一周する間に、衛星の軌道面も 1 回転する軌道で、衛星の軌道面に入射する太陽光の角度が同じになる軌道。極軌道（北極と南極を結ぶ軌道）に近く、赤道を常に同じ現地時刻で通過する軌道。同一条件下での地球表面の観測が可能となる。

c) 太陽同期準回帰軌道 [12]

太陽同期で、1日に地球を何周も回り、数日後に定期的に元の地表面上空にもどってくる軌道である。この軌道では繰り返し観測できる時刻を一定時刻に定めることもできる。

d) モルニア軌道 [13]

軌道傾斜角が63.4度で、周期が地球の自転周期の半分である楕円軌道である。ロシアでは国全体が高緯度に位置するので静止衛星は仰角が低くなる弱点があるため、高緯度地域でも高仰角で長く留まることで安定した通信が可能な通信衛星モルニアが開発され、軌道もモルニア軌道と呼ばれるようになった。

e) 静止遷移軌道

静止軌道を打ち上げる場合、ロケットは一旦衛星を長楕円軌道（一般には遠地点が静止軌道高度の近傍で近地点高度が数百 km の軌道）に投入することが多い。これを静止遷移軌道と呼ぶ。衛星はロケットから切り離された後、遠地点でアポジキックエンジンなどを噴射して加速し、近地点高度を静止高度に引き上げて静止軌道に入る。静止衛星打上げ方式にはこの他、ロケットで直接静止軌道近傍まで運搬する方式（直接投入）、あるいは遠地点高度4万km、近地点高度数千kmで衛星を分離する方式などがある。

---

11) 12) 13) JAXA 宇宙情報センター http://spaceinfo.jaxa.jp/ja/types_orbits.html

第 1 章

スペースデブリ問題の背景

1.1 スペースデブリの発生

　1957 年以降の人類の宇宙活動の負の遺産として、宇宙空間を超高速で飛び交う不要な人工物が存在する。地上のゴミにちり（塵）のように小さなものから、粗大ごみ、投棄車両、有害廃棄物、爆発性の危険物などいろいろあるように、「宇宙のゴミ」にも微小な塵、放出されたボルト・ナットやベルトなどの部品類、用済みとなったロケットの機体、運用を終了した人工衛星、それらが爆発した時に発生した多量の破片、原子炉から漏えいした高密度の冷却剤などがあり、大きさも 1mm 以下の微小なものから大型自動車くらいのものまで様々である。これらは国際的には「スペースデブリ（宇宙ごみ）」と、特に地球周回軌道に存在することを意識して「オービタルデブリ（軌道上デブリ）」と呼んでいる。「国連スペースデブリ低減ガイドライン」においてデブリとは、「地球周回軌道あるいは大気圏再突入軌道にあるすべての人工物体で、それらの破片や構成品を含む」と定義されている。一方、国連宇宙空間平和利用委員会（COPUOS: Committee on the Peaceful Uses of Outer Space）の科学技術小委員会（STSC: Scientific and Technical Subcommittee）の発行した技術レポート「Technical Report on Space Debris, 1999, by UN/COPUOS/STSC」ではデブリを「すべての人工物とそれらの破片や部品であり、それらの所有者が認識しているか否かを問わず、地球周回軌道あるいは大気圏を再突入しつつあるもので、意図する機能あるいはその他の機能を回復する合理的期待がもてないもの（大意）」と定義して再突入経路上の物体も含めている。

　デブリは宇宙活動の活発化で増加を続け、軌道環境の汚染は悪化の程度を高めており、デブリ対策無しでは健全な宇宙活動は実施できない程になってきて

いる。可能な限り安定した宇宙環境を次の世代に引き継ぐためには現世代が相応の責任感をもって解決への道筋をつける必要がある。

この軌道環境の悪化は頻繁な軌道投入が自然の浄化力（自然落下）をはるかに超えていることはもちろん、軌道上での多くの破砕事故により多量の破片が発生したこと、特に一時期SDI（Strategic Defense Initiative：戦略防衛構想）など軍事実験による破壊行為が数多く実施されたことが拍車をかけた結果である。さらに21世紀になっても、2007年に中国が歴史上最大規模の衛星破壊実験を行い、同じ年にはロシア[1]が打上げたロケット推進モジュールが爆発事故を起こした。また、2009年には運用中の米国のイリジウムが運用を終了したロシアの衛星と衝突して2,000個あまりの破片（地上から観測可能な10cm程度以上の破片の数量）が確認され、これら2007年以降の破壊や事故にて軌道環境の悪化は急激に加速された。

定量的に言えば、地上から観測可能なデブリの数はこの20年で約2倍（図1-1）になった。

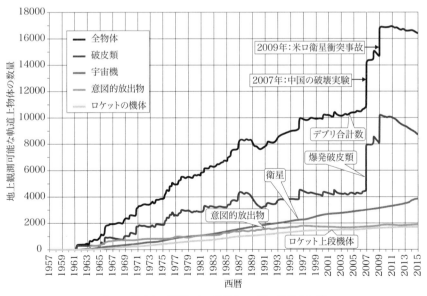

図1-1 地上から観測できる軌道上デブリの数量変化[2]

なお、本書で一般的に「観測可能」と表現するのは、後述する米国の宇宙監視網で継続的に観測が行われ、その軌道要素が特定でき、発生源が特定できるもののことである。従って、たとえ地上から一時的に存在が検知できても、継続的に観測できない小さな物体（10cm以下）、発生源が特定できないか機密上公表できない物体は観測可能な物体の数には入らない。例えば観測可能な物体は2014年末で17,000個強が公表されているが、それ以外に6,000個の物体が発生源が特定できない等のために公表されていない。検知できない物体は1cm級が10万個以上、1mm級が数千万個のレベルになるとの報告がある[3]。

　このデブリの危険性については後で詳しく説明するが、簡潔に言えば、以下の3つの点でかなり危険な影響を与えるものである。

①高速であること：デブリが人工衛星に衝突する時の相対速度は平均15km/sec程度[4]になり、これが人工衛星や宇宙ステーションなどに衝突すれば危険な状態となる。たとえ1mm以下の微小なデブリでも人工衛星の機能を喪失させる場合があり、更に微小なデブリでも光学観測機器に悪影響を与えることがある。

②観測が困難であること：小さなデブリは地上から良く見えない。現状では高度1,000km近傍で10cm程度のデブリが観測できるサイズの限界である。

---

1) 本書では旧ソビエト社会主義共和国連邦、独立国家共同体、ロシア連邦を起源とする物体の所属先を一括して「ロシア」と表現する。

2) 第52回国連／宇宙空間平和利用委員会／科学技術小委員会への米国NASA報告書「USA Space Debris Environment, Operations, and Measurement Updates」2015年2月

3) Interagency Report on Orbital Debris, U.S. Office of Science and Technology Policy, November 1995

4) 地表から地球周回軌道に乗るための速度（第一宇宙速度）は7.9 km/sec、軌道高度1,000kmでの周回速度は7.3km/secである。正面衝突した場合はこの2倍の速度になる。地上の銃器ではライフル銃の発射速度がせいぜい1km/secであることから、その衝突被害は想像しがたいものとなる。デブリ研究専用の衝突試験設備でも達成できる速度は7～10km/secが限界であるが、それも数mm程度の物体を射出した場合であり、更に大きな物体を射出する場合はとても達成できない。運動エネルギは速度の二乗と質量に比例するので、例えば自動車事故などを想定して時速100kmでの衝突速度を思い浮かべて比較すれば、軌道上の速度はその540倍になるので衝突運動エネルギは約30万倍となる。

このために衝突を避けることが困難な場合が多い[5]。
③除去が困難であること：地上のゴミのように簡単には除去できない。大気抵抗の少ない高度 600km 以上に投棄すると数十年、高度 800km 以上では数百年、高度 900km 以上では数千年も軌道を周回し続け、特に静止軌道の物体は永久に存在する。下図は軌道高度に応じた軌道寿命である。大気抵抗は主に物体の平均断面積と質量の比によって変化する。一般的衛星の場合はこの比を 0.05 程度と考えてよい。

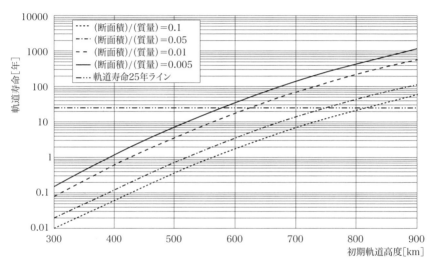

図 1-2 円軌道の場合の軌道寿命
解析条件：epoch 1996/8/20 00H00M0.000S（UTC）、積分ステップサイズ：1 日、Runge-Kutta（2次）、i=90.000（deg）、Ω=0.000（deg）、ω=0.000（deg）、M=0.000（deg）、大気モデル：US − Standard 大気抵抗係数：2.2、J2 項・太陽の引力・月の引力：非考慮

デブリの衝突被害について具体例を挙げる。まず、米国スペース・シャトルへの微小なデブリの衝突が多数報告されている。例えば窓ガラス交換枚数は、1992 年までの 44 回の飛行で 23 枚、それ以降の 43 回の飛行で 76 枚交換と

---

[5] 地上からのデブリの観測は高度数千 km まではレーダで、高度 3600km の静止軌道近傍は望遠鏡などの光学観測で行われる。ただし望遠鏡で低い高度が見えないというわけではなく、日照の得られる時刻の制約、天候、周回速度に追いつくような広い視野角や追尾機能などの要求に応えなければならないということである。

なっている。衝突部位は窓ガラスに止まらずラジエータなどにも多数発見されており、累積衝突数は1万個程度と報告されている。シャトルは大きなデブリの衝突には耐えられないので回避操作を行わなければならず、実際に回避操作を行った例が3回ある。

　国際宇宙ステーションでは1cmまでの小さなデブリの衝突に対しては損傷被害を避けるための防御壁（バンパ）が取り付けられており、10cm以上のデブリの衝突が懸念される場合は軌道変更などの衝突回避操作を行うことになっている。1999年以降2014年末までに21回の衝突回避が実施された[6]。

　一般の無人衛星についても、先進国ではデブリの衛星への接近を警戒し、衝突確率が高い場合は軌道を変更して衝突を回避している。米国NASAが2014年に実施した回避操作は21回になる。

　実際の衝突事例としては、1996年7月24日にフランスのCERISE（軍事観測衛星）がアリアンロケットの爆発破片と衝突し、これが地上から観測可能なデブリによる衝突被害としては史上初の事例となった。2009年の米国のイリジウムとロシア衛星との衝突が現時点で最も大規模なものである。

　衛星と地上観測可能な物体との衝突は確認されただけでも6件あり、また微小デブリの衝突は現実的なリスクである。更に、衝突による被害は衛星自身だけの問題にとどまらない。衝突によって発生する多量の破片が他の衛星の衝突リスクを増加させ、軌道環境が悪化すれば人類の宇宙活動の持続性を脅かすものとなる。

1.2 デブリの分布状況

　デブリの存在数や分布状態を説明することは地上のゴミについて説明するのと同様に容易ではない。地上から観測できる数が約2万個と説明すると、「2万個しかないのだから心配することはない」と短絡して解釈されることがたび

---

6) 2014年2月第51回国連宇宙空間平和利用委員会科学技術小委員会への米国NASAの発表資料
USA Space Debris Environment, Operations, and Modeling Updates Presentation

たびあるが、観測できないサイズのデブリも警戒する必要がある。

デブリの分布は、地上から観測できる比較的大きな物体を個別に扱う決定論的な議論と、爆発で発生する小破片や、固体モータからの噴出物など地上からは観測できない小物体を推定する統計的議論に分かれる。

以下にデブリのサイズとそれぞれの確認方法についてまとめる。

(1) 地上から観測可能な「大型デブリ」(低軌道で 10cm 以上、静止軌道で 1m 以上の物体)
(2) 地上から継続観測できない「小型デブリ」(低軌道で 1cm 〜 10cm、静止軌道で 10cm 〜 1m の物体)
(3) 微小デブリ(低軌道で 1cm 以下の物体など)

まず (1) の地上観測可能な物体(低軌道で 10cm 以上、静止軌道で 1m 以上の物体)は、運用を終了した衛星やロケットの軌道残留機体、打上げに伴って放出される比較的大きな物体、大型の破砕破片などで、宇宙監視レーダや光学センサなどで構成される宇宙監視システムで追跡できる大きさの物体である。これらのうち発生源が特定されれば公式にカタログ化(軌道特性などが登録管理されている状態)され、ある程度の頻度で継続的に追跡監視される。米国の宇宙監視網が追跡している物体のカタログによれば、2014 年 12 月末時点で軌道に存在する物体数の主要国(機関)別ランキング数量は表 1-1 のようにな

表 1-1 発生国別米国宇宙物体監視ネットワーク追跡物体数(2014 年 12 月末)[7]

発生国	衛星	ロケット機体	破片数	計
ロシア	1492	1019	3884	6395
米国	1223	660	3170	5053
中国	174	87	3498	3759
フランス	61	136	315	512
日本	148	45	35	228
インド	60	22	90	172
ESA 欧州宇宙機関	57	7	39	103
その他の国々	796	37	83	916
合計	4011	2031	11114	17138

る。日本は衛星打上げ数は世界第4位であるが、デブリを含めた物体数では第5位になる。割合としては軌道上物体の1.3%が日本起源になる。

　これら大型のデブリの分布状態は第2章で詳細を紹介するが、ここでは概略を説明する。衛星の利用する高度で重要な軌道域は以下の3つの領域である。

① 地球同期軌道周辺：高度約3.6万km付近で静止衛星などが利用する。
② 準同期軌道：高度約2万kmの準同期軌道でGPSなどの位置情報・測位衛星が利用する。
③ 低高度軌道：高度2,000km以下で、地球観測及び一部の通信衛星などが利用する。特に高度800〜1,000kmに物体が密集しており、衝突が最も懸念される高度領域である。

　デブリ問題への対策は、主としてこれらの有用な軌道域の保全を図り、持続可能な宇宙活動を将来の世代に引き継ぐことが重要になる。

　次に（2）の範疇の物体（低軌道で1cm〜10cm、静止軌道で10cm〜1mの物体）は、打上げに伴って放出される小さな物体や破砕破片などで、高性能のレーダや望遠鏡で存在は確認できるが継続的な観測でその軌道を同定することはできないため「観測できる」とは言えない。これらの小物体は、サイズ、高度、軌道傾斜角がある程度求まれば、統計的デブリ環境モデルに反映することができる。

　最後の（3）の微小なデブリは、1cm以下の物体で、その存在は地上からの検出は困難である。こうした微小デブリは軌道上に数年放置した衛星を回収して表面に残された衝突の痕跡からその存在を推測してきた。後で説明するNASAの長期暴露実験機（LDEF）[8]や、宇宙実験・観測フリーフライヤ（SFU）などがそれである。LDEFは6年間弱にわたり高度約400kmに滞在し、5mm

---

7) 米戦略軍（USSTRATCOM）のデータより作成
8) Long Duration Exposure Facility、長期間軌道に晒した後に回収し、表面材の変化を調査したもの

以上の衝突痕を 5000 個記録している。また、ハッブル宇宙望遠鏡から回収された太陽電池パネルに残された痕跡なども統計に役立てられている。これらは全てスペースシャトルという回収手段が存在したから可能であった手段である。現在も国際宇宙ステーションからの回収は可能であるが、その高度は 400km 程度以下になる。2014 年 12 月に打上げられた米国のオリオン試験機（Orion EFT-1）は高度約 5800km に到達して、4.5 時間後に海面で回収され、その後カプセルに衝突したデブリの検査が行われたが、飛行時間が短いために環境把握への効果は限定的であろう。JAXA では衛星に貼り付けて微小デブリの衝突を電気的に検知して、およそのサイズを地上に伝達する検知器を開発している。これが世界の衛星に貼り付けられれば微小デブリの存在は更に解明が進むと期待される。

1.3 デブリの発生原因

デブリの発生を防止するにはその発生原因を把握しなければならない。デブリの発生要因ごとの発生割合を図 1-3 に示す。

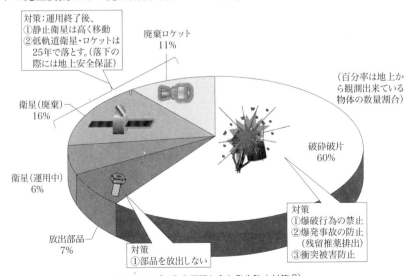

図 1-3 デブリ発生原因と主な発生防止対策 9)

以下にデブリの発生源と、対応する発生防止策をまとめる。

(1) 破壊行為、破砕事故の破片

デブリの発生源としては破壊行為や破砕事故の破片が半分以上を占めている。衛星やロケットが軌道上で破砕して大量のデブリを発生させることを未然に防ぐことが必要である。運用中の爆発事故、意図的破壊行為、運用を終了した後の爆発事故などを防ぐ必要がある。

(2) 運用を終了した衛星やロケット

次に大きな数量割合を占めるのは運用を終了した衛星やロケットである。それらを静止軌道や高度2000km以下の低軌道域など通信・放送・地球観測などに有用な軌道域に放置すると衝突事故を引き起こす恐れがある。よって、静止衛星であればより高い高度に移すことが望ましく、低軌道衛星であれば所定の期間内に落下させることが望まれる。ロケットについても同様である。もちろん地上に落下させるためには安全性を確保しなければならない。

(3) 衛星、ロケットからの放出物

量は比較的少ないが衛星やロケットが軌道に放出する物体が数%を占めている。これはロケットと衛星を結合するバンド類や展開アンテナを固縛する締結具などである。現在ではほとんどの国がロケットや衛星からこうした部品が分離しない対策をとっているが、残念ながら未だ例外もある。

以上のデブリ対策の中でも、以下の2点は特に重要である。

(1) 軌道上破砕事故の防止

これは意図的なもの及び打上げ時の失敗などを除けば、ミッション終了

---

9) 数量割合は、第50回国連/宇宙空間平和利用委員会/科学技術小委員会へのESAからの報告「Space Debris Activities at ESA in 2012」2013年2月の記載データを使用。

後の残留推進剤、高圧流体などの残留エネルギ、バッテリなどの高圧容器あるいは指令破壊用爆薬による爆発が原因となりうる。ミッション終了後の廃棄手順においてこれらの爆発の可能性を除去することが重要である。また、不具合による爆発も防ぐ必要がある。

(2) 静止軌道上の不要物体の除去

静止軌道は静止ミッションのために重要な軌道であるが、この軌道には自然力による浄化作用が全く働かない。ミッション終了後の衛星などは、この軌道から離れた軌道に移動させて、静止軌道上への人工物体の蓄積を防ぎ、かつ衝突事故を防がなければならない。

軌道上破砕についてはこれまで 200 件以上が発生している。図 1-4 は破砕事象発生高度の分布状況である。多くは高度 1000km 以下の利用頻度の高い有用な低軌道域と GTO など長楕円軌道あるいはモルニア軌道で発生している。

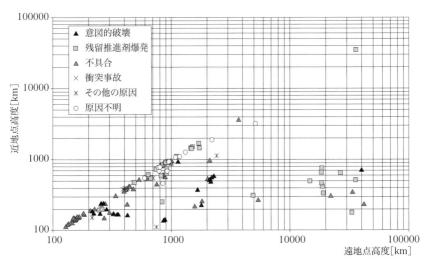

図 1-4 破砕事象の発生高度の分布（破片を 20 個以上発生した事象）[10]

---

10) Space Track 2014.09.03

静止軌道では2件発生している。このような破砕事象が衝突被害に関する最大の脅威であるといって良いであろう。

1.4 世界のデブリ規制の状況

現在世界の様々な機関で様々なレベルのデブリ対策規格やガイドラインが制定されている。その主な一覧を表1-2に示す。また、それらの文書でほぼ共通して規制されている項目と要求事項の概要を表1-3に示す。これらの規格やガイドラインについては8章以降で詳述する。

表1-2 世界の代表的デブリ低減ガイドライン、規格、標準の一覧

	機関	文書名称
1	国連	Space Debris Mitigation Guidelines of the COPUOS, United Nations Office (Resolution of 22 December 2007)
2	ISO	ISO-24113 Space Debris Mitigation (DIS) (published by the end of 2010),
3	ECSS	ECSS-U-AS-10C, SPACE SUSTAINABILITY: ADOPTION NOTICE OF ISO 24113: SPACE SYSTEMS - SPACE DEBRIS MITIGATION REQUIREMENTS (10-FEB-2012)
4	IADC	IADC-02-01: IADC Space Debris Mitigation Guidelines, (Revised September 2007, Revision 1)
5	JAXA	JAXA-JMR-003: スペースデブリ発生防止標準
6	NASA	NASA-STD-8719.14: Process for Limiting Orbital Debris (Approved: 2007-08-28)
7	NASA	NPR 8715.6A: NASA Procedural Requirements for Limiting Orbital Debris, (Effective 19 February 2008)
8	欧州	European Code of Conduct for Space Debris Mitigation (28 June 2004, Issue 1.0)
9	ESA	2014年3月まで：ESA: Space Debris Mitigation for Agency Projects, ESA/ADMIN/IPOL (2008) 2, Director General's Office (1 April 2008) 2014年4月以降：ECSS-U-AS-10C issued on 10 February 2012
10	ロシア	Russia: National Standard on the Russian Federation, General Requirements on Space Systems for the Mitigation of Human-Produced near-Earth Space Pollution

1.4 世界のデブリ規制の状況

表 1-3 主なデブリ対策要求

大区分	中区分	要求内容
部品の放出	部品類放出抑制	分離後周回軌道に残る恐れのある締結具など分離物は技術的、経済的に重大な問題が無い限り放出しない。(複数衛星打上げ時の支持構造体は免責)
	固体モータ残渣物	固形燃焼生成物の放出を避けるように設計・運用する。
	火工品	最大長さで 1mm を超える燃焼生成物を地球周回軌道に放出しないこと。
軌道上破砕	破壊行為禁止	軌道上で宇宙システムを破壊しない。
	運用中の事故	運用中の偶発的破砕発生率を 0.001 以下とする。異常検知時には速やかな対策を講ずる。
	残留推薬放出など	運用を終了した衛星・ロケットの破砕を防止するため残留エネルギを排除する。 (残留推進役の排出、バッテリの充電回路の遮断、高圧機器の排気あるいは強度確保、ホイールなど高速回転機構の停止保証)
衝突	大型物体衝突回避	他の宇宙物体と衝突する可能性を検知し、衝突を回避する。
	小型物体衝突対策	デブリと衝突して宇宙機の廃棄処置が不可能になる被害の発生率を評価する。
運用終了後の処置	静止 リオービット距離	静止高度の上下 200 km 以内の保護軌道域を保全するため、運用を終了する衛星などは、高度を上げて退避させる。 条件付廃棄成功確率は 0.9 以上。
	低中高度軌道 軌道滞在期間短縮 / 保護軌道域の外への移動 / 軌道上回収	高度 2000km 以下の軌道域を保全するため、運用終了後の衛星・ロケットは軌道寿命の短縮、自然落下、再突入、回収、高度 2000km 以上の高い軌道への移動などの処分により有用な軌道との干渉を最小限に抑える。条件付廃棄成功確率は 0.9 以上。
	低中高度軌道 再突入時地上被害	大気圏通過後の残存物による落下危険度 (傷害予測数) を打上げ前に予測し、技術の現状及び海外の動向を踏まえつつ最大限の努力を払う。

第 2 章
デブリの分布

2.1 地上から観測できる物体の発生数

　軌道上物体の分布状態は、物体を個々に識別して行う「決定論的」な方法と、カウントできない微小なデブリを分析してモデル化する「統計論」な方法で行うことになる。前者は地上（あるいは軌道上）から光学望遠鏡やレーダで一つ一つを観測し、軌道を推定して行う。後者は被弾した衛星などを地上に回収して衝突痕を分析した情報、高精度レーダで小物体までカウント（軌道は特定できない）した情報、軌道上衝突検出器で得たサンプリング情報などから全体をモデル化して評価することになる。

2.1.1 概観

　本項では米国（USSTRATCOM）が公開している「周回物体情報（Satellite Situation Report）」に登録されていた軌道情報より宇宙物体の分布状況を説明する。これらの軌道情報は、主に大きさが低軌道では 10cm 以上、静止軌道では 1m 以上の軌道上物体について、レーダ及び光学望遠鏡による観測で得られたものである。

　軌道上物体の数量の世界各国・各機関別の内訳を表 2-1 に示す。これは 2015 年 9 月 20 日時点で軌道に残っている物体と既に消滅（落下あるいは地球圏外脱出）した物体に分けて示したものである。

表 2-1 各国の打上げ物体の数（2015 年 9 月 20 日時点）

国名／機関名	軌道上物体数				消滅物体数（再突入または回収）				合計
	衛星	ロケット	破片類	小計	衛星	ロケット	破片類	小計	
ロシア	1497	1018	3816	6331	1996	2806	10130	14932	21263
米国	1255	668	3295	5218	896	653	4421	5970	11188
中国	182	92	3480	3765	68	114	982	1164	4929
フランス	60	139	321	520	9	73	628	710	1230
日本	150	45	34	229	47	64	163	274	503
インド	62	24	84	170	10	13	301	324	494
ESA 欧州宇宙機関	61	7	47	115	13	7	19	39	154
国際宇宙ステーション	5	0	0	7	1	0	89	90	97
中国／ブラジル	3	0	58	61	0	0	29	29	90
グローバルスター社	84	0	1	85	0	0	1	1	86
INTELSAT	82	0	0	82	1	0	0	1	83
ドイツ	49	0	1	50	15	0	1	16	66
SES 社	54	0	0	54	1	0	0	1	55
カナダ	40	1	0	41	9	0	4	13	54
英国	50	0	0	50	0	0	0	0	50
カナダ	41	0	5	46	1	0	2	3	49
オービタルテレコミュニケーション社	41	0	0	41	0	0	0	0	41
シーロンチ社	1	30	3	34	0	3	0	3	37
イタリア	22	2	0	24	11	0	1	12	36
イスラエル	14	0	0	14	3	7	0	10	24
スペイン	18	0	0	18	2	0	0	2	20
大韓民国	17	1	0	18	1	0	0	1	19
オーストラリア	13	2	0	15	2	0	0	2	17
ブラジル	15	0	0	15	1	0	0	1	16
INMARSAT	16	0	0	16	0	0	0	0	16
アルゼンチン	13	0	0	13	2	0	0	2	15
EUME	8	0	6	14	0	0	0	0	14
アラブ衛星通信機構	12	0	0	12	1	0	0	1	13
インドネシア	12	0	0	12	1	0	0	1	13
サウジアラビア	13	0	0	13	0	0	0	0	13
O3B NETWORKS	12	0	0	12	0	0	0	0	12
スウェーデン	11	0	0	11	0	0	0	0	11
ESRO	0	0	0	0	7	0	3	10	10
トルコ	10	0	0	10	0	0	0	0	10
その他	152	1	2	155	17	4	0	21	176
合計	4076	2030	11153	17272	3115	3744	16774	23633	40905

第 2 章　デブリの分布

　これらの物体は人類が宇宙活動を開始した 1957 年以降の宇宙物体の増加と減少の結果であり、その増加と減少の推移を図 2-1 に示す。その結果毎年蓄積された数量は既に図 1-1 に示したとおりである。

　原則として発生年は発見した年である。ただし 2007 年の中国破壊実験、2009 年の米露衛星衝突に関しては観測年によらず、それぞれの発生年に反映した。

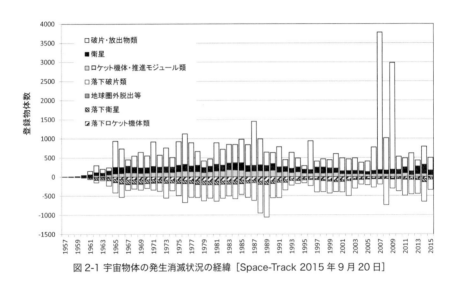

図 2-1 宇宙物体の発生消滅状況の経緯［Space-Track 2015 年 9 月 20 日］

　この分布状態を地球周回軌道の高度 40,000km 以下を対象として高度に沿って示したものを図 2-2 に示した。これは横軸に遠地点高度、縦軸は近地点高度をとって、軌道上物体の高度分布を示したものである。この図から、利用頻度の高い軌道域は、①静止軌道域（高度 36,000km 近辺）、②準同期軌道（高度 20,000km 近辺）、③低軌道域（高度 2,000km 以下）が代表的なものであることがわかる。

　現在、保全が必要な軌道域として以下が認識され、世界のガイドラインなどで規定されている。

　①低軌道保護域：高度 2,000km 以下
　②静止軌道保護域：静止軌道高度 ±200km かつ緯度 ±15 度以内

その他にもモルニア衛星群（遠地点高度 40,000km、近地点数百 km）、並びに遠地点高度 36,000km から近地点高度数百 km に掛けてグラフの底辺に分布する静止遷移軌道に多数残存するロケット機体群が見られる。

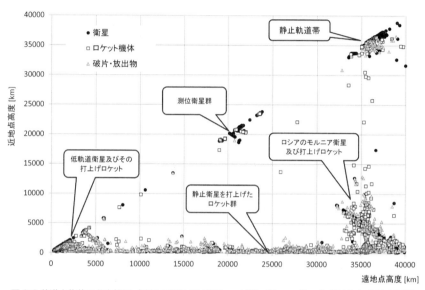

図 2-2 軌道上物体の分布状況（遠地点高度 40,000km 未満）[Space-Track 2015 年 9 月 20 日]

軌道の特性をより詳しく把握するために横軸を軌道傾斜角とし、縦軸を遠地点高度で整理すると図 2-3 が得られ、縦軸を軌道周期で整理すると図 2-4 が得られる。ロシアのモルニア衛星群が軌道傾斜角 60 度強、遠地点高度約 40,000km、軌道周期にして 700 分余りの軌道域にあると確認できる。静止遷移軌道に残されたロケット機体は図 2-3 では軌道傾斜角 0 ～ 30 度で遠地点高度が 36,000km から数百 km に掛けて分布する集団で確認でき、図 2-4 では周期 800 分より下方の集団として確認できる。

第2章 デブリの分布

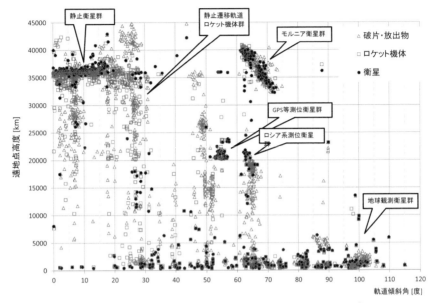

図 2-3 軌道傾斜角と遠地点高度［Space-Track 2015 年 9 月 20 日］

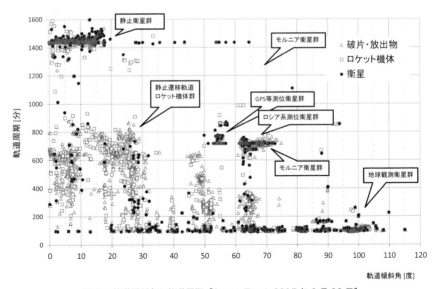

図 2-4 軌道傾斜角と軌道周期［Space-Track 2015 年 9 月 20 日］

より定量的に把握できるように軌道上物体の数量的な分布を、軌道高度、軌道傾斜角に沿って図2-5～2-7に示す。

図2-5は横軸に遠地点高度を、縦軸に物体数をとったものである。これを見るとわかるように、低軌道に圧倒的な数量の物体がある。遠地点高度2500km以下の低軌道に少なくとも軌道域全体の70%以上が存在している。静止軌道では静止高度以上数百kmに物体が集中している。この軌道域にデブリが少ないのは、もともと低軌道域より利用頻度が少ないこともあるが、破砕事故が少ないことと、観測能力の限界から小さな物体は識別できないという事情もある。

図2-6は横軸に軌道傾斜角、縦軸に物体数をとり、物体の種類別に示したもので、図2-7はこれを国別に分類したものである。軌道傾斜角の10度以下の物体は静止軌道上の物体、90～100度は各国の地球観測衛星であり、中国の破壊実験の破片が相当数を占めている。60～90度はロシアの通信衛星や測位衛星（70度付近はモルニア衛星）が多くを占めている。

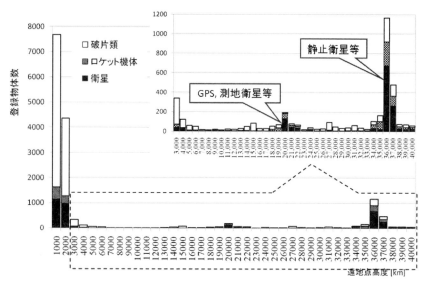

図2-5 軌道上物体の分布状況（遠地点高度40,000km未満）[Space-Track 2015年9月20日]

第 2 章 デブリの分布

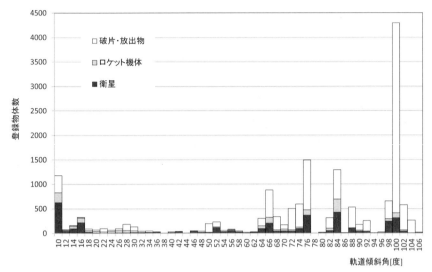

図 2-6 軌道傾斜角に沿った物体の種類ごとの分布 [Space-Track 2015 年 9 月 20 日]

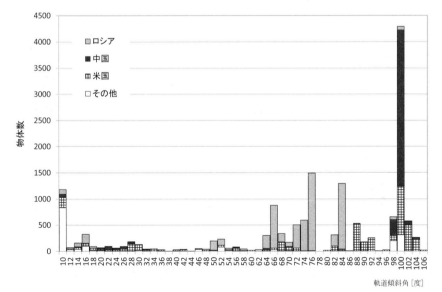

図 2-7 軌道傾斜角に沿った国別の分布 [Space-Track 2015 年 9 月 20 日]

これら全体の国別分布を図 2-8 に示すが、ロシア、中国、米国の 3 か国で軌道物体全体の 89％を占める。また、高度 2500km 以下に限れば図 2-9 のようにこの 3 か国が 91％を占めている。中国はその大部分を衛星破壊実験の破片が占めている。

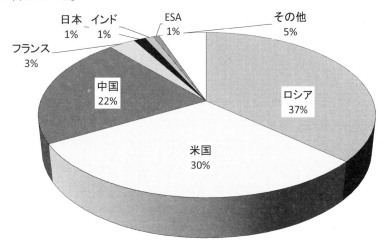

図 2-8 軌道上物体（監視軌道域）の国別割合［Space-Track 2015 年 9 月 20 日］

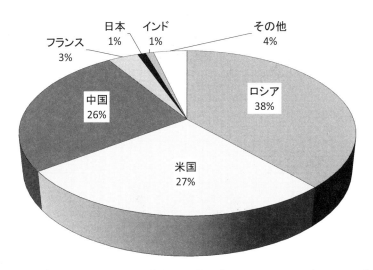

図 2-9 高度 2,500km 以下の軌道上物体の国別割合［Space-Track 2015 年 9 月 20 日］

2.1.2 低軌道域

　高度2,500km以下の低軌道の高度に沿った数量的分布状態について図2-10に示す。

　これを見ると、高度800〜1,100kmに第1のピークがある。これらは太陽同期準回帰軌道を採用する地球観測衛星とナビゲーション用衛星を主体とするものである。これのやや下方の高度600〜700kmは地球観測衛星や移動体通信衛星などがこの数年間で急増している。21世紀になってこの軌道に打上げられた衛星は高度800〜1,000kmに打上げられた衛星の倍程度に及ぶ。最近のJAXAの地球観測衛星も高度600〜700kmを主体としている。高度1200〜1400kmの範囲を周回する物体は比較的少なく、次のピークは高度1,500kmでロシアの通信衛星を主体とするものである。高度1,800km以上を周回する物体は比較的少ない。高度400km以下は大気の影響で落下が促進されることもあって数量としては少ないが国際宇宙ステーション（高度約400km）などの有人ミッションに使用される軌道であるので第1に安全確保が必要な軌道域である。近年宇宙ステーションから多量の超小型衛星が放出されているが軌道寿命が短いためにグラフには表れていない。

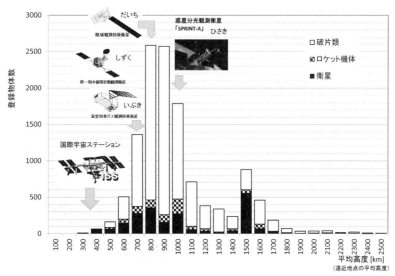

図2-10 低軌道物体の定量的分布状況［Space-Track 2015年9月20日］

2.1 発生数

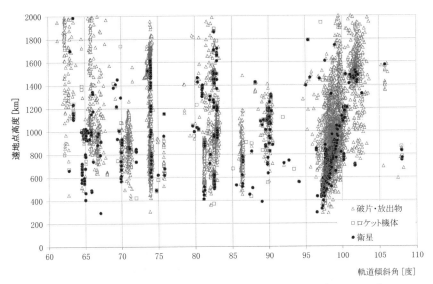

図 2-11 低軌道域 軌道傾斜角と遠地点高度［Space-Track 2015 年 9 月 20 日］

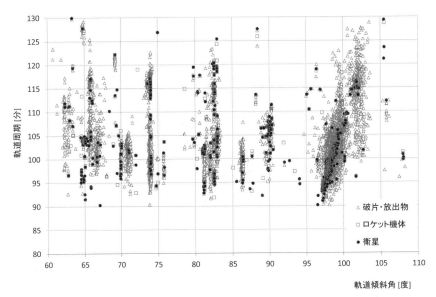

図 2-12 低軌道域 軌道傾斜角と軌道周期［Space-Track 2015 年 9 月 20 日］

2.1.3 静止軌道域

静止軌道近傍の物体の軌道高度を 34,500 〜 36,500km の範囲で図 2-13 に示す。

また、軌道傾斜角を横軸に、遠地点高度を縦軸に取って整理したものを図 2-14 に、軌道周期で整理したものを図 2-15 に示す。これらの図から静止衛星群の軌道傾斜角が 15 度以内に収まっており、遠地点を静止高度に持ち、且つ軌道傾斜角が 15 度以内のロケット機体の残骸や破片類（静止衛星に衝突する可能性がある物体）が多数存在することが分かる。図 2-13 からはそれらのロケット機体や破片のいくつかは静止軌道そのものに直接とどまっているものがあることが分かる。

図 2-16 に定量的に静止軌道近傍の物体数を示す。また図 2-17 には静止軌道高度近傍の高度帯（20km）を通過する物体の数量を示す。静止高度 35,786km と干渉する軌道を持つ物体は 450 個程度あり、そのうちデブリ（ロケット機体及び破片類）は 200 個程度である。

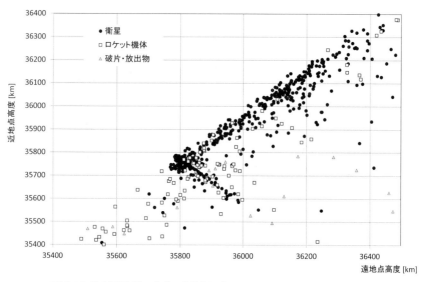

図 2-13 静止軌道近傍の物体の分散状況 ［Space-Track 2015 年 9 月 20 日］

2.1 発生数

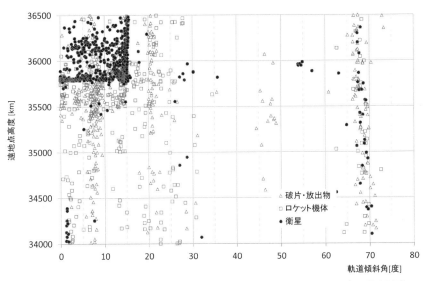

図 2-14 静止軌道近傍の物体の軌道傾斜角と遠地点高度 [Space-Track 2015 年 9 月 20 日]

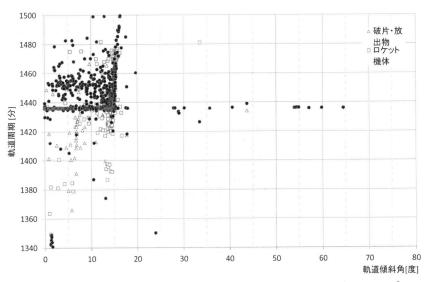

図 2-15 静止軌道近傍の物体の軌道傾斜角と軌道周期 [Space-Track 2015 年 9 月 20 日]

第 2 章　デブリの分布

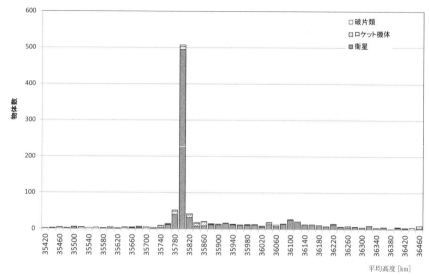

図 2-16　静止軌道近傍の物体の高度分布（平均高度）[Space-Track 2015 年 9 月 20 日]

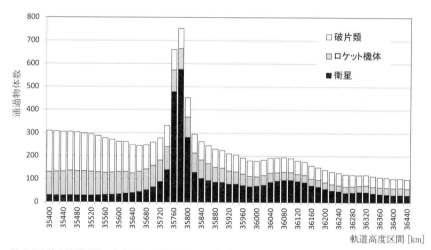

図 2-17　静止軌道近傍の高度 20km 幅を通過する物体数 [Space-Track 2015 年 9 月 20 日]
例：横軸 35,400km の区間は 35,400km 〜 35,420km の区間と干渉する物体の数量である。ただし軌道傾斜角 15 度を超える物体は除く。

2.1.4 我が国の衛星の打上げ状況

これまで我が国が打ち上げてきた衛星（正確に言えば衛星としての機能は持たない実験機材を含む）を付録（1）に示す。

2.2 デブリ分布モデル

　直接観測のできない小物体については欧米の統計的モデルから知ることができる。デブリモデルを大別すれば将来予測を大局的に扱う「推移モデル」と衛星などへの衝突頻度を解析する「エンジニアリング分布モデル」に分類されるが、ロケット・衛星エンジニアが必要とするモデルは後者であろう。この代表的なものとして、ESAではMASTER（Meteoroid and Space Debris terrestrial Environment Reference）(2015年11月現在で2009年版が最新)を、米国ではORDEM(Orbital Debris Engineering Model)(2015年11月現在でversion-3.0が最新)を開発している。

　これらのモデルの課題は、①低軌道域の1mm以下の物体については欧米のモデル間で1桁ほどの相違がある点、②中国の破壊実験やイリジウムの衝突事故などでかなり大きな見直しが余儀なくされる点である。

　これらのモデルで、粒子レベルのデブリの分布はHaystackレーダなどの地上観測手段や、LDEFなどの軌道上に長期に曝した物体への衝突痕から求められたものである。図2-18はそのような手段で得られたデータより1990年代末期に求められたデブリの分布図である。高度はスペースシャトルで回収が可能な限界高度の600kmまでとなっている。横軸はデブリの直径、縦軸はフラックス（＝デブリの流束密度　単位平方メートル当たりの年間衝突数と理解して良い）である。マーカで示されたポイントは宇宙から回収した物体の衝突痕から求めたもので破線部分はそれらから推定された高度400kmの分布モデルである。実線はやや大きな物体について地上の観測データからモデル化された部分である。この図では直径1mmのデブリが$1m^2$の物体にあたる数量は年間0.01個程度となる。

　ESAのMASTER2009で高度1,000kmのデブリのサイズとフラックスの

第 2 章 デブリの分布

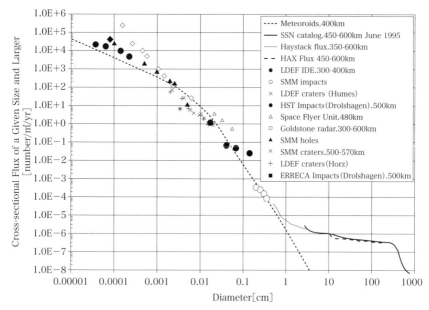

図 2-18 高度 600km 以下のデブリの分布 (@ 1999 年) 1)

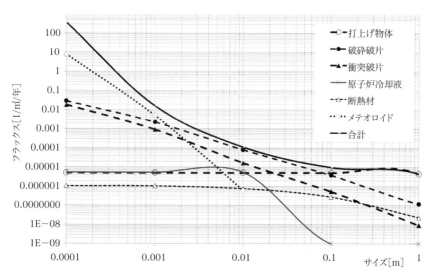

図 2-19 高度 1000km におけるデブリ、メテオロイドの材質別のフラックス (MASTER2009 にて解析)

関係をデブリの種類毎にみると図 2-19 のようになる。

これをサイズ別に高度とフラックスの関係で表すと図 2-20 のようになる。高度 800 〜 1000 km の付近が最も混雑していることが分かる。

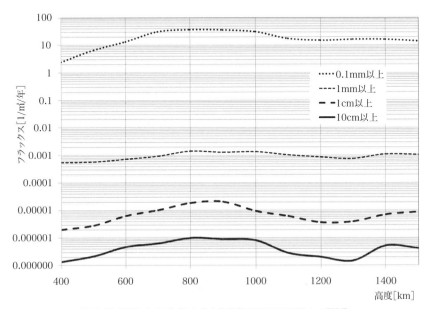

図 2-20 高度によるデブリの分布状態（MASTER2009 にて解析）

2.3 将来予測

デブリ対策の方向性を定めるためにはデブリが今後どのように増加するか予測する必要がある。デブリ対策を徹底した場合とそうでない場合を比較し、必要十分な対策を推進することが望まれる。

軌道環境の長期的推移を予測するモデルとしては米国の EVOLVE と LEGEND が著名である。EVOLVE は NASA の主要な予測モデルであり、長期的（数十年から数世紀）なデブリ環境の変化を予測するものである。これは一

---

1) NASA-STD 8719.14 NASA 技術標準　Process for Limiting Orbital Debris, 2007.8.28

次元シミュレーションモデルで、NASA破砕モデルに基づく破片のサイズ、速度分布を反映している。EVOLVEはデブリ低減策が軌道環境にどのように効果的に影響するか結果を示す機能がある（図2-21）。

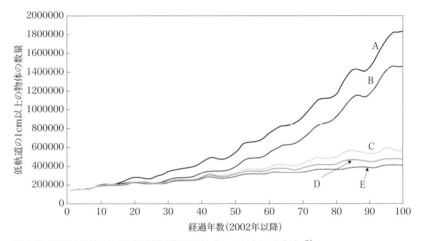

図2-21 EVOLVEによるデブリ環境変化の予測（1cm以上のデブリ）2)
BAU（Business As Usual）：デブリ対策無し、MRO（Mission Related Objects）：ミッション関連放出物体抑制、Explosion Prev: 爆発防止策徹底 ,25-yr De-orbit: 25年以内に軌道から除去
［画像内文字追加＞別紙参照（SD_02_chart.docx）］
A：現状のまま対策をとらない場合
B：放出物を制限し、かつ爆発防止策をとる場合
C：Bに加えて、運用終了後50年以内に除去する場合
D：Bに加えて、運用終了後25年以内に除去する場合
E：Bに加えて、運用終了後直ちに除去する場合

EVOLVEの解析結果は米国の衛星カタログやレーダデータ（Haystack/Haystack Auxiliary :HAX）の観測結果と定期的に比較されている。

LEGENDは2001年に開発されたもので、NASAが低軌道域（LEO）から静止軌道域（GEO）まで（高度200〜50,000km）のデブリ環境を表現するものである。3次元的にデブリの数量、タイプ、サイズの分布を推定する。また1957年以降の歴史的シミュレーションと将来予測の機能を持つ。構成物に

---

2) End-of-life Disposal of Space Systems in the Low Earth Orbit Region,IADC/WG 2, 1 March 2002, Version 2.0

は衛星、ロケット、破砕破片、放出物、原子炉冷却剤（NaK）などの0.1mm以上の物体が対象となっている。

2.4 我が国の状況

　JAXAは欧米先進国と比較してデブリ観測手段も、デブリモデルや解析ツールも十分には整備されていない。観測の分野では、ミサイル防衛を主要任務とした米国のUSSTRATCOMの地上観測網との差は資産価値としても数百億円の投資の差がある。また軌道上デブリ検知手段（LDEF：Long Duration Exposure Facilityなど）の打上げ／運用／改修では更に数百億の投資の差がある。欧州と比べてもドイツのFGANレーダとは100億円近い投資の差があろう。

　モデリングの分野でも米国の有する「軌道環境エンジニアリングモデル」、「将来予測モデル」、「破砕モデル」、「溶融解析ツール」、「衝撃解析ツール」、その他各種データベースとの比較で、またESAの「軌道環境エンジニアリングモデル（MASTERシリーズ、DISCOS）」、「SCARAB溶融解析ツール」との比較で圧倒的な差がついている。これらの差は将来にもわたり埋まりそうもない。

　我が国は、国際機関間デブリ調整会議（IADC）などでの交流を通じ、これらの観測結果、実験結果、解析ツールの便益をほぼ無償で享受してきた。これは我が国にとって可能な範囲での研究結果の交流、経費のかからない規格作成分野での貢献への見返りと理解しているが、今後もこの入超の傾向が容認されるかは疑問である。

第3章
デブリの観測

　前章で軌道上物体の分布について概説したが、その根拠となるデータを取得するのに用いられる観測技術などについて説明する。デブリの観測は個々の物体の軌道要素を識別する決定論的な観測手法と、微小な粒子を統計論的に扱う粒子捕獲・検知手法に大きく分けることができる。

3.1 個別物体識別のための地上観測及び軌道上観測

3.1.1 観測技術
　地上からの観測は光学望遠鏡とレーダで行われる。軌道上観測も同様であるが実用的なものは可視センサである。（図3-1は米欧の代表的レーダ）

図3-1 宇宙用レーダの代表例　ドイツのTIBA（FGAN）レーダと米国Haystackレーダ

光学望遠鏡では軌道上物体が太陽光を受けて反射する光を検知するので距離の二乗で検出力は減衰するが、レーダの場合は自らが電波源として物体を照射し、その反射を受けて観測することから距離の4乗で検出力は落ちる。よってレーダが適用できる高度・距離には制限が加わる。結局、静止軌道などの高高度の物体（高度5000km以上）は光学観測で、低軌道域の物体はレーダで観測することが一般的になっている。低軌道を光学観測で行うこともできるが物体に太陽光があたりその反射光が地上で検知できる時間帯が制限される（朝方あるいは夕方でなければならない）という制約がある。また光学観測は静止軌道観測でも低軌道観測でも雲が邪魔をしないことが条件になる。更に、光学とレーダのどちらの場合も観測物体の表面材の特性の影響を受ける。光学観測の場合は光の反射特性が、レーダ観測の場合は電波吸収特性による制約がある。しかし、設備の建設費の観点からは光学設備の方が圧倒的に廉価となる。レーダは実用に供せる性能の設備は100億円以上になるのに対し、光学望遠鏡はその百分の一以下である。JAXAでは補完的な使用を前提として光学による低軌道観測技術の研究を行っている。

運用中の衛星は交信データから位置が特定できるが、電波の発信能力のない物体（運用を終了した衛星・ロケットなど）については外部からの観測（地上からあるいは軌道上から）に頼らざるを得ない。その目的は、以下が代表的なものである。

(1) 軌道環境の悪化の状況を把握する（デブリ分布モデルの構築に資する）
(2) 衝突の懸念のある物体を把握する
(3) 不具合を起こした衛星の外観を確認する（パドルが折れた状態などが確認できる）
(4) 破砕事故が発生した場合には破片の分散状態を把握して二次被害を回避する、破砕原因の究明に資する
(5) 再突入して落下してくる物体を把握する
(6) 他国の宇宙活動を把握して安全保障を図る

ここで宇宙物体を「観測する」ということの意味であるが、宇宙物体を認識

し、その軌道を特定して識別することを簡単に「観測」と一言で表現することが多い。しかし、顕微鏡で細菌の数を単純に数えることと宇宙物体をその挙動を含めて把握することは全く異なる。夜空の星を眺めて星座を確認したり、流れ星や飛行機の点滅灯を発見したとしても、それだけで星や飛行機の高度、速度、飛行方向を知ることはできない。宇宙物体を検出してその軌道を特定するには少なくとも以下のステップが必要である。

①観測設備の視野の範囲で観測画像を取得する。JAXA で利用できる観測設備では視野角は 1 〜 4 度程度であるから、その地点で見渡せる全天を確認するとしても、それはかなりの労力を要する。
②取得した画像を時間間隔を置いて数枚撮影し、それらを重ね合わせて移動している物体を検出する。多くの星や人工物の中から新たな物体を検出する作業は、実際には電子的に複数の画像を重ね合わせてずれを検出するが、原理的には砂場をじっと見つめて砂の中を移動している微少な甲虫を発見するのに匹敵する作業である。しかも視野が狭く細い竹筒を目に当てて狭い範囲を少しずつ観察するようなものである。米国では 20,000 個の物体を追跡するのに毎日 40 万回の観測を行っているとのことである。
③識別した物体を時間的あるいは地理的に離れた複数点で再度観測し、その間の移動状態から軌道を「識別」あるいは「同定」する（専門的にはこれを軌道を「決定 determine」すると呼ぶ）。
④軌道の変化をさかのぼり、何時、どこから発生したか追及し、発生源を特定して登録する（米国ではカタログ化すると呼んでいる）。
⑤軌道上物体は太陽風、月・太陽の引力、上層希薄大気による空気抵抗などの影響を受けて変化するので継続的に上記①〜③の作業を繰り返し、軌道情報を維持する。継続監視の場合はある程度の推定が可能であるが突然の軌道変更があった場合は新規物体の観測と同等の苦労を繰り返さなければならない。

　静止軌道周辺を地球の自転速度に合わせて周回している物体は相対的に動きが少ないので、最初の夜に検出した物体を翌日に再観測して地球との相対的関

3.1 個別物体識別のための地上観測及び軌道上観測

係から軌道特性を求める。確認作業を含めて 2 ～ 3 晩で軌道特性を識別する技術が開発されている。

　一方、低軌道では周回速度が速いので容易ではない。高度 1,000km の周回速度は 7.35km/sec、軌道周期は 105 分であるから、視野角 2.0 度の望遠鏡の視野を横切る時間は 0.6 秒である。その間に複数枚の CCD 画像を取得し、物体を識別しなければならない。よって光学観測で低軌道物体を観測する場合は視野角が広い望遠鏡と、物体の移動に合わせて追尾できる台座が必須であり、かつ高速でシャッターの切れる回路が有利である。レーダでも同様にエネルギ・ビームを一定時間物体に照射し続けるための追尾機能や電子的に追尾する機能（フェーズド・アレイ・アンテナなど）が必要である。軌道精度を上げるためには複数の観測地点のデータを統合して軌道特性を求めることが必要である。

　観測可能な大きさは、光学望遠鏡の場合は、世界的には低軌道で 10cm、静止軌道で 1m と表現される。より専門的には、光学望遠鏡であれば口径に依存する限界等級で比較するのが一般的である。

　望遠鏡口径と限界等級との理論的な関係を図 3-2 に示す。

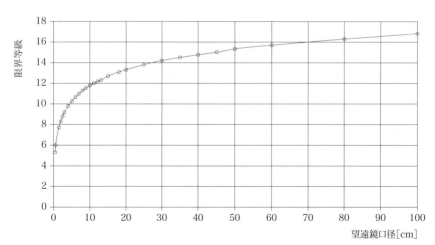

図 3-2 光学望遠鏡と限界等級
観測場所における眼の瞳直径：7mm、観測場所での肉眼での極限等級：6.0、
望遠鏡の透過率：100%、望遠鏡の中央遮蔽率：0% として概算

更に限界等級と観測物体の直径との関係については図 3-3（北緯 40 度のニューヨークから観測した場合）に示す[1]。

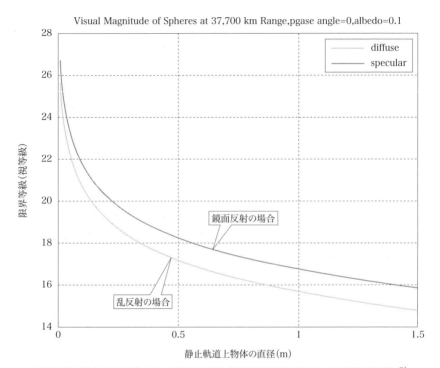

図 3-3 静止物体のサイズとそれの検知に必要な望遠鏡限界等級（NY からの観測の場合）[2]

結局、口径 1m の望遠鏡であれば静止軌道の 1m 程度の物体が観測できることになる。ただし、近年の CCD カメラを搭載した望遠鏡では露出時間を長くすることで改善が可能であり、JAXA の研究事例では多数の撮影画面を重ね合わせることで十数 cm のデブリまで観測することに成功している。

レーダの場合、物体のサイズに対応する指標としてはレーダ断面積があるが、

---

1) Space Surveillance: The Visual Brightness and Size of Space Objects （August 21, 2012）
2) http://mostlymissiledefense.com/2012/08/21/space-surveillance-the-visual-brightenss-and-size-of-space-objects-august-21-2012/

これは入射電界強度と受信散乱電界強度の二乗の比に関係した数値であり、実際の断面積ではない。一般にレーダからの電磁波が宇宙物体に照射された時、それによって電磁エネルギが散乱される大きさは、散乱断面積で表現され、さらに入射方向と観測方向が一致する場合をレーダ断面積（1次レーダ散乱断面積あるいは後方散乱断面積）と呼ぶ。この値は物体との距離、物体の反射面の向き、表面材質の電磁波吸収特性、レーダ波の波長との関係、物体の向きに依存して変化する。波長との関係でいえばレーダがSバンド（周波数2~4MHz）であればその波長は0.75〜15cmであるから、これより十分大きな物体でないとレーダ断面積と実際の面積の関係は違ってくる。一般にも知られているように、ステルス爆撃機は表面の材質で受信電界強度を下げたり、反射波の方向を変えることで受信を困難にしてレーダ断面積が小さくなるように設計されている。

レーダ監視設備は以下に大別される。

(1) フェーズド・アレイ・レーダ

小型のレーダ素子を組み合わせ、それらの位相を制御することで照射方向を制御する。レーダー・エネルギの照射方向は電子的に制御されるため、複数の軌道周回物体を同時に追尾し、僅かな時間で広域をスキャンできる。機械的に駆動する部分は基本的には必要無い。送信アンテナはレーダ・エネルギを扇形に送信する。軌道周回物体が送信波を横切るとその反射波が検出アンテナで受信され、物体の位置が求められる。北ダコタのCavalier空軍駐屯地及びフロリダのEglin空軍基地の設備が代表的なものである。

(2) 通常レーダ

通常使用されるレーダは駆動式あるいは固定式の追尾アンテナを有している。追尾アンテナは軌道周回物体に向けて細いエネルギ・ビームを照射し、反射エネルギから物体の位置や動きを計算する。この種のレーダにはマーシャル諸島／ラリック列島／クェゼリン環礁にあるReagan Test SiteのAltair complexや、マサチューセッツ工科大学リンカーン研究所の

第3章 デブリの観測

Haystack Millstone facility がある。

レーダで観測する場合、その表面材料は様々である。例えば衛星表面が金色の断熱材のアルミナイズドカプトンで覆われている場合やロケット機体のように極低温タンクの表面がプラスチック発泡体で覆われている場合、また金属がむき出しの場合などがあり、それらの材料の電波吸収・反射特性が観測結果に影響を与えるので、検出可能なサイズも材質によって異なる。

図3-4は米国が2014年まで公表してきたレーダー断面積と物体の高度との関係を整理したものである（ただし、材質によって検出されるレーダ断面積が異なることは無視した図となっているので誤差が大きいことを念頭に置く必要がある）。

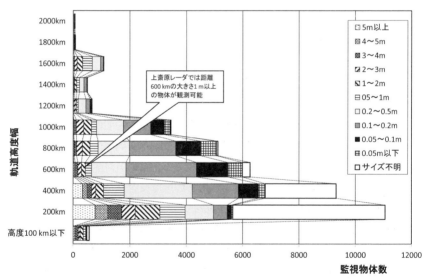

図3-4 米国の観測物体の高度とレーダ断面積より換算した直径
レーダ断面積は実際の反射面積を表すものではない。本図は参考である。

この図からは、公称10cmと言われている観測限界よりも小さな物体が観測できているように見える。しかし、10cm以下の物体はそれ以上の大きさの物体より存在数は大きいはずであるが、検出数はむしろ少なくなっている。こ

れは十分に検知できていないという意味だと考えられる。公称値である10cm以上というのは妥当なところであろう。なお、2014年9月以降USSTRATCOMの提供するSpace Track情報ではレーダ断面積の数値は無くなっており、Large, Medium, Smallの3区分の表示に変わっている。

　以上は地上からの観測であるが、軌道上での観測も採用されている。軌道上光学観測の長所は、地上の光学観測と異なり、地理的条件による日照時間との関係、太陽光との角度関係、天候を含む大気条件などに依存しないという点である。

　代表例は米国SSNで2008年まで運用されていた軌道上監視衛星Midcourse Space Experiment satellite（MSX）の可視光センサと現在運用中のSBSS、並びにカナダのサファイアシステムである。

　MSX（高度900km）を引き継いだSBSSの1号機（質量約1,000kg）は2010年9月に高度約630km、軌道傾斜角98度の軌道に投入された。高度数百kmから36,000kmの静止軌道を監視することは、距離が開いていることや相対速度が大きいことなどの制約がある。地上観測と異なり天候の制約を受けずに監視するには有効だが、衝突回避に対する貢献には監視サイズの点で限界がある。むしろ静止軌道に小型カメラを搭載した衛星を配置して、小さな物体の接近を監視するほうが有効であろう。一般に静止軌道は物体数が少なく、衝突相対速度も低いことからリスクを低く捉えがちであるが、これまでに爆発したロケットの多量の破片が永久に落下することなく存在し続けることや、衝突相対速度が小さいと言ってもライフル銃の弾丸（秒速1000km）をやや下回る程度の衝突速度が想定されることから安心はできない。

　また、低軌道についても地上から観測できない数cm級の物体を軌道上で観測する研究も世界で行われている。地上観測のように広範囲な軌道域を継続的に観測して軌道同定することにはかなりの投資が必要になるが、一般の衛星に小型観測用カメラを搭載し、自身に接近する物体を観測して衝突回避に役立てる、あるいは破砕事故が発生した時の軌道環境状態を把握して当面の対処方針に役立てる（打上げの決行か否かの判断、衛星を休止させるか否かの判断など）といった面では有意義であろう。現在、国際宇宙ステーションでは既存システ

ムで監視できる 10cm 以上のデブリについては接近検知や衝突回避で対処し、1cm 以下のデブリについては防御バンパで防護しているが、1cm から 10cm の大きさに対しては衝突回避も衝突防御も適用できない（貫通して内部空気が抜ける事態になった場合は他のモジュールに退避することになる）。これを補うものとして接近するデブリを国際宇宙ステーション自身で検知して回避操作に役立てることも考えられる。

3.1.2 主要国の状況：米国

地上からの観測を最大規模で行っているのは米国の宇宙監視網（SSN：Space Surveillance Network）である。これは北米大陸を防衛する NORAD と世界的な監視を行う USSPACECOM が共同で運用していたが、2002 年に USSPACECOM は USSTRATCOM（U.S. Strategic Command: 米国戦略司令部）に改称された。USSTRATCOM は米国陸海空軍と海兵隊を冷戦以降の新しい紛争に対応するために再編成された組織である。

USSTRATCOM の詳細を公式サイト（21012 年 12 月時点）から説明しよう [3]。USSTRATCOM のミッションは、①宇宙の監視、②米国の宇宙システム（及び友好的関係国の宇宙システム）の保護、③米国国家安全保障に対して敵意ある行為の抑止、④戦闘管理・指揮・統制・通信・情報への直接支援が含まれている。これらを実質的に担当しているのは「宇宙統合機能構成部隊」(Joint Functional Component Command for Space：JFCC SPACE) であり、その下位組織の「統合宇宙運用センター [4]」(Joint Space Operations Center：JSpOC) が宇宙物体の検出・追跡・識別を行っている [5]。

JSpOC は 6 つの基幹部門で構成されている。即ち、戦略部門 Strategy Division （SRD）、戦闘計画部門 Combat Plans Division （CPD）、戦闘作戦部門 Combat Operations Divison （COD）、統合宇宙室 United Space Vault （USV）、情報・監視・偵察部門 Intelligence, Surveillance and Reconnaissance

---

3) http://www.stratcom.mil/factsheets/USSTRATCOM_Space_Control_and_Space_Surveillance/
4) ここでいう「統合」とは陸・海・空軍及び海兵隊を横断する機能を意味する。
5) JSpOC の宇宙監視作業のバックアップとして、地理的に離れた第 614 航空宇宙作戦センターが設備と要員を提供し、機能を代替することになっている。

Division（ISRD）、作戦支援部門 Operations Support Division（OSD）である。

　JSpOC は軌道上物体のカタログの維持、軌道航行安全のための軌道設定、大気圏への突入予測を行っている。職員は監視データと宇宙物体の整合をチェックし、その位置・速度を更新する。その更新データで追跡可能な宇宙物体の数量、種別、軌道特性についての包括的一覧表である Satellite Catalog「衛星カタログ」を維持している。この場合「衛星」とは惑星を周回する天文学的な意味での「衛星」であり、人工衛星だけでなくデブリを含む地球を周回する全ての物体を指している。

　JSpOC の宇宙保護ミッションにはレーザに関する問題対応（laser clearing procedures）、意図的脅威の分析、衝突回避のための接近評価が含まれている。JSpOC は米国及び同盟国の軌道上財産に直接的・間接的脅威を与える敵対行為に関する情報の分析を行う。この情報は財産に対する潜在的インパクトを予測するために分析され、タイムリな警報と適切な対応策を推奨することが可能になる。JSpOC はルーチンワークとして運用中の全ての衛星を対象として接近解析を実施している（毎日 20 〜 30 件の接近注意報を発出していると国連で報告している）。

　また、JSpOC は USSTRATCOM が大気圏に突入する物体についてその時刻と位置を予測するのを支援し、再突入評価を行う。現在の大気圏上層への再突入予測能力は 30 分以内、9,600km（6,000mile）以内である。再突入 7 日前には監視頻度を上げて再突入予測精度を上げている。予測時刻・位置は 4 日前から毎日提供される。さらに 24 時間前から継続的に監視され、12 時間前、6 時間前、2 時間前に解析される。

　落下の正確な場所と時刻を高精度に求めることは、観測設備の制限や摂動要素のために不可能である。観測設備の制限とは、ほとんどの観測設備が北半球に設置されているため、落下物体は数時間単位で観測範囲の外を通過することになり継続的な監視はできないことである。これに加えて大陸・海洋の重力場、太陽輻射圧力、大気抵抗などの摂動効果が軌道に影響を与える。時には大気圏突入時に境界面で跳ね返り、当初の予測より遅れて突入する可能性もある。

　予測の結果、米国本土あるいはハワイに落下する恐れがあれば「米国連邦緊

急事態管理庁」や「カナダ公共安全緊急事態準備省」に通報される。

JSpOC が得た知見で公開可能なものは Space-Track（https://www.space-track.org/）6) というデータベースで公開されている。Space-Track は幾つかのサービス・エリアに分かれている（サービス画面を図3-5 に示す）。軌道上物体の最新の軌道特性は Two Line Element Data（軌道情報を2行に分けて示すのでこのように呼ばれる。略称TLE）のエリアから知ることができる。更に、Satellite Catalog （SATCAT） Data のエリアからは、国別の打ち上げ数量（Satellite Box Score）やこれまでに打上げられた衛星・ロケットや既に再突入したり地球圏外に脱出した衛星・探査機などの軌道情報（SSR：Space Situation Report）が取得できる。

図 3-5 Space-Track サービス提供画面

監視能力は、静止軌道については光学的に公称 1m と言われているが、実効的には 50cm あるいはそれ以下のサイズの観測も研究的には可能と考えられ、低軌道についてはレーダ観測で公称 10cm7) が限界とされている。この公称値は軌道を同定し、カタログ化できるサイズである。単に観測して物体の存在

---

6) 閲覧には登録が必要である。
7) NASA-HBK-8719.14 では低軌道は 5cm を観測の下限としている。

を確認するだけならば、米国HayStackレーダは1cm以下の物体が検知可能であり、中国破壊実験の直後に1cm級の破片を約20万個弱検出したとの報告がある。

　SSNは世界の30か所の監視設備（軍用及び民生用レーダ、光学望遠鏡）からなる世界的監視網である。観測施設の所在を図3-6に、観測センサの一覧を表3-1に示す。これらの監視設備から毎日380,000～420,000件の監視データを取得している。監視設備はSSN専用設備と貢献設備（あるいは副次的設備）に大別される。専用設備は宇宙監視が主目的のものであり、貢献設備は主目的が他にあるものである。監視設備は物体を継続的に追尾しているというよりも予測技術を用いて予測と実観測のずれを確認している。これは監視設備の設置数、地理的問題、能力、アベイラビリティの制限から用いられるテクニッ

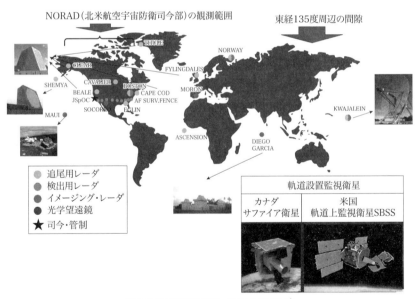

図3-6 米国宇宙監視網　監視局所在地 [8)]

---

8) Space Situational Awareness （SSA），2012年2月国連宇宙空間平和利用委員会、米国戦略司令部／宇宙政策部に説明を追記

第3章 デブリの観測

表3-1 米国 宇宙監視センサ（2006年時点）9)

種別	設置場所	センサ	目的
光学観測	インド洋 英国領 Diego Garcia	GEODSS（1/3）（深宇宙監視用電子‐光学望遠鏡）	宇宙監視専用
	米国ハワイ州 マウイ島	GEODSS（2/3）（深宇宙監視用電子‐光学望遠鏡）	
	米国ニューメキシコ州 Socorro	GEODSS（3/3）（深宇宙監視用電子‐光学望遠鏡）	
	スペイン モロン	MOSS（モロン光学宇宙監視）	
	MSX/SBV（軌道上）	軌道設置可視光センサ（2006年終了）	
	米国ハワイ州 マウイ島	マウイ宇宙監視システム‐光学望遠鏡 口径3.7m	他機関協力
	米国ハワイ州 マウイ島	マウイ宇宙監視システム‐光学望遠鏡 口径1.6m	
	米国ハワイ州 マウイ島	マウイ宇宙監視システム‐光学望遠鏡 口径1.2m	
	米国ハワイ州 マウイ島	マウイ宇宙監視システム‐光学望遠鏡 口径0.8m	
レーダ観測	南大西洋 Ascension	機械的走査・追尾式レーダ	主目的は宇宙監視以外
	米国カリフォルニア州 Beale	PAVE PAWS（再突入周辺捕捉用フェーズドアレイレーダ兵器システム）	
	米国マサチューセッツ州 Cape Cod	PAVE PAWS（再突入周辺捕捉用フェーズドアレイレーダ兵器システム）	
	米国北ダコタ州 Cavalier	PARCS（攻撃識別用周辺捕捉フェーズド・アレイ）	
	米国アラスカ州 Clear	BMEWS（弾道ミサイル早期警戒システム）	
	英国 Fylingdales	BMEWS（弾道ミサイル早期警戒システム）	
	米国ハワイ州 Kaena Point	機械的走査・追尾式レーダ	
	グリーンランド Thule	BMEWS（弾道ミサイル早期警戒システム）SSPAR	
	米国フロリダ州 Eglin	フェーズド・アレイ・レーダ（FPS-85）	宇宙監視専用
	英国 Feltwell	DSTS（深宇宙追尾システム）	
	日本 三沢	DSTS（深宇宙追尾システム） Passive RF	
	米空軍検知フェンス	空軍宇宙監視フェンス（旧SPASUR）	
	ノルウェー Vardo	Globus II［機械的走査・追尾式レーダ］	
	米国マサチューセッツ州 Tyngsboro Millstone	Haystack Aux -LSSC［機械的走査・追尾式］	他機関協力
	米国マサチューセッツ州 Tyngsboro Millstone	Haystack LRIR-LSSC［機械的走査・追尾式］	
	マーシャル諸島 Kwajalein	ALCOR（Lincoln C帯レーダ）［機械的走査・追尾式］	
	マーシャル諸島 Kwajalein	ALTAIR［機械的走査・追尾式レーダ］	
	マーシャル諸島 Kwajalein	TRADEX［機械的走査・追尾式レーダ］	
	マーシャル諸島 Kwajalein	ミリ波帯［機械的走査・追尾式レーダ］	
	米国マサチューセッツ州 Tyngsboro Millstone	LSSC（宇宙監視施設）［機械的走査・追尾式］	
	米国アラスカ州 Shemya	Cobra Dane フェーズド・アレイ・レーダ（L帯）	

クである。

　図 3-6 で注目すべきは観測局が欧米を中心に配置されており、極東にはほとんど設置されていないことである。特に静止軌道観測のための地上設置深宇宙監視サイト（Ground-Based Electro-Optical Deep Space Surveillance：GEODSS）は静止軌道物体の追尾に重要な役割を果たしており[10]、その観測局はインド洋英国領 Diego Garcia、米国ハワイ州マウイ島、米国ニューメキシコ州 Socorro の3か所とスペインの Moron が加わる4か所である。しかし、極東アジアの日本上空は監視領域の限界に近いためカバーされにくい。この様子は図 3-7 で明らかである。ただし当該図は望遠鏡の仰角を 20 度とした場合なので、15 度程度で運用すればハワイあるいはインド洋の局でカバーできる。いずれにせよ監視範囲の端では分解能の点でやや不利である。現状ではそのような運用で日本上空の物体も観測・カタログ化されている。この現状の局配置は極東アジア上空の静止軌道帯の監視に制約を与えている[11]。

　軌道上観測については、米国宇宙監視網には 2008 年まで軌道上監視衛星（MSX）が含まれていた。MSX は 1996 年に大陸間弾道ミサイル防衛を目的として運用高度 900km、軌道傾斜角 99 に打上げられたもので、様々な観測センサ（紫外線、可視光線、赤外線）を搭載している。1998 年5月に SSN に移管され、2008 年まで可視光センサ（Space-Based Visible: SBV）が静止軌道物体の監視に重要な役割を果たしてきた。またその後継機の軌道設置宇宙監視システム（space-based space surveillance system：SBSS）の先駆的なものと位置付けられていた。現在は 2010 年9月に高度約 630km、軌道傾斜角 98 度の軌道に投入された SBSS1 号機（質量約 1,000kg）が運用されているが、その詳細は不明である。この衛星は 2017 年に運用終了の予定であるが[13]、その後継機は 2020 年に遅延すると見られている。その間のギャップを埋めるために3機の小型衛星で埋め合わせる計画があると報じられてい

---

9) NASA-HDBK-8719.14 をベースに筆者翻案
10) 静止通信衛星を含む 4,200〜4,400 個の物体が地表高度 36,000km 以上に存在する。
11) この地理的要因が米国が日本に観測データの提供を求める一つの側面になっている。戦略的には日本が同盟国として監視ネットワークの一員となることがより重要であると米国政府関係者は述べている。

第 3 章　デブリの観測

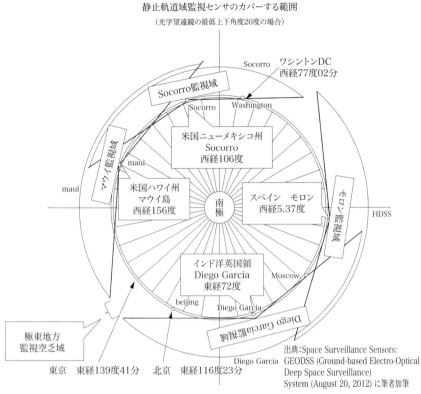

図 3-7 米国宇宙監視網の静止軌道をカバーする範囲（仰角 20 度の場合）[12]

る [14]。なお SSN はカナダの軌道上観測システムである「サファイアシステム」の協力を得ている。

　USSTRATCOM や JSpOC は政府組織の活動であるが、衝突警戒のための接近解析サービスや観測網は民間の宇宙運用センターにも存在する。

　米国のスペース・データ・アソシエーション（SDA）は非営利の団体で静止衛星の安全運用に力点を置いて接近解析サービスを行っている。このシステム

---

12) 上図でモロン監視所の位置が東経 5 度付近に記入されているのは西経 5.37 度の誤記と思われる。
13) Feb. 24, 2014, Space News
14) Sep. 11, 2014, Space News

の最大のメリットはJSpOCの4か所の望遠鏡と3か所の電波センサを利用して観測精度を向上させ、更に加盟する静止衛星運用者の衛星移動計画を入手して詳細な接近解析サービスが可能なことである。2014年5月時点で静止衛星については18機関の241機[15]の衛星が加盟している。これは静止衛星の57％を占めている。低軌道／中軌道については7機関の118機の衛星が加盟している。

この静止軌道の接近解析サービスは運用者間の衝突回避が主眼であり、破片類は対象外である。よって、運用中の静止衛星を除く多くの物体、特に低軌道衛星についてはJSpOCの公開観測データ（TLE）を用いて接近解析を行っている。JSpOCは接近解析にこのTLEデータを用いることは推奨していないので、接近解析のためにはJSpOCとサービス協定を結んで詳細なデータを入手する必要がある。少なくとも静止軌道の対デブリ衝突と低軌道の全ての物体との衝突を警戒するにはJSpOCとの契約が望ましい。

よって、両者の長所を享受するためには双方のサービスを相互補完的に受けることが望ましい。

もう一つの事例としてSDAのデータ運用センターを支援しているAGI社が2014年5月に運用を開始した商用宇宙運用センター（The Commercial Space Operations Center：ComSpOC）がある。28基の光学望遠鏡、3基の電波センサ、1基のフェーズド・アレイ・レーダを用いて、2014年11月時点で運用中の静止衛星の97％、運用中の低軌道衛星の63％を追跡している。

3.1.3 主要国の状況：欧州 [16]

欧州はSSA宇宙監視用ネットワークを有していないが、それぞれの国で多くの重要なレーダを有している。

フランス軍はGRAVES（Grande Reseau Adapte a la Veille Spatiale radar）と呼ばれるバイスタティックレーダ方式（送信機と受信機を別に設置する）の

---

15) Space Situational Awareness Fact Sheet, 2014年9月、Secure World Foundation
16) この項はGLOBAL SPACE SITUATIONAL AWARENESS SENSORS, Brian Weeden（Secure World Foundation), Paul Cefola（University at Buffalo（SUNY))、Jaganath Sankaran（University of Maryland）の記述の翻訳をベースとしている。

施設を運用している。また、ドイツには FGAN 研究所が運用する TIRA (German Tracking and Imaging Radar system) がある。これは機械走査式のレーダではあるが高度 1,000km の 2cm 以下の物体を捕捉できる。これを Effelsberg の 100m の電波望遠鏡の受診アンテナと組み合わせてバイスタティックレーダとして用いればさらに 1cm まで感度を上げることができる。また 16.7 GHz のイメージング・レーダとしては 15cm の解像度を持つ(JAXA も不具合を起こした衛星の画像の取得を依頼して太陽電池パドルの異常を確認したことがある)。

ノルウェイは米国と共同して GLOBUS II と呼ばれる機械走査式のレーダで静止軌道上の物体の捕捉と画像の取得を行っている。ノルウェイは EISCAT (欧州非干渉散乱) 科学協会レーダーシステム (European Incoherent Scatter radar system) の重要な位置を占めており、宇宙科学の研究に貢献しているが、Tromsø にある UHF 帯 VHF 帯の機械走査式レーダでデブリの研究も行っている。更にノルウェイには Longyearbyen と Svalbard に 2 基の機械走査式レータがある。

これらの観測手段の他、潜在的に欧州宇宙監視網に貢献し得る光学観測設備としては、フランスの SPOC、ROSACE 及び TAROT、並びに英国の PIMS、そしてスイスの Zimlat の名前が挙げられている [17]。その他の設備を含めて表 3-2 に示す。

表 3-2 宇宙観測に適用可能な欧州内観測設備 [18]

	名称	設置国	設置場所	運用者
レーダ	GRAVES	フランス	Broyes-de-Pesmes 及び Revest-du-Bion,	ONERA (仏国軍所有)
	Fylingdales	イギリス	Fylingdales 空軍基地	英国軍 (米国と共同)

---

17) Rathgeber, W., "Europe's Way to Space Situational Awareness." ESPI Report 10, January 2008.
18) EUROPE'S WAY TO SPACE SITUATIONAL AWARENESS (SSA) Report 10, January 2008, Wolfgang Rathgeber, ESPI (http://www.isn.ethz.ch/Digital-Library/Publications/Detail/?id=124839)

レーダ	Globus II	ノルウェイ	Vardø	NorwegianIntelligence Service（米国と共同）
	TIRA	ドイツ	Wachtberg	FGAN
	Armor	フランス	観測船 Monge に搭載母港は Brest	仏国軍
	EISCAT	スカンジナビア諸国	スカンジナビア諸国に設置	多国間科学ネットワーク
光学望遠鏡	SPOC	フランス	Toulon 及び Odeillo	仏国軍
	ROSACE	フランス	HauteProvence	CNES
	TAROT	フランス	CalernPalteau	CNES
	PIMS	英国	英国 Herstmonceux 英国領ジブラルタル英国連邦 キプロス	英国軍
	Zimlat	スイス	ベルン近郊	ベルン大学

3.1.4 主要国の状況：ロシア [21]

　光学観測については、ロシア軍はタジキスタン北部に重要な光学追跡施設（名称：Okno）を有している。この施設には多くの望遠鏡が設置されており、低軌道観測を含むすべての軌道域が観測対象となっている [22]。この施設はロシア軍にロシア上空の静止軌道帯に関する観測情報を提供している。

　ロシア科学アカデミは世界的規模で静止軌道帯をカバーする ISON（International Scientific Optical Network：世界科学光学ネットワーク）を管理している（図 3-8）。ISON には世界の学術・科学研究機関が協力しており、2013 年時点で、世界 14 か国／33 か所の観測施設（内、29 か所がデブリ観測用）の 60 基の光学望遠鏡が参加している。口径は 19cm から 2.6m までと多様である。参加機関には、欧州やアジアが多く含まれ、南アメリカからも一か所、更にアフリカ沖も含まれている。観測計画の設定・調整及びデータ処理は KIAM RAS 研究所（Keldysh Institute of Applied Mathematics Russian Academy of Sciences）が担当し、ネットワークメンテナンスと機器開発は

---

[21] ロシアについても GLOBAL SPACE SITUATIONAL AWARENESS SENSORS の記述の翻訳をベースにしている。
[22] 一般には低軌道は光学観測に向いていないとされている。太陽光との位置関係や天候の制限を受け、高速の周回物体を追跡する機能が必要とされるためである。

ASC Project-Technics が担当している[23]。

米国 SSN が静止軌道観測について十分な設備を有していない現状では、当該ネットワークは有効な情報を提供するものと期待される。

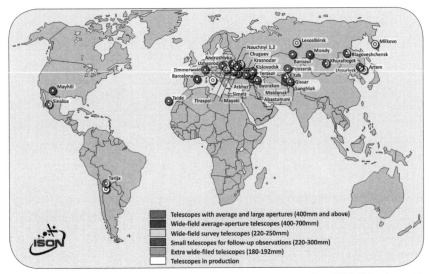

図 3-8 ロシア主導の ISON（International Scientific Optical Network：世界科学光学ネットワーク）[24]

レーダ観測については、2006 年時点でロシアは米国に次ぐ第二のレーダ網を有しており、その主たる用途はミサイルの監視である。旧ソ連のシステムを引き継いでおり、それらのオリジナル設備の幾つかは既に運用を停止しているなどの事情はあるが、約半数はロシアの領土の外に設置されており、それらに

---

[23] International Scientific Optical Network (ISON) activities on highly elliptical orbit (HEO), geosynchronous orbit (GEO) and Near-Earth objects (NEO) observation and analysis in 2013, 51st session of STSC COPUOS, Vienna, Russian Academy of Sciences, Keldysh Institute of Applied Mathematics, 10-21 Feb 2014 (http://www.oosa.unvienna.org/oosa/en/COPUOS/2014/index.html)

[24] "KIAM space debris data center for processing and analysis of information on space debris objects obtained by the ISON network", Vladimir Agapov, Igor Molotov, Keldysh Institute of Applied Mathematics RAS, 第 52 回国連宇宙空間平和利用委員会／科学技術小委員会, 2-13 February 2015, Vienna, Austria

ついては設置国と運用を継続するための協定を締結している。ロシアは Daryal 型レーダ（ＶＨＦ帯の bistatic フェーズド・アレイ・レーダ）をロシアの Pechora とアゼルバイジャンの Gabala に２基、ボルガ型レーダ（bistatic フェーズド・アレイ・レーダ、約 3GHz）をベラリューシュの Baranovichi に１基、Don-2N radar（Pill Box）と呼ばれる４面フェーズド・アレイ・レーダをモスクワ防衛用の ABM システムに有している。その他 Dnestr-M/Dnepr radars を Olenegork, Balkhash（カザフスタン）, Mishelevka に有している。以上のレーダサイトの位置とカバーする範囲を図 3-9 に示す。

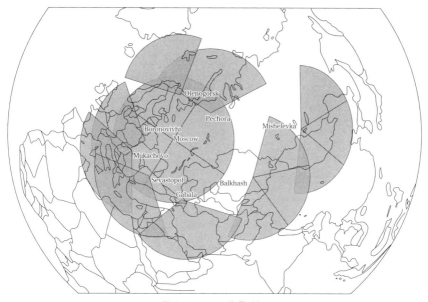

図 3-9 ロシア早期警戒網

3.1.5 主要国の状況：中国 [25]

　光学観測設備については、中国の主たる SSA 光学観測は紫金山観測所（Purple Mountain Observatory）（南京）で行われる。ここでは４か所の望

---

25) 中国についても GLOBAL SPACE SITUATIONAL AWARENESS SENSORS の記述の翻訳をベースにしている。

遠鏡で観測できる。しかし、中国は海外に設備を持たないために地球規模で静止軌道域を観測することはできない。

　レーダについては、SSA（宇宙状況監視）に用いる設備を有しているとの目撃情報があるが、中国は公式には認めていない。中国がSSAの監視設備や監視技術を整備するに当たっては米国、ロシア、欧州と同様の基本戦略（戦略的、外交的、地政学的観点を含み）で行うことになるであろう。推定ではあるが、中国もフェーズド・アレイ・レーダ網を有しており、各レーダのレンジは3,000km、水平方向は120度をカバーすると思われる。公表されている情報から推測した位置と性能を表3-3に示す（地図上の位置は図3-10参照）。太平洋側からの飛来物を監視する布陣となっているようである。この他にロング・レンジ高性能機械的追尾機構のレーダを有しているとの証拠がある。

　中国は国外にレーダを有していないので東アジアをカバーしていない。しかし、2隻の監視船（Yuanwang tracking ships）を用いて監視範囲を拡大することができる。これらは主として有人活動を支援するのに用いられているが、SSAの監視機能にも貢献できるであろう。

表3-3 中国の低軌道観測用フェーズド・アレイ・レーダ網（推定）[26]

設置位置	緯度・経度	最大レンジ	水平方向範囲
NW China ［和名不明］	87.5 E, 43.0 N	3000 km	-60 to + 60 deg
Kashi 喀什 カシュ （西南/新疆省）	76.02 E, 39.54 N	3000 km	180 to 359 deg
Kunming 昆明 コンメイ （西南/雲南）	102.74 E, 24.99 N	3000 km	200 to 320 deg
Hainan 海南 カイナン （華南/海南省）	109.4 E, 19.0 N	3000 km	120 to 240 deg
Jiangxi 江西 コウセイ （華東/江西省）	114.93 E, 26.8 N	3000 km	60 to 180 deg
Changchun 長春 チョウシュン （華北/吉林省）	125.69 E, 44.0 N	3000 km	0 to 120 deg
Xuanhua 宣化 センホア （華北/河北省）	115.04 E, 40.61 N	3000 km	-60 to +60 deg
Henan 河南 カナン （華中/河南省）	112.97 E, 34.76 N	2500 km	30 to 150 deg

---

26) GLOBAL SPACE SITUATIONAL AWARENESS SENSORS, Brian Weeden(Secure World Foundation), Paul Cefola （University at Buffalo （SUNY))、Jaganath Sankaran （University of Maryland)

3.1 個別物体識別のための地上観測及び軌道上観測

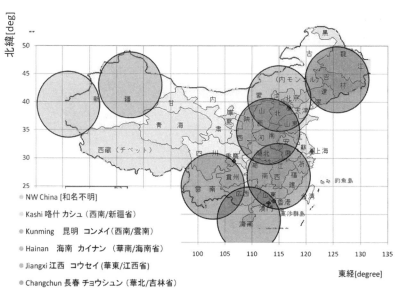

図 3-10 中国のレーダサイト（推定）

3.1.6 主要国の状況：カナダ

カナダは「宇宙監視システム」(The Canadian Space Surveillance System :CSSS) を維持しておりこれは「サファイアシステム」(Sapphire System) と称する軌道上望遠鏡と「センサ・システム運用センター」(SSOC) で構成されている。サファイア・システム (Sapphire System) の電子光学観測望遠鏡は遠方（6,000～40,000 km）の物体を観測するために小型3面ミラー・アナスティグマット[27]望遠鏡 (a small Three Mirror Anastigmat (TMA) telescope) を採用し、高度750kmの太陽同期円軌道で、毎日360件（最低）の画像を取得している。また、サファイア・システムは米国SSNにも貢献している[28]。

---

27) レンズの収差補正状況を示す言葉の一つで、像面湾曲と非点収差を解消していることを意味する
28) Sharing Earth Observation Resources, "Sapphire : Space Surveillance Mission of Canada"(http://events.eoportal.org/get_announce.php?an_id=10003180) [2011年5月閲覧].

3.1.7 我が国の状況

我が国で軌道上物体が監視できる主要観測設備を表3-4に示す。

表3-4 日本の観測設備（軌道上物体の観測に適用可能な中大型設備）

	所有者	設置場所	タイプ	仕様
レーダ	日本宇宙フォーラム	上斎原	フェーズド・アレイ	視野角 2.8 度 周波数 3,100 〜 3,400MHz 感度 1.0m @高度 600km
	京都大学	生存圏研究所信楽 MU 観測所	フェーズド・アレイ	視野角 3.7 度波長 6.4m 感度 2cm @高度 500km
	JAXA/ISAS	内之浦	ディッシュ型 バイスタティック	視野角 0.4 度波長 0.13m 感度 2cm @高度 500km
	JAXA/ISAS	臼田	ディッシュ型 バイスタティック	視野角 0.13 度波長 0.13m 感度 2cm @高度 500km
光学望遠鏡	日本宇宙フォーラム	美星	光学望遠鏡（CCD カメラ）	口径 1.0m　視野角 3 度
	日本宇宙フォーラム	美星	光学望遠鏡（CCD カメラ）	口径 0.5m　視野角 2 度
	駿台天文台	北軽井沢		口径 0.75m　限界等級 18
	通信総合研究所	東京小金井市	光学望遠鏡（赤外線カメラ 及び CCD カメラ）	口径 1.5m　限界等級 20

　日本宇宙フォーラムが所有するレーダ及び望遠鏡は宇宙物体の観測用に設計・製造されたものである。これの利用契約者は専ら JAXA であり、レーダによる低軌道の大きなサイズ（距離 600km で 1m まで）の物体の観測、望遠鏡による静止軌道域の大型物体（公称 1m まで）観測が行われている。

　通信総合研究所の光学望遠鏡は、宇宙科学研究所が打ち上げた月スウィングバイ衛星「ひてん」が、孫衛星「はごろも」を月周回軌道に投入する際の 12 秒間のロケット噴射の火炎を赤外線カメラで観測しており、また、高感度 CCD カメラの特徴を生かして、静止衛星の精密位置校正法の研究が行なわれ、我が国の静止衛星や静止衛星軌道の衛星の破片などのデブリの観測にも実績がある[29]。

　JAXA では上の表には記載していない小型の望遠鏡を用いて、低軌道および

---

[29] 郵政省通信総合研究所 CRL ニュース 19990.4 月号 No169「通信総研 1.5m 望遠鏡による宇宙観測」、廣本宣久

静止軌道のスペースデブリを観測するシステムの研究を行っている。低軌道用の観測システムとして、高速追尾が可能な3軸経緯儀と35cm光学望遠鏡を組み合わせたシステムを開発し、スペースシャトル、国際宇宙ステーション（ISS）の形状の認識や姿勢運動の推定を行っている。また静止軌道用の観測システムとして、長野県入笠山に光学望遠鏡（口径35cmと25cm）を設置し、高速読み出し大型CCDカメラで画像を取得し、このデータを用いて静止軌道上のデブリを自動的に検出するためのソフトウェア開発を行っている。さらにこの装置を用いて地球に接近する小惑星の観測も行っている[30]。

3.2 微小粒子の軌道上捕獲・検知手法

1mm以下の微小デブリでさえ衛星の外部露出ケーブルに衝突すれば短絡を招き、高圧気蓄器に衝突すれば破裂事故を招く可能性がある。そのように重要で脆弱な機器類は防御シールドなどで保護することが望まれる。一方、その衝突頻度は過去の軌道上実験により無視できないものとされているが、定量的に正確には把握できていない。よってコスト効率の良い防御設計を行うためには微小デブリの分布状態を把握することが必要である。

過去には地上から検知できない微小なデブリ（1mm以下程度）はハッブル宇宙望遠鏡からの回収物あるいはNASAの長期暴露実験機（LDEF）[31]や宇宙実験・観測フリーフライヤ（SFU）などの宇宙曝露実験において多数観測されている。LDEFは6年間弱にわたり高度約400km滞在したが、その結果デブリなどの衝突痕が目視で確認できるだけでも32,000個[32]、5mm以上のものが5,000個あった。SFUは10か月滞在して数百個の衝突痕が確認されている。

---

30) JAXA公開ウェブサイト 研究開発本部／研究紹介／人工衛星およびデブリの光学観測／観測装置 (http://www.ard.jaxa.jp/research/mitou/mit-kougakukansoku.html)
31) Long Duration Exposure Facility、長期間軌道に晒した後に回収し、表面材の変化を調査したもの
32) Interagency Report on Orbital Debris, U.S. Office of Science and Technology Policy, November 1995

第 3 章　デブリの観測

図 3-11 スペースシャトルに回収される LDEF　　　図 3-12 LDEF のデブリ衝突痕

　最近はこのような調査は実施されていないので中国の破壊実験、イリジウムとコスモスの衝突、その他の爆発事故の影響でどのように悪化したか確認できていない。現在はスペースシャトルが退役しているので LDEF のように衛星を回収して調査することもできない。国際宇宙ステーションの暴露部での調査は可能であるが、一般の衛星の軌道高度 800 〜 1,000km の状態を長期的に調査して把握する手段はない。
　JAXA では数 mm 以下のデブリの分布を把握するための衝突検知器を開発中である。これは微細な金属線メッシュを検知面として、そこに衝突したデブリが破断した金属線の本数でそのサイズを推定する原理である。この検知器を衛星の表面に張り付けて衝突を検知したら地上に信号を送る仕組みである。JAXA 研究担当グループはこの検知器を「こうのとり 5 号機」（2015 年 8 月 19 日打ち上げ）に搭載して耐環境性や検知能力を確認した結果、1 か月程度の短期間の実験ではあったが数百ミクロンの物体の衝突を 1 回検知した。また将来計画としてアストロスケール社（本社シンガポール）が JAXA と共同で高度 800km 付近を超小型衛星（縦横 38cm、奥行き 60cm）で 2 年間調査する計画があることを発表している。今後、可能な限り多くの内外の衛星に貼り付けて実用高度の調査ができれば、デブリ分布モデルの検証にもつながると期待される。

第4章
デブリの発生源

4.1 概要

　デブリの発生要因を分類すれば下表のようになる。下線の付いたものは対策が困難か、対策が十分とは言えないものである。それ以外は大方の先進国が開発する衛星やロケットではデブリ発生防止策がとられている。

表 4-1 デブリの発生源別の分類

主分類	副分類	デブリ発生原因
正常な運用にて発生する分離・剥離品など	計画的分離品	計画的分離・放出品（締結具、カバー類）
		複数衛星打ち上げ時の下部支持構体
		軌道上回収前分離・放出品（パドルなど）
		軍事目的又は機密保護のための射出物
	非意図的に放出してしまう物体	固体モータからの噴出物
		タンク断熱材の振動・衝撃などによる剥離
		経年劣化による剥離・分離品
		原子炉からの高密度冷却材の漏洩（海外事例）
破砕による破片	偶発的破砕事故	打上げ／軌道投入時の不具合による爆発破片
		指令破壊系の不具合による大規模爆発の破片
		残留推薬、バッテリなどに起因する爆発破片
	軌道上衝突事故	大型物体との衝突破片
		小物体との衝突による衛星のデブリ化
		微小物体の衝突による表面剥離物
	意図的破壊	再突入安全策としての爆破による破片
		破壊実験などその他の爆破
運用停止後の不要物体		軌道上で不要になった衛星、ロケット

4.2 デブリ発生事例

デブリの発生で規模の大きなものは意図的な破壊行為と衝突事故である。ここではその事例として2007年に中国が行った風雲1号の破壊実験と2009年の米国のイリジウムとロシア衛星との衝突について紹介する。

4.2.1 中国衛星破壊実験

中国は2007年1月11日にミサイルにて自国の衛星である風雲1号Cを高度851～869kmで破壊した。風雲1号Cは1999年に打上げられた気象衛星（958kg）であり、破壊した2007年当時は既に運用が終了していたと言われている。

図4-1 風雲1号の外観

この実験で発生したデブリは、軌道が特定されたものだけで3405個（2015年9月20日時点）である。中国はこの実験で衛星攻撃能力を確認すると共にその実力を世界に誇示した。これは実験の翌月の2月12日に開催された国連の宇宙空間平和利用委員会でデブリの削減に関するガイドラインが最終調整され、意図的破壊行為の危険性が世界の共通認識となる直前のことであった。この実験の前年の2006年4月20日には米中首脳会談にて、ブッシュ大統領がデブリ問題などについて中国と話し合うことを約束していた。中国がこの実験を行うに当たっては、米国が提供するデータベースから目標物の軌道情報、攻

撃の成果、破片の分散状況など容易に知りえたことは想像に難くない。

　これらの破片の高度分布は図4-2を参照されたい。この図はガバード線図と呼ばれ、1つづつの破片について遠地点高度と近地点高度を示すものである。破壊前の軌道高度を中心に、加速された破片はその加速点の高度は保ったまま（近地点となる）で軌道の反対側の高度を高度4000kmまで上昇（遠地点となる）させた。減速方向に飛散した破片は逆に加速点の高度を保ったまま（遠地点となる）軌道の反対側の点の高度を降下させ（近地点となる）、その結果大気抵抗の影響を受けやすくなって遠地点も時間の経過と共に降下していく。このように分散した破片は広大な空域の衛星に衝突被害のリスクを与える。

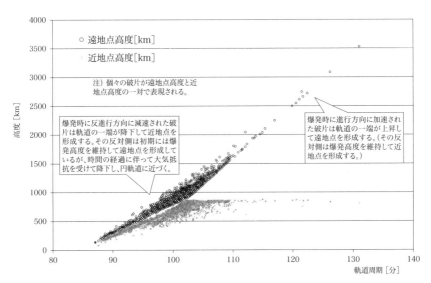

図4-2 中国破壊実験による破片の軌道（破砕後7年7ヶ月後の2014年8月末の状況）

　当時運用していたJAXAの衛星の軌道と交差する物体の数を表4-2に示すが、風雲1号の破片により、衝突リスクが40％程度も高まった衛星もある。

第4章　デブリの発生源

表 4-2　JAXA 衛星への衝突率の増加率 [1]

衛星名		打ち上げ日	公称高度 (km)	交差物体数 *)	交差風雲デブリ数	増加割合 (%)
ASTRO-EII	すざく	H17.7.1	550	1442	352	24.4
ASTRO-F	あかり	H18.2.21	750	2145	830	38.7
INDEX	れいめい	H17.8.23	610	1931	575	29.8
OICETS	きらり	H17.8.23	610	1571	425	27.1
ALOS	だいち	H18.1.24	691	2055	769	37.4
SOLAR-B	ひので	H18.9.24	600	2119	767	36.2

*) 風雲 1C デブリを含まない。±20km 領域でカウント。

　また、NASA は 1cm のデブリの数が中国の破壊実験の後、16 万個増加したことを観測・推定している。これは米国が中国破壊実験の 24 時間後に米国の Haystack レーダで関連空域を観測した結果であり、その時点で粒子の分布がそれ以前の倍程度に増加したのを観察したと報告している。

　これらの結果から NASA はカタログデブリの増加を 25%、1cm 級のデブリの増加率を 100%と見ている。

4.2.2　Iridium 33 と Cosmos 2251 の軌道上衝突事故

　2009 年 2 月 10 日 16:56（世界標準時）に運用中の米国通信衛星 Iridium 33 と運用を終了したロシアの軍事用通信放送衛星 Cosmos 2251 がシベリア上空高度 800km で衝突した。両衛星の特徴を表 4-3 に示す。2015 年 9 月 20 日時点で判明している範囲では、発生した破片数は、米国衛星側が 620 個、ロシア衛星側が 1667 個であり、その 66%以上が未だ軌道上に残存している。図 4-3 に破片の高度分布を示す。破片は高度 200 ～ 1,700 km の広い範囲に分散している。これは 2014 年末の状態なので、すでに高度 800km 以下の破片の遠地点高度は近地点高度の近くまで降下している。筆者の見解としては、衛星の構体同士が衝突すれば大きな衝突エネルギでもっと多量の破片が発生するはずであるが、そうなっていないのはこの衝突がイリジウムの展開物（太陽電池パネルあるいはアンテナ）とコスモスの本体が衝突したという、幾分軽度の衝突であったからだと見ている。破片は破砕点より相対的に下方に多量に分

---

1) 元 JAXA 統合追跡 NW 技術部 堀井氏

4.2 デブリ発生事例

表 4-3 イリジウム 33 とコスモス 2251 の主要諸元[2]

	Iridium 33	Cosmos 2251
衛星外観[5]		
打ち上げ年月日	1997 年 9 月 14 日	1993 年 6 月 16 日
国際識別番号	1997-051C	1993-036A
質量	本体重量：462kg 推進剤満載時：689 kg 衝突時（運用中）：560 kg	約 900 kg
サイズ	1.02 × 1.57 × 3.6 m	直径 2.04 × 長さ 3 m
高度、軌道傾斜角、軌道周期	776×779km、86.4 deg.、100.4 min	776×799km、74.0 deg、100.6 min

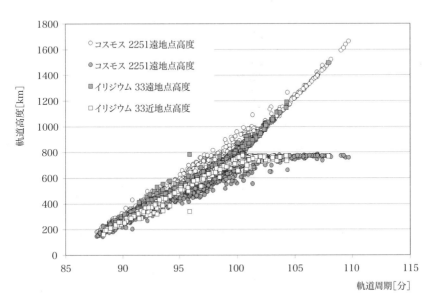

図 4-3 米露衛星衝突事故の破片の高度分布（衝突後 6 年経過しているため低高度の遠地点高度が近地点高度に下がっている。）

散し、このうちの多くが地上から観測し難い比較的小さなものであることが予想される。

　先の中国の破壊実験とこの衝突事故の影響を受けて、破片数量は大きく増大した。図4-4にこれらの実験・事故で発生した破片とそれ以外の物体の分散状況について平均高度50km毎の分布数で示した。平均高度は遠地点高度と近地点高度の平均値である。破片を数量的に把握するのにはこの図が良いが、衝突リスクを把握するためには遠近地点の高度を考慮しなければならない。多くの物体は真円ではないので通過する高度帯と交差する全ての高度帯に衝突のリスクを与える。その衝突のリスクをより正確に表すために図4-5を作成した。これは軌道空間を高度50km幅に区切って、そこを通過する物体の数量を示したものである。この図では遠地点高度10,000 km以上の長超楕円軌道の物

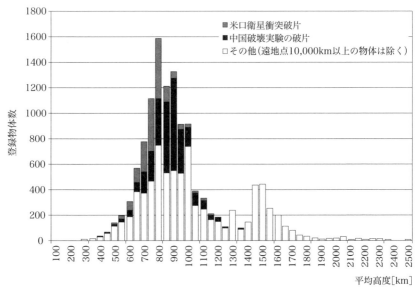

図4-4　中国衛星破壊実験と米ロ衛星衝突事故の影響（遠・近地点高度の平均高度で整理）

---

2) Orbital Debris Reserch in the Unite States by Stansbery, 第3回スペースデブリワークショップ、2008.1.21 を一部改変。なお、Cosmos 衛星の概観については諸説あるが、上図はロシア研究者の論文に記載されていたものに最も近い姿である。
3) Space Track 2015.01.01

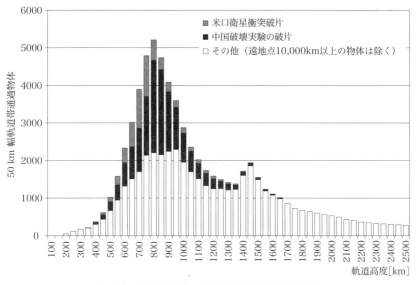

図4-5 軌道高度50km帯毎の通過物体数の増加状況

体は地球周回周期が長いので通過頻度が少なくなることを考慮して除外している。それでも高度800〜1,000 kmという最も有用な軌道高度帯がかなり汚染された状況であることが分かる。

4.3 破片の発生状況

軌道環境の悪化の最大原因は破砕事故である。破砕事故で発生した破片の数は観測可能な物体の半数以上を占めている。これは米国のSpace Surveillance Networkなどによる観測の結果であり、10cm程度以下の物体は含まれない。そのような観測できない小さな破片はもっと多量に発生する。1cm級の破片はその10倍、1mm級の破片であれば100倍の破片を発生したと思われる。破砕のモードによっても破片のサイズは異なる。爆薬による破壊や超高速衝突

---

4) 5) Space Track 2015.01.01

による破砕は多量のエネルギで破砕するので破片は細分化される傾向にあり、圧力上昇による破裂では比較的小さなエネルギとなるので、大きな破片が発生する傾向がある。

　破砕によって発生する破片のサイズと数量の関係を予測するモデル式は世界で様々なものがある。上で少し言及したように、破砕の原因が爆薬による破砕か、推進剤の爆発か、あるいは加圧によるタンク破裂なのか、そのエネルギはどれほどか、破砕した物体の質量はどれほどかによって発生する破片のサイズと数量は異なるが、それぞれに応じたモデル式も提案されている。

　ここでは九州大学八坂哲雄名誉教授の「べき乗則（Power Law）」の計算結果と実際の破砕で生じた破片の関係を図4-6に示す。ここに挙げたのはインドのPSLV（ロケット）、中国の長征ロケット、アリアンロケットの破砕事故の例である。1kg以下は検出に限界があるために観測データはかなり減少するがそれ以上の重い破片については計算値と観測値はほぼ同等のオーダになっている。計算式によれば100g級の破片は1kg級の破片の10倍発生していると示されている。

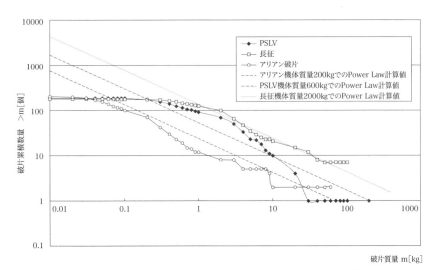

図4-6 破片の質量分布（PSLV、長征、アリアンの破片とPower Law推定値）

これは破砕直後の破片の軌道データから筆者が解析したものであり、この結

果から、PSLV と長征ロケットは残留推進薬の爆発、アリアンはタンク内の液体水素の気化・昇圧によるタンク破裂と推定できる。

　破砕発生時の破片は高度方向に広い範囲に及ぶ。2001 年 11 月 21 日にロシア衛星 Cosmos 2367（1999-072A, 高度 :411km, 質量 :3t）が ISS の 30km 上空で爆発事故を起こした事例では、地上から確認できただけでも約 300 個の破片が高度 200 〜 500km に集中し、その 40% は ISS 軌道を横切り、ISS 及びシャトルの運用に重大な影響を与えた。

　図 4-7 は 2014 年 8 月末の米国軌道物体情報（Space Track）から作成した破砕事故発生リストのデータを基に、破砕発生高度ごとに破砕物の破片数をバブルチャートに表したものである。大規模な破片数を発生した破砕の多くが比較的低高度で発生しているのは、破片の多くが短期間で消滅するという意味では不幸中の幸いである。これらの破砕事故を軌道傾斜角で整理すると、傾斜角 66 度近辺に集中しており、これは破砕事故の 70% をロシアが引き起こしていることと関連している。結果としてこの傾斜角に小さな破片が集中し、衛星に

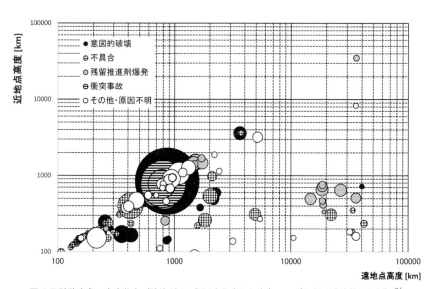

図 4-7 破砕事象の高度分布（破片が 20 個以上発生した事象、バブル径は破片数に比例）6)

---

6) Space Track 2015 年 9 月 20 日

対する微小デブリの衝突方向（方位角度方向）の分布特性の支配的要因になっている。

これまでに破片を発生させた上位20件の衛星・ロケット・宇宙ステーションを2014年末のデータで図4-8に示す。これは筆者が米国のデータベースSpace-Trackのデータから算出した結果である。先に紹介した中国の破壊実験と米ロ衛星の衝突事故が他のイベントと比較して桁違いのものであったことがわかる。しかもそれらの破片の大部分は軌道上に残存している。NASAは、2010年7月版の「Orbital Debris Quarterly News」においてデブリ発生数のトップ10を発表している。それは時期の相違を効慮すれば図4-8と同じ結果となっており、「宇宙開発が開始されてからこれまで4,700件以上の宇宙ミッションが実施され、そのうち10件のミッションで発生した宇宙デブリが、カタログ化された全デブリ数の1/3を占め、同10件のうち6件のミッションが、最近10年に実施されている」とコメントしている。

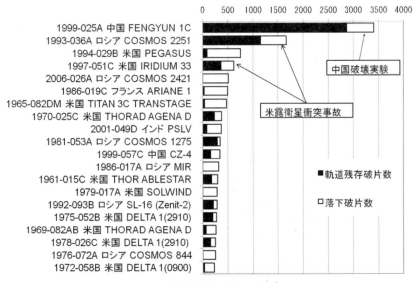

図4-8 破片発生数の上位20件 7)

---

7) Space Track 2015.01.01

4.3 破片の発生状況

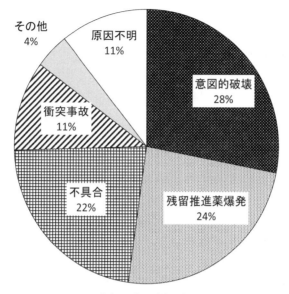

図4-9 破砕原因毎の破片発生数の割合

　デブリを1番多く発生させたミッションは、中国の気象衛星「風雲1号C (FY-1C)」の衛星破壊実験 (2007年1月11日) で、2015年9月20日の時点で3,405個のデブリがカタログ化され、そのうち2,870個が軌道上に留まっている。この破片は、観測されている軌道上物体の約17％を占めている。2番目に多いのがロシアの軍事通信衛星「コスモス2251 (Cosmos-2251、Kosmos-2251)」の1,647個で、2009年2月10日に発生した米イリジウム・サテライト社の通信衛星「イリジウム33 (Iridium-33)」との衝突事故により発生した。さらに、イリジウム33についても、4番目に多い620個がカタログ化されている。

　破砕事故で発生した破片数を原因別に分類して図4-9に示す。意図的破壊、運用終了後のロケットの推進剤タンクの破砕、不具合による破砕が三大原因である。

4.4 意図的な破壊

　意図的な破壊はほとんどが軍用衛星に関するものである。偵察衛星のデータの回収に失敗した時の機密保全のための自爆と、いわゆる衛星破壊実験（ASAT）に関連したものである。例外的には、再突入後の地上被害の軽減のための破壊がある。

　1番目の破壊は比較的低高度で行われるため軌道に残存する破片は少ない傾向がある。1964年11月5日に旧ソ連がCosmos 50で行ったものが世界で最初の自爆行為で（APO自爆システム搭載：10 kgのTNT相当）、93個の破片がJSpOCに登録されたが、12日以内に全て消滅した[8]。

　2番目のASATは、米国や中国は地上からミサイルで弾頭を衝突させるタイプが主であるのに対してロシアは軌道上で衛星を自爆させてその破片を目標に衝突させるタイプなので破片の発生は多量になる。推進薬の爆発事故に比べて爆薬による破片は強力で、また超高速衝突で破砕した場合は多量の小さな破片を発生させる。幸いなことに米ソ両国が自粛しているので1986年以降は非常に少なくなった。しかし2007年1月に中国が最も使用頻度の高い高度800 kmの空域で破壊実験を実施し、歴史上最大規模の破片を発生させたことは世界を驚愕させた。その影響は運用中の衛星や宇宙ステーションのリスクを25〜40%上昇させた。

　3番目は一般的には大型の衛星の落下の前に破壊して溶融しやすくする目的で了解されるが、実際に行われたことはない。米国が中国の破壊実験の翌年の2008年に実施した衛星破壊は、衛星内部に有毒な燃料が多量に残存しており、しかもそれが凍結していて地表に衝突して周囲を汚染する可能性があったために実施したと説明されているのでこの範疇に入るが、外交的な示威行為としての意味が強いと理解されている。有毒燃料が多少残っていても通常ならば落下途中に加熱されて気化し、放出されて問題は発生しないと思われる。

---

[8] NASA Orbital Debris Quarterly News, 2015年1月号

図4-10は破壊行為が行われた高度と破砕の規模を示したものである。中国破壊事件の規模が大きいことがここでもわかる。米国が実施した実験は比較的低高度で行われてきたために破片のほとんど落下しており残存率は大きくない。ロシアは遠地点高度4万km付近の超楕円軌道で行った実験が多く、図4-10では破砕規模が小さく表現されているが、これは高度が高すぎて地上からはよく観測できないことによるもので、実際の規模は不明である。

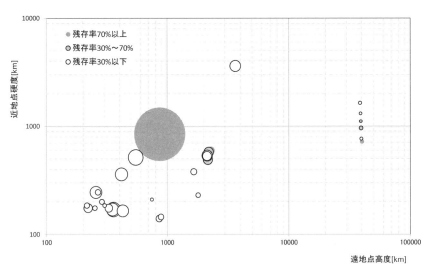

図4-10 意図的な破壊が行われた高度と発生した破片の数の規模
（破片が10個以上発生したもの。バブル直径は数量に比例）

4.5 運用終了後の破砕

意図的な破壊実験の次に多い破砕現象は、運用終了後に衛星やロケットが破砕する現象である。この破砕現象はロケットの残留推進薬による破砕（残留推進剤の混合爆発、極低温推進剤の気化膨張など）が主なものである。図4-11は打上後何日で破砕事故等が発生したかを示したものであるが、注目すべきは運用を終了して数日以上、長いものでは10年以上たってから残留推進薬により爆発することである。また、国別では旧ソ連（現ロシア連邦を含む）が圧倒

第4章 デブリの発生源

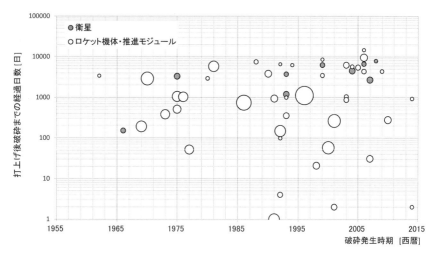

図4-11 運用終了後に発生した破砕事故について打上げ日からの経過日数
（残留推進薬爆発、原因不明を含む）（破片を20個以上発生させた事象）9)

的に多い。

　高圧容器の一種であるバッテリの破砕も原因としては考えられる。衛星の運用終了時には充電ラインを遮断するように求められているが、過去にロシアの衛星で発生したバッテリ起因の破砕事故は運用中の衛星で発生したと思しきものである。この他、指令破壊用火工品の爆発、高圧容器の破裂なども原因としては考え得るが実際には発生していない。欧米では衛星のフライホイールなどの回転機構も破砕原因とされているがこれも発生していない。

　破砕防止対策で重要且つ最も効果のあるものがこの推進系とバッテリの破砕防止対策である。具体的には、残留推薬の排出、高圧流体の排出、バッテリ充電ラインの遮断などである。

　IADCデブリ低減ガイドラインやISO規格デブリ低減要求では、衛星の運用終了時点で行うべき廃棄作業として上記を含めて以下を求めている。

①残留推進剤の排出
②バッテリ充電ラインの遮断

---

9) Space Track 2015年9月20日

③回転機構の停止（給電停止による回転停止も許容）
④圧力容器の減圧

　残留推進薬の爆発事故で最もよく知られた例は、運用を終了して軌道に放置されたロケットの上段機体が数年を経て突然爆発することである。その多くは酸化剤と燃料が一つのタンクの中で共通隔壁によって仕切られた構造をもつロケットである。推進薬がタンク内に残留していた場合、共通隔壁に貫通孔が空いて酸化剤と燃料が混合することで爆発が発生する。ロケットの酸化剤・燃料には幾つかの組み合わせがあるが、四酸化二窒素（NTO：Nitrogen Oxide, N_2O_4）とヒドラジンは接触すれば着火源が無くとも瞬時に反応する。実例としてはデルタⅠ型（米国）、タイタン3C型（米国）、プロトンK型（ロシア）、アリアン4型（欧州）、長征4型（中国）などで発生している。
　米国のデルタⅠ型ロケットの第2段は1973年から1991年にかけて少なくとも8回爆発している。最近は設計変更でタンクの構造が改良され、燃料タンクと酸化剤タンクの分離化が進められた結果、事故は発生していない。残留推進剤の排出が徹底されていることも一因であろう。
　タイタン3Cの爆発の一つは高度740kmで発生しており、爆発直後は469個（10cm以上の大きなデブリの数量）の破片が発見された。6週間後には103個の破片の軌道が特定されたが、破片の分散は高度500kmから1,500kmの範囲に多く広がり、2,000kmに及んだものもあった。このタイタン3Cは静止軌道でも爆発を起しており（国際識別番号：1968-081E）、この時は地上からは観測できなかったが多量の破片を静止軌道近辺に飛散させたと考えられる。
　プロトンK型ロケットの推進モジュールは30回以上の爆発を起こしている。
　世界のデブリ規制ガイドラインでは残留推進薬の排出が勧告されていることから、この種の爆発事故は今後減少していくものと期待したいが、未だに爆発の恐れがある機体として当該推進モジュールの一つであるBriz-Mを紹介しよう。
　Briz-Mはプロトンロケット系の「プロトンM／ブリーズM（Proton M/Briz M）」の上段機体であり、直径4.0m、長さ2.65mで主推進系と補助タン

クで構成されている。主推進系は主エンジンと中央推進剤タンク（推進剤質量5.2t）から成り、補助タンクは主推進系を取り囲むドーナッツ形状で推進剤質量は14.6tである。補助タンクはフライトの途中で分離されることになっている。

　2012年8月6日に打上げられたこのロケット（Briz-Mの国際識別番号2012-044C）は故障して、補助タンクの5tの推進剤を残したまま放置されていたが、2012年10月6日に突然爆発した。この爆発で発生した破片は米国SSNにて700個が検知され、同年12月までに111個が正式に軌道特性が明確な物体として登録された。これらの破片は国際宇宙ステーションの軌道と交差するものであった。このBriz-Mは2007年以降、3件の不具合を起こして

爆発している他、Briz-KM（国際識別番号2011-005B）やBriz-M stage（国際識別番号2011-045B）が軌道に残っている。このタンクの構造を図4-12に示すが、燃料（ヒドラジン）と酸化剤（四酸化二窒素）が共通隔壁で仕切られている構造である。この共通隔壁を貫通する不具合が発生すればこの燃料と酸化剤は着火源が無くとも瞬時に爆発する。

　なお、液体水素や液体酸素などの極低温推進剤が

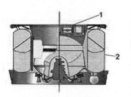

1：主推進薬タンクなど
2：補助推進薬タンク

図4-12 ロシアのロケット上段機体Briz-Mの主エンジンと推進剤タンク
左上は補助タンクに中央推進系を組み込む作業、左下から内部構造、概観図、真下からの外観

残留していると気化膨張してタンクが破裂することがある（1986年2月22日にSPOTを打ち上げたアリアン1型の第3段機体が1986年11月13日に破砕した原因は液体水素が気化したことによる圧力上昇が原因と推定される）。この意味でも推進剤が残留することは避けなければならない。

4.6 不具合による破砕

運用中に破砕事故を起こす不具合にはロケットエンジンやロケットモータ等推進機構の不具合、衛星のバッテリの破裂、高圧ガス気蓄器や推進剤タンクの破裂・爆発が考えられる。統計上分類する際に、原因を不具合と断定できるケースばかりではないが、ロケットについては打ち上げ当日に破砕したもの、衛星については運用開始後5年以内で破砕したものを不具合が原因と仮定すると図4-13のようになる。

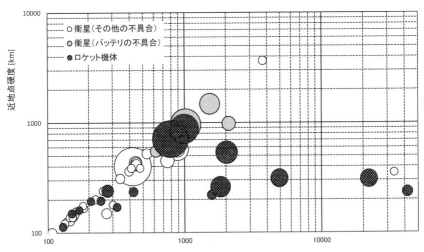

図4-13 20個以上の破片を発生した不具合（推定）
（不具合との推定根拠：ロケットは打ち上げ当日の破砕、衛星は打ち上げ後5年以内に破砕）

宇宙機のバッテリが原因と報告されている8件の破砕事故はその事故の時

期から推測して全て運用中の破裂と考えられる。図4-13に8件表示されていないのは観測できた破片の数が少ないためである。よってデブリ対策の「充電ラインの遮断」は最悪の事態を想定しての最善策ではあるが、より重要なのは、健全な電気的・構造的設計を保証することである。これは信頼性・品質の確保の問題である。

4.7 将来の予測

4.6項まで、意図的な破壊、運用終了後の破砕、不具合による破砕についてみてきたが、それらは今後も継続されるのであろうか。

図4-14は破砕して10個以上の破片を発生させたロケット・衛星について打上げられた年で整理したグラフを上段に、破砕を発生させた年で整理したグラフを下段に示したものである。最も多い意図的破壊は1964年から2008年まで米ロを中心に実施されてきたが、基本的には1997年（破片を10個以上発生した破壊は図4-14より1989年）でほとんど終了している。2007年の中国とそれに引き続く2008年の米国の破壊は冷戦とは別の枠でとらえるべきである。将来の予測としては、冷戦構造の終結で意図的な破壊は今後はかってほどは起きそうもない。中東あるいはアジア地域で新たな宇宙軍拡競争が繰り返される懸念がないとは言えないが、国連勧告が次第に整備されてきている現在、かつての頻度での繰り返しはないものと期待したい。

推進系の爆発事故は酸化剤と燃料が共通隔壁で仕切られた構造のロケットで多発したものである。近年ではタンクの分離化が進められているか、残留推進薬の排出が勧告されており、この種のロケットの新たな打上げは先進国に関しては多くは無いと考えられる。ただし、過去に打上げられたこの種のロケットが未だ軌道に残っているのでそれらが爆発する懸念は残っている。新興国や大学、産業界の新規宇宙活動参入者にこの経験が継承されればこの事故の再発は低減できる。

不具合による破砕事故は、1980年末までは多発していたが、近年は減少傾向にある。新規参入者は国際標準などに蓄積された技術の伝承を受けて、確実

4.7 将来の予測

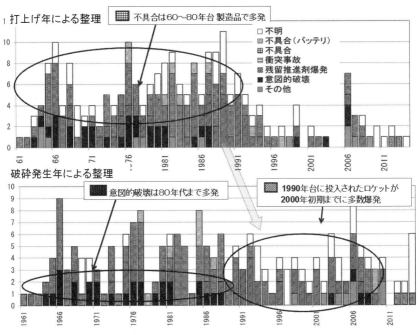

図 4-14 破片を発生したロケット・衛星の打ち上げ年と破砕の発生年の関係

な品質・信頼性管理を行う事が期待される。

このように従来型のデブリ発生要因については多少楽観視できるとしても、新たな懸念が指摘されている。それは新たな打上げがないと仮定しても既存デブリ同士の衝突により新たなデブリが発生し、数がどんどん増加していく「連鎖反応」が、高度 1,000km 付近、1,500km 付近では既に開始されているとの予測である。これは 2005 年当時から NASA が指摘してきたことである。

中国の破壊実験の前でさえ NASA／JSC の担当部局の推定ではデブリ間の衝突による破片の増加により、遠からず一般衛星の運用に支障を来すことになると予想していた。第 7 章にて詳しく説明するが、2005 年以降新たな打上げが全く無いと仮定しても、デブリ同士の衝突で破片が発生し、それが新たな衝突を招くという「連鎖反応」が、高度 1,000km 付近と 1,500km 付近では既に開始されており、2010 年以降は軌道上物体同士の衝突がデブリの発生の支配的な要因となるとの予測である。

2012 年には我が国を含む IADC 加盟機関の多くが同様の予測を行っており、2013 年には国連宇宙空間平和利用委員会（UN/COPUOS）科学技術小委員会に報告された（図 7-1 参照）。

この見通しが極端なものでないことは欧米のデブリ分布モデルから簡単な試算で確認できる。ESA のデブリモデル「MASTER: Meteoroid And Space debris Terrestrial Environment Reference」が正しいとすれば高度 800km における 10cm 以上の物体との衝突頻度は単位平方メートル当たり年間 0.00001 回程度であり、ここに断面積 $10m^2$ の衛星、ロケットの残骸が数千個あると控えめに想定すれば、数年に一回の割合で衝突・破砕事故が発生すると推測できる。

このような状況から、デブリの発生を防止するだけではデブリ問題の解決としては不十分で、遠からぬ将来には、既存の大型のデブリを百個程度は除去しなければならない。さもなければ次世代に大きな課題を残すことになるとの見方が世界の宇宙機関のデブリ専門家の見解である。同様の趣旨が IADC から国連 COPUOS（2013 年 2 月）に報告されている。

実現は遠い将来となるかもしれないが、いずれは混雑する領域で漂流中のロケット・衛星の残骸を世界的に除去する必要があるであろう。大量打上げ国にこれを行わせるための環境作りとしては以下が必要である。

　①経済的に妥当な除去技術を開発すること
　②技術開発の面と開発資金面での国際分担について調整すること
　③先進国、すなわち大量打上げ国がデブリの除去に真剣に取り組むよう対話
　　を進めること

ただし、これらの前に今後打上げる衛星・ロケットをミッション終了後の所定の期間内に速やかに除去することが徹底されなければならない。新規打上げと除去とが「いたちごっこ」になることは避けなければならないし、ミッション終了後ただちに処分することが経済的にもはるかに効率的であり、技術的にも実現性が高いからである。

第5章
衝突被害

5.1 概要

　デブリの衝突は既に多数起きており、実際に軌道データから衝突が裏付けられている衝突現象として以下の5件が知られている（2015年8月現在）。

表 5-1 衝突事例

衝突時期	衛星等名称	現象
1996.7.24	CERISE（運用中）	高度685kmで運用中の仏CERISEにArianeの破片（1986年打上げ）が衝突して姿勢安定ブームを破壊
1991.12	Cosmos1934（運用終了） Cosmos926（運用終了）	Cosmos1934（1988年打上げ）とCosmos926（1977年打上げ）が高度980kmで衝突。
2005.1	Thor Burner 2A（運用終了）	米ロケットThor Burner 2A（1974年打上げ）と中国ロケットCZ-4の破片（1999年打ち上げ、2000年爆発）が高度885kmで衝突。
2009.2.10	Iridium 33（運用中） Cosmos 2251（運用終了）	米国通信衛星Iridium 33がロシアの軍事用通信放送衛星Cosmos 2251がシベリア上空高度788kmで衝突して両者は粉砕。
2013.2	NEE-01 Pegaso（運用中）	エクアドルの衛星NEE-01 Pegasoが、旧ソ連ロケットの残骸と衝突して制御不能。

　また、不具合現象（軌道周期の変化、破片の放出、衝撃を受けて衛星が故障）からデブリとの衝突が疑われる件には以下がある。
① 1997.8：NOAA 7（高度828～847km）軌道周期が1秒変化して3個のデブリを放出
② 2002.4.21：COSMOS 539（高度不明）の軌道周期が1秒変化してデブリを放出
③ 2003/11/19：Cosmos 2399（高度197～295km）が何らかの不具合を

起こし、5つのデブリを放出。しかし、予定のミッションを遂行した模様。
④ 2006.3.29：ロシアの静止衛星 Express AM11 に突然外的な力が加わり、熱制御システムが減圧、冷却液が噴出した。それに伴い、衛星の姿勢が失われ、機能不全に陥った。デブリが衝突した可能性も報じられた。
⑤ 2006.7.9：欧州の静止衛星 Meteosat-8 の故障。軌道が突然変化し、東西方向の位置制御スラスタの1つが破損、更に外壁が破損して一部の部品が宇宙空間に露出した。また一部の電力サブシステムに影響が出た。静止軌道（GEO）を横切る微小隕石か粒状のスペースデブリと衝突した可能性がある。バックアップのスラスタでミッションは継続。異変は最初に画像処理システムで発見され、衛星スピン速度の低下、姿勢変化、弱い章動、スラスタ及び燃料ラインの温度変化、太陽電池パネルによる発電量の若干の低下などの現象も発生した。

1mm 以下の物体の衝突は、ハッブル宇宙望遠鏡や米 LDEF、欧 EURECA などの回収物体の表面検査から多数報告されている。我が国では SFU の表面積約 $30m^2$ から、800個以上の衝突痕が確認されている。

実際の被害について NASA が調査した結果では、1997 年にスペースシャトル（アトランティス号 STS-86）の帰還後にラジエータの水配管のマニホルド2箇所がデブリ衝突で損傷を受けていることが確認された。これがデブリの衝突の結果であることは鉄、クロム、ニッケルなどの残留物質が検出されたことで確認された。この結果を受けて当該配管部の防御板が追加された。別のミッションではオービタのラダーのヒンジ部分に損傷が発見された。

スペースシャトルの窓ガラスについては 1997 年 11 月に高度 285km の軌道に打ち上げられた STS-87 で、帰還後に 189 個の粒子衝突痕が調査された。このうち 176 箇所は乗員室の窓ガラス（総面積 $3.4m^2$）のもので、そのうちの2個の大きなクレータはガラスの交換を必要とする大きさ（直径 0.03mm、深さ 0.05mm）であった。衝突痕のうち 52 個のうち 24 個はデブリ、28 個はメテオロイド（微小隕石）であった。さらにデブリの衝突痕の残留物質の内訳は 71％がアルミニウム、21％がステンレス鋼、8％が塗料であったと発表されている。塗料片であっても毎秒 10km 近い速度で衝突すれば破壊エネルギ

は無視できないことがわかる。

　また、1998年4月のスペースシャトル第90回のフライト（STS-90）の飛行後解析によれば3,000個の衝突痕のうち250μm以上のものは138個であった。種々の解析により29個の衝突物質の材質が判明し、そのうち16個がデブリで13個が自然界のものであった。デブリの56%がアルミ材、31%が塗装片、13%がステンレス鋼材であった。また窓ガラスの交換は2枚必要であった。

　シャトルの窓ガラスは一枚500万円といわれ損害額は少なくない。ガラス交換は1992年までの44回の飛行では23枚であるのに対し、1992～2000年までの43回の飛行では76枚交換（そのうちデブリ32、メテオロイド17、不明27）と増加している。これが理由となってスペースシャトルの飛行時の姿勢は、乗員室の窓ガラスが飛行方向を向く時間帯を最小限にするよう管理されていた。1997年のSpace News紙では、最近16回のスペースシャトルの飛行で窓ガラスの交換を要するデブリとの衝突が13回起こったことが報じられている。

　その他、窓ガラス以外にもスペースシャトルには衝突痕がたびたび発見されている。例えば、2006年9月9日に打上げ、9月21日に帰還したSTS-115「アトランティス（Atlantis）」のミッションでは、ラジエータに直径約5.5mmと過去最大の衝突痕が発見された（図5-1参照）。衝突痕は微小隕石または他のデブリによるものであると見られている。ラジエータパネルで発見された衝突痕では当時は最大のものであった。

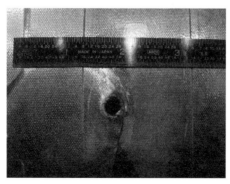

図5-1　スペースシャトルのラジエータの衝突痕

第5章　衝突被害

　2007年8月21日に帰還したSTS-118ミッションのスペースシャトル「エンデバー（Endeavour）」のラジエータにも微小隕石またはデブリによると見られる衝突痕が発見され、これはアトランティスの衝突痕よりさらに大きいものであった。

　これまでに発見された最大の衝突痕は、直径2.2mmのアルミ粒子による開口11.5×6.2mm、深さ5.5mmの孔で、ペイロードベイドアのFRSI（Flexible Reusable Surface Insulation: フレキシブル再利用表面断熱材）に刻まれたものである。

　また、国際宇宙ステーションについては2007年6月6日にロシア・モジュール「ザーリャ（Zarya）」の外壁部分にパチンコ玉大の衝突痕が発見されたのをはじめとして多数の衝突痕が発見されている。

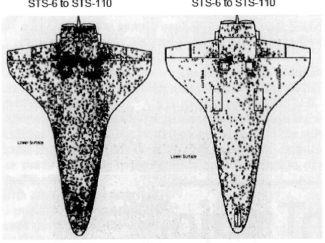

図5-2 シャトルへの衝突痕の分布

5.2 衝突の被害

衝突被害の影響に関しては、衝突するデブリのサイズと衝突被害の関係は、たとえば米国 NASA や IADC（世界宇宙機関間スペースデブリ調整委員会）は表 5-2 及び表 5-3 に示すように考えている。

表 5-2 NASA による衝突デブリサイズとその推定被害の定義[1])

衝突デブリのサイズ	$0.1 \sim 1$cm	$1 \sim 10$cm	>10cm
衛星の被る推定被害	ミッション能力の部分的喪失	致命的な損傷	完全なる破壊

表 5-3 IADC によるデブリのサイズと衝突の被害の関係[2])

デブリのサイズ	予測される被害の程度
1μm 以下	表面を劣化させ熱的・光学的・電気的特性を変化させる。
1μm 以上	外部に露出する撮像素子（CCD）などに損傷を与える。 表面材を傷つけ耐環境性を阻害する。
10μm 以上	衛星の姿勢に影響を与える。 プラズマの発生により電磁気的悪影響が生ずる。
100μm 以上	観測機器や機器表面材料などに損傷を与える。 スペースシャトルの窓ガラスが傷つき、交換となる。 断熱材、太陽電池（短絡を起こす）、ヒートパイプ、冷却管、放熱器を貫通する。
1mm 以上	衝突部位にもよるが直径 2mm 〜 1cm の貫通孔が開く。 衛星外壁に 3 〜 5mm の貫通孔をあけ、背後の機器に損傷を与える。 タンクやケーブルなど外部に露出する機器を構造的に破壊する。
1cm 以上	全ての搭載機器は構造的に破壊する。 衝突防護シールドは貫通する。 多量の破片が発生する。
10cm 以上	衛星を完全に破壊する。

---

1) Draft for Technical Report on Space Debris, United Nations COPUOS STSC
2) Sensor System to Detect Impacts on Spacecraft, IADC-08-03, Version 2.1, April 2013

第 5 章　衝突被害

また、NASA はシャトルミッションに関連して、以下の損傷限界デブリサイズを示している。

表 5-4 スペースシャトルミッション関係の損傷限界デブリサイズ 3)

被害の程度	貫通限界デブリ径	発生頻度
オービターの窓ガラスの交換	0.04mm	多数
宇宙服の貫通	0.1mm	0.01 個/時間/m^2
オービターの放熱パイプの貫通	0.5mm	0.001 個/週間/m^2
オービターの翼のリーディングエッジの貫通	1.0mm	0.0001 個/週間/m^2
オービターの熱保護システムタイルの貫通	3-5mm	0.00001 個/週間/m^2
オービターの搭乗員キャビンへの貫通	5.0mm	0.00001 個/週間/m^2
ペイロードベイの損傷	1~10mm	0.0001 個/週間/m^2

現実には、微小なデブリが太陽電池パドルに衝突して貫通した場合、一般に太陽電池セルは並列接続であり、1 つのセルが完全に故障してもその出力低下率は数百分の 1 に留まり、ミッションへの影響は無視できる。しかし外部露出の電源系ケーブルに衝突して複数の線が被弾して短絡が発生する恐れは、確率的にも影響度としても無視はできない。

火工品、推薬タンク共通隔壁、高圧容器に衝突した場合は、小さなデブリでも宇宙機の破砕を引き起こす。NASA 安全標準では、直径 10cm 以上のデブリが衝突した場合は破砕が生ずるとして、その発生率を規制している。

以上は低軌道を中心とした被害である。低軌道の衛星の周回速度は 7km/sec 程度（高度 1,000km 程度）であるのに対し、静止軌道では 3km/sec と低速になる。ただし静止軌道帯では正面衝突は考え難いので軌道傾斜角の差による側面衝突を考えれば相対衝突速度は 1km/sec 以下となる。よって大規模な破砕事故は起きにくいが、機能の喪失程度の被害は発生しうる。2006 年 5 月 22 日、静止気象衛星「メテオサット 8 (Meteosat-8)」の軌道が突然変化した。調査の結果、スラスタの 1 つが微小隕石か粒状のスペースデブリとの衝突で破損した可能性が高いとのことである。

---

3) Space Shuttle Program Pre-Flight Meteoroid/Orbital Debris Risk and Post-Flight Damage Assessments, George M Levin, NASA, Feb. 1997

5.3 衝突頻度

衝突頻度を知るためには、欧米で開発されている各種の分布モデルが利用できる。これらのモデルで衛星にデブリが衝突する頻度が計算できる。NASAが公開している解析ツール（Debris Assesssment Software, version 2.0）によれば、軌道高度と衝突頻度の関係は図5-3のように表せる。大型衛星の断面積は展開パドルやアンテナを除けば約20m^{2}程度になるものがあり、それとこの図に表された所定の高度での衝突頻度（例えば高度1000 kmで1 mmのデブリは毎年0.3個／m^{2}衝突）と運用期間（例えば5年と仮定）を掛け合わせれば衝突頻度（運用期間中30個）が計算できる。

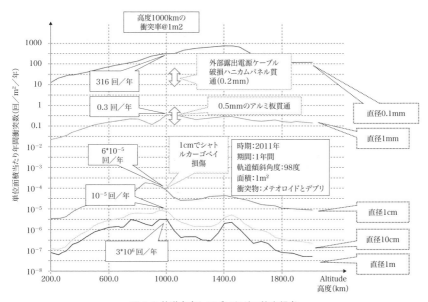

図 5-3 軌道高度とデブリなどの衝突頻度

1mm 以下のデブリでも十分リスクがあるところ、大型衛星には年間数回当たることになる。実際にそれほどの頻度があるか疑問の声もあるが、LDEF への衝突が6年弱で数千個あることから相当の頻度であることは間違い無いであろう。前述したように JAXA では衛星の運用高度での実際の衝突頻度を確認するための検知器を開発しているが、このような検知器を世界の多くの衛星に貼り付けてデータが収集できれば分布状態の確認が進むであろう。

5.4 衝突被害回避策

5.4.1 地上から観測可能な物体との衝突の回避

地上から観測可能で軌道が特定されており、追跡されている物体については、定期的に接近の度合いを監視し、衝突確率が高ければ回避操作を行うことが可能である。

NASA では、運用中の宇宙機が 10cm 以上の大型デブリと衝突する確率を 0.001 以下に制限している。それを超える場合は回避操作を検討し、実際に表 5-5 に示すように毎年何回か実施している(各国の国連への報告より集計)。

2014 年については、NASA は一般衛星について 21 回、ISS について 5 回実施したと 2015 年 6 月の COPUOS 本会議にて報告している。

表 5-5 近年の主な宇宙機関の衝突回避操作の回数 [4]

		2009	2010	2011	2012	2013
NASA		合計 8 回 ISS:2 回 TDRS-3:1 回 EO-1: 1 回 CLOUDSAT:1 回 PALASOL:1 回 AQUA:1 回 LANDSAT:1 回	合計 8 回 ISS:1 回 Terra:1 回 CLOUDSAT:3 回 LANDSAT-5:1 回 AURA:1 回 LANDSAT-7:1 回	合計 11 回 ISS:2 回 Aqua 2:1 回 Aqua 8:1 回 Calipso:1 回 Aqua 1:1 回 CLOUDSAT:1 回 LANDSAT 7:1 回 CLOUDSAT:1 回	合計 11 回 ISS:3 回 GLAST:1 回 AURA:1 回 CALIPSO:1 回 CLOUDSAT:1 回 LANDSAT 5:1 回 LANDSAT 7:2 回 NPP:1 回	合計 29 回 一般衛星 29 回 (1) 対中国破片 6 回 (2) 対衛星衝突破片 6 回
ESA		合計 2 回 Envisat:2 回	合計 10 回 Envisat:4 回 ERS-2:4 回 Cryosa:2 回	不明	実施せず	合計 2 回 CryoSat:2 回

CNES	不明	合計 13 回	合計 5 回	合計 13 回	合計 19 回
ASI	不明	合計 6 回	合計 6 回		不明

　JAXA は 2009 年から 2015 年 1 月までに 11 回実施したと報告している（2015 年 2 月、日本宇宙フォーラム主催、「持続的宇宙開発と宇宙状況認識推進のための国際シンポジウム、JAXA 山本静夫理事発表」）。ESA でも ERS-2、Envisat と CryoSat-2 を対象として同様に回避体制をとっており、回避の判断の限界は衝突確率 0.001 と報告されている。ただし、これらの衝突確率の限界は接近を警戒する基準であり、これを超えたら直ちに回避を行うというものではない。

　近年の軌道環境の悪化に対応して、米国 Strategic Command（Orbital Protection Team, Joint Space Operations Center（=JSpOC), Vandenberg Air Force Base, California USA）は 2009 年 7 月から「衛星情報の透明化」及び「スペース運行の協力と安全」のため、「ウェブサイト（www.space-track.org）による情報提供基本サービス」、「二方向情報交換など高度なサービス」及び「緊急警報サービス（Emergency Notifications）」を強化したと報告している。

　その中の「緊急警報サービス」の一環として、衝突の恐れがある衛星の運用機関に対して、接近通報（close approach notifications）をメールで発信している。その通報頻度は毎日 20 〜 30 回に及ぶと報告され、JAXA など我が国の宇宙運用者にも通報がされている。この通報の基準は接近距離が 1000km 以下である。通報を受けた運用者は衛星運用の過程で取得している正確な位置情報を JSpOC に送り、より精度の高い接近解析を依頼することが望まれている。

　米国が把握する物体は以下のように分類できる。JSpOC ではこれらのすべてを接近解析の対象としている。

（1）物体が国際識別番号と結びつくカタログ物体
　① 不特定多数に公表できる物体の軌道情報
　② 外部には公表しない軌道物体の情報（数ランクに分けられている）

---

4) 各機関の国連 COPOS ／ STSC 報告文書より抜粋

第 5 章 衝突被害

（2）発生源が特定できないために国際識別番号が付与できないカタログ物体
これらの物体は情報が公開されないため JAXA では把握できない。多くは破砕破片や分離部品であると思われる。

我が国の宇宙運用者が独自の接近解析で扱える軌道上物体は上記のうち、(1) の①のみである。これ以外の物体については JSpOC に頼らざるを得ない。例えば、2011 年 7 月の時点では、打上げられて落下していない物体は 16,323 個で、そのうち軌道情報が定期的に更新されている物体は 14,500 個余りである。米国によれば 22,000 個が追跡されているとのことなので、公表されない物体は 7000 個以上で全体の 34%である。これまでに国内の宇宙運用者に通報される接近物体の 22%が非公表の物体である。このことは我が国が公表された軌道情報のみで独自に接近解析を試みても限界があるということである。

回避が必要と判断された場合は軌道制御用スラスタで回避マヌーバを行う。回避マヌーバには衝突直前に高度を制御する場合と位相をずらす場合がある。

前者は発見が遅れて緊急を要する場合で且つ十分な推進薬がある場合に採用される。衝突予測時点の 1.5 周回あるいは 0.5 周回前に操作することで良い。

後者は、推進薬を節約して時間を掛けて位相制御を行う場合であり、1 日前から時間を掛けて実施する。この場合は回避マヌーバ計画の立案のためにも衝突予測日 3 日前までに関係部局と調整し、衝突予測日 2 日前までに回避操作計画、復帰計画を調整する。その後、衝突予測日の 1 日前から位相制御を行うなどの手順になろう。必要な速度増加分は微量（秒速数 cm）で済む。

このような回避操作を行うためには衛星設計時にタンク容量を見積もる際に回避マヌーバの実施予測頻度を予測して必要な推薬を見込むことが望まれる。単に位相をずらすだけであれば必要な推進薬量は通常の運用に必要な推進薬と比較してほとんど問題にならないが、緊急の場合を何回か見込むことが安全策である。

回避操作を行う際には、その間に無重量環境が維持できないという問題、あるいは衛星の位置・高度・姿勢が変更されれば地上観測に影響が出るという問題もあるので、回避操作のミッションへの影響を評価して、必要ならば回避方

法（マヌーバ距離、方法など）に制約を与えるか、代替ミッション遂行方法を準備しておくことが望ましい。例えば回避運用中は無重量実験、地上観測などが犠牲になる範囲を把握し、回避マヌーバをその範囲に止める、あるいは他の冗長観測手段を用意することが必要になるかもしれない。

以上は必ずしも低軌道に限った話ではない。静止軌道では衝突速度が低い（低いと言ってもピストルの弾丸の２倍ほどある）ことやデブリの分布がそれほど多くないことから警戒感が低くなりがちであるが、衛星運用者にとっては事態は深刻である。

2012年3月に日本宇宙フォーラムが開催した「宇宙開発利用の持続的発展のための"宇宙状況認識"に関する国際シンポジウム」でスカパーJSAT㈱が静止衛星の脅威の実態を明らかにしたところによれば、同社は、当時静止衛星12機を運用する世界第5位の商用衛星保有企業であるが、その12機に対して、2010年12月〜2011年12月の間に静止軌道上物体の接近事例が46回発生し、内34回がデブリの接近注意報であった。特に、ロシアのコスモス2379軍事衛星が2009年に東経12度に放置された後、東経12度から132度へ移動する過程で、JCSAT-6、9、10、12の合計4機と接近し、複数回の接近注意報を受診したとのことである。同社は対策として2011年にJSpOCと覚書を交換し、接近注意報の受領、接近解析支援サービスやその他の支援サービスを受けている。回避マヌーバを行うこと自体はGEO衛星運用者にとってそれほど大きな負担にはならない。安全に運用を継続するためには、衛星運用者間の情報交換の枠組みを整備すること（コンタクトポイントの明確化）、及びGEO上のより小さいデブリを観測する仕組みを整備することであると同社は提言している[5]。

静止軌道の衝突回避については米国の非営利団体SDA（Space Data Assosiation）が接近解析サービスを行っている。これについては3.1.2項及び6.6.2項にて説明する。

---

[5]「宇宙開発利用の持続的発展のための"宇宙状況認識（Space Situational Awareness: SSA）"に関する国際シンポジウム」成果報告書（概要編）2012年3月　財団法人日本宇宙フォーラム

5.4.2 微小デブリ

1mm 以下の微小デブリでもその衝突は外部露出配線、推進薬タンク、ハニカムパネル背面の機器などにとっては発生頻度の無視できないリスクとなる。この対策は衝突に対して脆弱な機器に防御シールドを取り付けること、あるいは丈夫な構造体の陰に隠すことなどである。世界の種々のガイドラインでは完璧な防御は質量増加の点で現実的ではないため、少なくとも廃棄機能（運用終了後の保護軌道域からの移動を行う機能）を保護することを求めている。理想的には衝突の影響は廃棄処置の成否の問題のみでなくミッションの継続性、破砕事故の防止などの面からも検討されるべきである。一方では衝突頻度を予測するデブリ分布モデル（MASTER2009 など）の精度に疑問を呈する声もある。デブリ分布モデルは実環境に対して完全に検証されたものではないため最適防御設計については欧米でも見解が分かれている。このような事情で世界のデブリ低減ガイドラインでは廃棄処置の保証までに限定して対策を推奨している。

防護設計にあたってはプロジェクト毎に防御範囲をミッション運用の保証迄求めるか、廃棄操作の成功を保証するバス系統のみに限定するか、どこまでの被害確率を許容するか、どの分布モデルを採用するかの判断が必要である。

IADC では防御マニュアル（IADC Protection Manual）を発行しており、その中で一般の衛星に対する衝突被害防御策の実現性について表 5-6 のように評価している。

表 5-6 衛星に対する衝突被害防御策の実現性

手段	現状・評価
クリティカルな機器にシールドを設ける	機器を MLI、ベータクロスなどで覆うことはできる。実際に構体外部を這っているハーネスにこのようなシールドを施すことが行われている。
構体にシールドを設ける	構体を多層 MLI などで覆う、または二重ハニカムを採用する等は可能である。このような処置で内部実装配管、電線類の保護が可能となる。
機器の配置で考慮する	デブリの衝突方向は衛星軌道によっては限定されるので、クリティカルな機器を構造部材の陰に置くなどの処置が望まれる。
冗長系の採用	質量増が許容できれば採用は可能。主系と従系のラインの距離をとったり、ヒューズを設けるなどの処置は現実に採られている。
区画分けによる被害の局所化	インテグレーションが困難である。構体の設計への影響が大きい。

第6章
デブリ対策設計・運用活動

6.1 概要

　この項では、衛星・ロケットの設計や運用に係わり始めた若きエンジニアを想定して、デブリ対策設計・運用の初歩的な事項について説明する。
　デブリ問題を悪化させないため、デブリによる衝突被害を可能な限り防ぐため以下の設計・運用活動が求められる。

(1) デブリ発生防止策
①運用中にデブリを放出しない
②破砕を起こして多量の破片を発生させない
③用済みになった衛星やロケットを有用な軌道域に放置しない

(2) 衝突被害の防止策
①接近が検知できる場合は衝突回避を行う
②微小なデブリの衝突で被害を生じないような防護柵を講じる

　第8章で紹介するように上記の趣旨で国際レベル、国家レベルあるいは組織レベルで様々な規制が制定されている。本章では世界で最も権威があると認められる「国連宇宙空間平和利用委員会（COPUOS）のスペースデブリ低減ガイドライン」(Space Debris Mitigation Guidelines of the Committee on the Peaoseful Use of Outer Space, 国連宇宙部発行、(2007年12月22日、国連総会決議)（以下「国連ガイドライン」）に沿って対策を説明する。本ガイドラインにてデブリ対策として必要な項目をひと通り把握することができるで

あろう。

このガイドラインの冒頭には以下の趣旨が記されている。
(1) 重要性
　　デブリはミッションの喪失や有人活動中の人命の喪失に繋がる被害を与える。有人飛行軌道に対しては乗員の安全のために非常に重要である。
(2) 世界の情勢とCOPUOSの対応
　　IADCは世界の国家機関や国際機関の既存規定を参考に「低減ガイドライン」を作成した。COUPOSはこれを受けて、国連条約と原則に配慮しつつ、IADCガイドラインの技術的内容と基本的定義に基いて、科学技術小委員会に「スペースデブリワーキンググループ」を設けてこのガイドラインを作成した。
(3) 推奨事項
　　加盟国と国際機関は国家メカニズムや独自の適用メカニズムを通して、これらのガイドラインが実行されることを保証し、最大限可能な範囲で自主的に対策をとることが望ましい。
(4) 適用の限界と法的側面
　　本ガイドラインは新規設計の宇宙機の計画や運用に適用できる。
　　本ガイドラインは国際法の下に法的規制を受けない。
(5) 修整適用指針
　　本ガイドラインは、例えば他の国連条約の制約がある場合は、修整して適用することができる。
(6) 適用範囲
　　ガイドラインは宇宙機とロケット軌道投入段のミッションプランニング、設計、製造、運用フェーズ（打上げ、ミッション、廃棄）に配慮することが望まれる。

本ガイドラインには表6-1に示す7項目の対策指針が示されている。

表 6-1 国連デブリ低減ガイドラインの項目一覧

	国連デブリ低減ガイドラインの項目
ガイドライン1	正常な運用中に放出されるデブリの制限
ガイドライン2	運用フェーズでの破砕の可能性の最小化
ガイドライン3	偶発的軌道上衝突確率の制限
ガイドライン4	意図的破壊活動とその他の危険な活動の回避
ガイドライン5	残留エネルギによるミッション終了後の破砕の可能性を最小にすること
ガイドライン6	宇宙機やロケット軌道投入段がミッション終了後に低軌道（LEO）域に長期的に留まることの制限
ガイドライン7	宇宙機やロケット軌道投入段がミッション終了後に地球同期軌道（GEO）域に長期的に留まることの制限

　上記のガイドラインは以下の区分で整理することができる。
①部品類の放出抑止：ガイドライン-1
②破砕・破壊の防止：ガイドライン-2, 4, 5
③静止／低軌道領域で運用を終了する衛星などの除去：ガイドライン-6, 7
④衝突事故・被害の防止：ガイドライン-3

　一方、本ガイドラインは軌道環境の保全を主眼とするものの、打上げる衛星自身がデブリ化することを防ぐためのミッション保証の観点、他の衛星や地上の保護の観点も含んでいる。即ち、以下の区分で整理することもできる。
①デブリの発生の防止：ガイドライン-1, 2, 4, 5
②自身がデブリ化することの防止：ガイドライン-2, 3, 6, 7
③加害防止（他の衛星や地上の人間に対して）：ガイドライン-3, 6

6.2 放出物の抑制

国連スペースデブリ低減ガイドラインには以下のように書かれている。

> ガイドライン1：正常な運用中に放出されるデブリの制限
> 　スペースシステムは正常な運用中にデブリを放出しないように設計す

> ること。もしこれが不可能ならば、デブリ放出のアウタースペース環境に対する影響を最小限とすること。
>
> 　付記：スペースエイジの最初の数十年間、打上げロケットや宇宙機の設計者は地球周回軌道上に多くのミッション関連物体の意図的な放出を許してきた。それらには、とりわけセンサーカバー、分離機構、展開物が含まれる。そのような物体がもたらす脅威を認識することで設計努力が促進される、そのことがこの種のデブリ源を削減するのに有効であることが実証されてきた。

　過去には、ロケットの打上げや衛星の軌道投入の間に部品類が放出されていた時代があった。また、多量の物体を散布するようなミッションもあった。代表的な実験ミッションは 1961 年及び 1963 年に米国は実施したウェスト・フォード計画（Westford）と呼ばれるもので、4 億本以上の金属製の短針（長さ 1.78cm の針）を軌道上に散布し、人工的に電離層を形成し、その電波の反射を利用して米軍の通信網を確保する実験であった。現在もこの針の集合体は地上からも観測できる。現在ではそのような事例はデブリ問題の反省から、少なくとも先進国の間では見られなくなった。放出される恐れのある物体には以下のものがある。
①ロケットと衛星を結合するクランプ・バンド
②衛星のスピン回転を減速するためのヨーヨー状の部品（ヨーヨーデスピナ）
③パドル、アンテナなどの展開物を保持・開放するための部品
④火薬で分解するタイプのワイヤ・カッター、ボルト・ナット類
⑤ロケットのノズルの蓋（ノズル・クロージャ）、レンズのキャップ、
⑥固体ロケット・モータの燃焼生成物
⑦電波反射物として多量に散布された針（過去に行われた特殊な実験）

　世界の他の規格で要求されている代表的な対策は、
①多量の放出物を伴う実験は控える
②クランプ・バンド、展開保持開放機構、ノズル・クロージャー、ヨーヨーデスピナなどは放出しない設計とする。

③火薬で分解するタイプの締結具は破片が外部に飛散しない構造とする。
④固体モータは燃焼生成物を発生させない推進剤を開発することが望ましい。静止軌道ミッションには極力用いない。

　部品などを放出しない設計とすることは、時にはシステムの機能・性能の犠牲、運用収益の犠牲を伴うこともある。例えばアンテナ、パドルなど展開物を保持する締結用部品が飛び出さないように保持する機構を設けると、その機構がアンテナなどに影を作って性能を落とすことがある。あるいはそのような保持機構のために衛星が重くなり、観測機器の搭載質量が犠牲になる面がある。このような犠牲を嫌う人々からは「少量のデブリを放出しても環境に大きな影響を与えるものではない」との意見も出るかもしれないが、このような対策をとることは国際的な常識となっており、それに従うか否かはその国のデブリ問題に対する姿勢を示すシンボリックなものとなっている。

　中には放出するのが不可避なものもある。例えば衛星を2機同時に打ち上げる時に、上側の衛星を支持する構造物が必要になる。そうした構造物は上側の衛星を放出した後に放出しなければ下側の衛星を放出することができない。そのような物体の放出は世界的に容認されている。世界的には、分離が不可避な物体は自然に落下するまでの期間が25年以内であれば例外的に投棄が許容されるという理解が一般的である。これに則り宇宙ステーションで発生する廃棄物なども地球へ持ち帰ることが経済的に不合理であると判断して投棄されることがある。

　最後の固体ロケット・モータの問題は推進剤に含まれるアルミニウムなどが燃焼末期に再凝固して金属酸化物（酸化アルミニウムの焼結したもの）として放出されるものである。ノズルの上流に燃焼ガスが滞留する構造の場合に特に問題となる。この対策としてはノズルの構造を変更する、金属を含有しなくとも高い性能を持つ推進剤を開発することなどが期待される。世界的には固体モータを使用するロケットは多々あるが、これらを高高度で使用することを控えるよう主張する国もある。ISO-24113「デブリ低減要求」では、少なくとも静止衛星打上げミッションでは用いないように推奨している。

6.3 爆発防止

運用終了後の破砕、運用中の破砕、意図的破壊を防ぐための対策について説明する。

6.3.1 意図的破壊活動の防止
国連スペースデブリ低減ガイドラインには以下のように書かれている。

ガイドライン4：意図的破壊活動とその他の危険な活動の回避

増加する衝突リスクが宇宙運用に脅威を与えるとの認識により、宇宙機やロケット軌道投入段の如何なる意図的破壊も、その他の長期に残留するデブリを発生する危険な活動も避けなければならない。

付記：意図的破壊が必要な時、残留破片の軌道滞在期間を制限するために充分低い高度で行わなくてはならない。

意図的な破壊行為は以下の目的で行われる。
①偵察衛星のデータの回収に失敗する事態となった場合の自爆
②地上あるいは高空からミサイルで弾頭を衝突させる攻撃実験
③衛星を自爆させてその破片で他の衛星を破壊する実験
④地上の落下被害軽減のための破壊

上記の①は自爆システムを予め搭載して行われる。②の弾頭による破壊は米国や中国が実施してきた方法である。米国の場合は比較的低高度で実施してきたこともあり、環境への影響は多少緩和されているが、破壊直後は破片が広い範囲に拡散するので運用中の衛星に被害を与える可能性は否定できない。
③の自爆攻撃は旧ソ連が実施してきた方法で、自爆の破片と攻撃された衛星の破片で二重に環境が汚染される。幸い冷戦の終結で近年は稀にしか行われていない。

④は世界的に例外的に認められているもので、再突入した後に残存して地上に被害を及ぼすことが懸念される場合に、低高度で破砕して溶融度を高め、地上の被害を軽減する目的で実施するものである。

6.3.2 運用終了後の破砕防止

国連スペースデブリ低減ガイドラインには以下のように書かれている。

> ガイドライン5：ミッション終了後の残留エネルギによる破砕の可能性を最小にすること
>
> 　他の宇宙機やロケット軌道投入段への偶発的破砕のリスクを制限するために、全ての搭載蓄積エネルギ源は、ミッション運用に必要でなくなる時点あるいはミッション終了後の廃棄処置の時点で排出するか、無害化しなければならない。
>
> 　*付記：これまでのところ、カタログ化されているスペースデブリの数量の大きなパーセンテージは宇宙機やロケット軌道投入段の破片に起因するものであった。それらの破砕の多くは意図的なものではなく、多くは多量の蓄積エネルギを有する宇宙機やロケット軌道投入段の放棄から起きている。最も有効な低減策はミッション終了後の不活性化である。不活性化は残留推薬や圧縮流体を含むあらゆる形態の蓄積エネルギを除去することを要求し、電池の放電も含む。*

4.5項でも詳しく述べたが、運用を終了して軌道に放置されたロケットの上段機体が数年を経て突然爆発することがある。その多くは酸化剤と燃料が一つのタンクの中で共通隔壁で仕切られた構造をもつロケットである。推進薬がタンク内に残留していた場合、共通隔壁に貫通孔が空いて酸化剤と燃料が混合することで爆発が発生する。ロケットの酸化剤・燃料には幾つかの組み合わせがあるが、四酸化二窒素（NTO：Nitrogen Oxide, N_2O_4）とヒドラジンの組み合わせはこれらの混合で自然着火・爆発するので危険である。最近は設計変更でタンク構造が改良されるか、残留推進剤が排出されることとなったため、事故は少なくなった。

一方、液体水素や液体酸素などの極低温推進剤が残留していると気化膨張してタンクが破裂することがある。この意味でも推進剤が残留することは避けなければならない。
　以上を含めて宇宙機に搭載される機器で破砕する可能性のあるバス機器としては以下がある。これらが運用中も運用後も破砕を引き起こさないように設計・運用することが求められる。

①推進剤タンク、高圧圧力容器・配管に残留する推進剤
②バッテリの過充電などによる昇圧・破裂
③回転機構（運用終了後に停止する場合は除く）
④その他、化学的、機械的エネルギを保有する機器

　バッテリは破裂事故が発生したことがあるので運用終了後は太陽電池からの充電回路は遮断することが要求される。
　モーメンタム・ホイールなどの回転機構の運動エネルギが破砕を引き起こすとの主張が欧米にあるが、一般に回転機構は強度的に十分に設計されており、電源を遮断すれば速やかに回転を停止するものなので意図的に回転を停止する必要はないであろう。

6.3.3 不具合による破砕防止
　国連スペースデブリ低減ガイドラインには以下のように書かれている。

> **ガイドライン2：運用フェーズでの破砕の可能性の最小化**
> 　宇宙機とロケット軌道投入段は偶発的破砕に至る不具合モードを避けるように設計すること。もしそのような不具合を生ずる条件が判明したなら、破砕を避けるように廃棄処置と無害化処置を計画し、実施すること。
> 　付記：歴史的に幾つかの破砕は推進系及び電力系のカタストロフィックな故障などのスペースシステムの不具合によって引き起こされてきた。不具合モードアナリシスに潜在的破砕シナリオを見込むことで、これら

> のカタストロフィックなイベントの確率は削減できる。

　これまでに起きた破砕事故には原因が究明できないものや究明できていてもそれが公表されないものが多々ある。仮に打上げ当日に破砕したロケットや打上げ後5年以内に破砕した衛星は不具合が原因であると仮定すれば、破砕事故の三分の一がこれに該当する。

　信頼性が要求される大型衛星では設計の過程でFMEA（Failure Mode and Effect Analysis：故障モードと影響解析）を行い、懸念される不具合のモードとその不具合の影響の伝搬が解析され、重大な問題を引き起こす部分には信頼度を高める設計を行う。例えば姿勢を制御する小型噴射器（ヒドラジンなどを燃料とするスラスタ）の触媒層の予熱が不十分なところに着火信号が出て推進薬が流入すると着火遅れが生じ、滞留した推進薬が一度に反応して爆発を引き起こすことがある。スラスタがこのような事態に耐えられる設計になっていれば良いが、そうでなければヒータ付近の温度を検知して問題があれば冗長系のヒータに切り替える。それも故障している場合は着火信号を止めるなどの対策が取られる。このように異常の検知と是正策を用意することが必要である。このような機能はFDIR（Failure Detection Isolation and Recovery：故障検知・分離・再構成機能）と呼ばれ、宇宙機が不用意に制御不能に陥ることを防止している。

　これを具体化するには、懸念される場所に検知器を設けて定期的に監視するか自律的に警報を発するようにすること、正常な機器に切り替えられるように冗長系を用意すること、機能の維持のための代替手段を用意するなど設計対策が必要である。更に運用管制においては、爆発・破砕事故の徴候を示す異常を監視作業を手順に含め、異常検知時には速やかな対策を採り得る体制を維持しなければならない。即ち、異常発生時には通報すること。破砕の徴候がある場合は関連する機能の停止や運用の終了など適切な処置により破砕を防止することである。

6.4 運用終了後の保護軌道からの退避

宇宙機の多くは特定の軌道域で運用されることが多いので、運用終了後にそのまま放置すると相互に衝突する恐れがある。世界的には運用を終了した後の保護軌道域との干渉期間を短縮するために、軌道寿命を短縮するか、保護軌道域を避けた軌道に再投入することを要求している。

ここで保護軌道域とは特に利用頻度が高く、保全すべきと識別された「低軌道保護域」および「静止軌道保護域」である。国連のガイドラインでは定量的には規定していないが、そこで引用されるIADCガイドラインを始め、世界の規制文書では以下のように合意されている（図6-1参照）。

①低軌道保護域：高度2,000 km以下（運用終了後25年以内に保護域から離脱すること）

②静止軌道保護域：静止軌道高度±200 kmかつ緯度：±15度以内（運用終

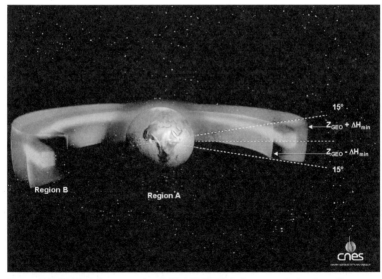

図6-1 低軌道保護域（Region A）及び静止軌道保護域（Region B）（by CNES）
[Z_{GEO}＝高度35,786km、ΔH_{min} = 200km]

了時に保護域より上方に離脱すること。）

　このほかよく使われる軌道域としては高度20,000km付近の準同期軌道（12時間周期軌道）があり、GPSなどが使用している。現在のところそれほど混雑しておらず、また米ロなどが異なる高度で運用していることもあり、明確な保護軌道域には指定されていない。

6.4.1 静止軌道について

　国連スペースデブリ低減ガイドラインには以下のように書かれている。

> **ガイドライン7：宇宙機やロケット軌道投入段がミッション終了後に地球同期軌道（GEO）域に長期的に留まることの制限**
>
> 　GEO領域を通過する軌道において運用を終了した宇宙機やロケット軌道投入段は、GEO領域との長期的干渉を避ける軌道に放置すること。
>
> 　*付記：GEO領域近傍の宇宙物体については、将来の衝突の可能性はミッション終了時にGEO領域より上方の軌道（GEOと干渉しない軌道あるいはGEO領域に戻ってこない軌道）に放つことで削減できる。*

　静止衛星については運用を終了する時点で保護域より高い高度に再投入することが推奨されている。

　世界が合意した保護域は静止軌道高度±200kmである。そこに干渉しないように太陽輻射圧による摂動の効果などを考慮して余裕を持たせた高度に上昇しなければならない。具体的には静止軌道に下式で求められる値を加えた高度である。

$$235\text{km} + (1{,}000 \text{Cr} \frac{A}{m})$$

　ここでCrは太陽輻射圧係数（概略値としては1.5をみれば良い）、$\frac{A}{m}$は平均断面積（m^2）と質量（kg）の比である。離心率は0.003以内に抑えるように求められている。これは無線の使用許可を与えるITU（国際電気通信連合）の勧告にも明記されていることである。

この移動作業に必要な推進薬は衛星運用に必要な推進薬の2か月分に相当するので通信業者にとっては少なからぬ負担にはなるが、我が国の通信事業者はこの勧告に良く従っている。ESAが2015年4月のIADCに報告したところによれば、世界的には故障などで移動できない事例もあり、2014年には廃棄された18機のうち16機が静止軌道からの離脱を試みており、そのうち13機が上記の要求に従ったとのことである。

6.4.2 低軌道衛星について

国連スペースデブリ低減ガイドラインには以下のように書かれている。

> **ガイドライン6：宇宙機やロケット軌道投入段がミッション終了後に低軌道（LEO）域に長期的に留まることの制限**
>
> LEO領域を通過する軌道で運用を終了した宇宙機やロケット軌道投入段は管理された方法（controlled fashion）で軌道から除去すること。それが不可能ならば、LEO領域への長期的滞在（long-term presence）を避ける軌道に廃棄すること。
>
> 付記：LEOから物体を除去する解決案を決断する際には、残存して地表に到達するデブリが、ハザーダスな物質による環境汚染を含む、人間や財産に不当なリスクを課さないことを保証するために十分な（due）な配慮が払われなければならない。

国連のガイドラインは時間的制限に触れていないが、世界のほとんどのガイドラインは低軌道保護域と干渉する期間を最長25年と決め、その期間内に除去することを推奨している。

このための設計対策として以下がある。
① 移動機能を持たない小型衛星は運用高度を低く選定する。そうでなければシステム形状・質量を最適にするか、空力抵抗など自然力を増強する装置を付与して早期に落下させる。
② 移動機能を持つ衛星はその機能の信頼度を保障する。当該機能に必要な機器にはデブリの衝突への防御を考慮する。

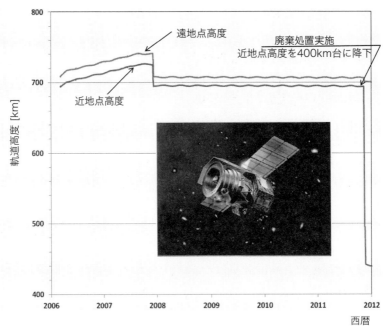

図 6-2 科学衛星「あかり」の廃棄処置

③移動機能の健全性をモニタする機能、適切な運用終了判断を行う機能を付与する。
④移動操作に必要な推進剤を設計段階で見込む。

　具体例としては、JAXA の科学衛星「あかり」の運用を終了した際に図 6-2 のように軌道の一端の高度を下げて軌道残存期間を短縮した事例がある。
　移動した後の衛星の軌道寿命を求めるためには種々の解析ツールが提供されている。CNES が開発した STELA、NASA が開発した DAS (Debris Assess-ment Software) などがインターネットで入手できる。
　この 25 年以内の離脱要求に対する世界のロケット及び衛星の遵守状況について欧州宇宙機関 ESA が調査したところでは、2000 ～ 2014 年に打上げられたものに関しては 63 ％が適合しているとのことである（2015 年 4 月の IADC に報告）。

6.5 再突入による地上被害の防止

6.5.1 再突入から地上落下までの現象

国連ガイドライン 6 に付記されている「地表に到達する物体の安全」についても対策が必要である。

低軌道衛星の軌道滞在期間を短縮することは衛星を地球大気圏に向けて突入させる時期を早めることであり、完全に消滅しない限りは地表に落下することもあり得る。

再突入した衛星などは俗に「大気との摩擦で燃え尽きる」などと表現されることがあるが、「大気との摩擦」ではないし、「燃え尽きる」とは限らない。

加熱のプロセスは、超高速で大気圏に突入した衛星の周囲は希薄な大気であるが先端部は超高圧で圧縮されるために空気の壁が出現する。空気の壁は断熱圧縮により一万度以上に加熱され、それが衛星に伝わり千数百度まで昇温する。融点に達した金属部分はそこで潜熱[1]を吸収して液状になって飛散する(高温になれば強度を失って飛散する現象もある)などの末路をたどるのである。「空気の壁」と表現したのは超音速航空機が衝撃波を発生するのと同じ現象である。肉眼では超音速の航空機の先端に生ずる空気の壁は見えにくいが、船の先端に生ずる「水の壁」であれば誰もが目にしたことはあるであろう。空気の壁が発生する衝撃波の威力は 2013 年にロシアのチェリャビンスクに落下した隕石の被害を思い出していただければ良い。また、「断熱圧縮」は自転車の空気入れを何回も押しているとシリンダ部分が熱くなるのと同じ理屈である。

「燃える」という表現もあまり適当ではない。加熱された衛星が消滅するのは炭が燃え尽きる現象というよりも、溶鉱炉の中で金属が溶ける現象と言うべきであろう。飛散した破片が成層圏、対流圏に到達して酸素分子と結合して表面が「燃える」ことはあるのでその部分は否定しないが全体が「燃える」訳で

[1) 融点に達した固体は直ぐには液体に変化せず、相変化に必要なエネルギ、すなわち溶融潜熱を吸収した後に液体に変化する。融点付近の金属は強度的には弱いものなので物体の形状によっては空力により部分的に飛散することもある。

はない。

　更に「燃え尽きる」と常に言い切ることはできない。現実に米国のデルタ・ロケットのタンクはステンレスでできているのでどこかの砂漠などに落下している姿が度々メディアで伝えられる。我が国 H-II 系ロケットのタンクはアルミ合金製なので通常のミッションであれば地上には到達しないが、耐熱金属で製造されるロケットエンジンのガス発生器、チタン製タンクなどは残存する可能性が高い。将来衛星の大型化が進めば落下物が増大することは避けられない。JAXA では衛星の推進剤タンクとして主流であるチタン製のタンクを CFRP（炭素繊維強化プラスチック）とアルムニウム合金の薄板で製造されたものに置き換えて溶融させる研究を行っている。この成果が適用されれば更に安全性を高めることができる。

6.5.2 世界の状況

　1978 年 1 月に原子力電源を搭載した旧ソ連のコスモス 954 がカナダ北西部へ落下した件、1979 年 7 月に米国（NASA）のスカイラブが南太平洋に落下した件などの宇宙物体の落下は外交的・社会的に問題となった。2001 年 3 月に 120 トンのロシアの宇宙ステーション（ミール）が落下した事件は世界が注目し、日本でもテレビなどで落下時期や被害予測などが連日報じられた。近年でも 2011 年に米国の上層大気調査衛星（UARS）が落下した際には NASA が記者会見を行い状況を報告した。その衛星の質量は 5,668kg とそれほど巨大なものではなかったが、政府の危機管理の対象として監視体制がとられた。結果としてインド洋アフリカ沖から太平洋にかけて落下し、人的被害は報告されなかった。その後 2011 年 10 月にはドイツの欧州宇宙機関（ESA）の ROSAT（レントゲン衛星：Roentgen（X-ray）Satellite）の再突入が事前公表された。これは質量 2,400kg と更に軽量であったにも関わらず世界的に話題になった。2012 年 1 月にはロシアの PHOBOS-GRUNT（質量 2100kg）の再突入が公表され、2013 年 11 月には欧州宇宙機関の GOCE（質量 1,002kg）が公表された。

　過去の大きな宇宙システムの落下事例を表 6-2 に示す。

表 6-2 過去の大型落下物体[2]

物体名称	国籍	質量 (kg)	再突入年月日	突入モード
Apollo SA-6 CSM BP-13	USA	16,900	1964年6月1日	自然落下
Apollo SA-7 CSM BP-15	USA	16,650	1964年9月22日	自然落下
Apollo SA-5 Nose Cone	USA	17,100	1966年4月30日	自然落下
Salyut 1	USSR	18,900	1971年10月11日	落下区域制御
Cosmos 557	USSR	19,400	1973年5月22日	自然落下
Salyut 3	USSR	18,900	1975年1月24日	落下区域制御
Salyut 4	USSR	18,900	1977年2月2日	落下区域制御
Salyut 5	USSR	19,000	1977年8月8日	落下区域制御
Cosmos 929	USSR	15,000	1978年2月2日	落下区域制御
Skylab	USA	69,000	1979年7月11日	自然落下
Salyut 6/Cosmos 1267	USSR	35,000	1982年7月29日	落下区域制御
Cosmos 1443	USSR	15,000	1983年9月19日	落下区域制御
Salyut 7/Cosmos 1686	USSR	40,000	1991年2月7日	自然落下
Compton GRO	USA	14,910	2000年6月4日	落下区域制御
Mir	CIS	120,000	2001年3月23日	落下区域制御

　2013年までに大気圏に再突入した物体の数量を図6-3に示す。再突入した物体のほとんどは落下途中に飛散・消滅するので、これは地上に到達した数量ではない。破片類が圧倒的に多く、そのほとんどは地上に到達せずに消滅したと思われるが、ロケットの機体及び衛星は幾つかの残存物を地上に落下させた可能性がある。この図は米国USSTRATCOMのデータベースから取得したデータで作成したものであるが、同様な図は米国エアロスペース社のウェブで毎年更新されているので今後はそちらを参照されたい[3]。

　図6-3によれば1990年代までは衛星やロケット上段などの大型物体は毎年100機程度再突入していたが、21世紀に入って半減している。破片類まで含めれば、全体では毎年数百個が再突入している。

　一般には、大型の衛星などを除けば、通常のロケットや衛星は大気圏で「燃え尽きる」とみなされ、国連宇宙空間平和利用委員会の「UNCOUPSデブリ技術報告書」でも「これまでに落下物が重大な被害をもたらしたことは無い」と記述されているが、1972年に米国下院議会に提出された報告書[4]には多

---

[2], [3] Aerospace社 Web サイト (https://www.aerospace.org/cords/reentry-data-2/)

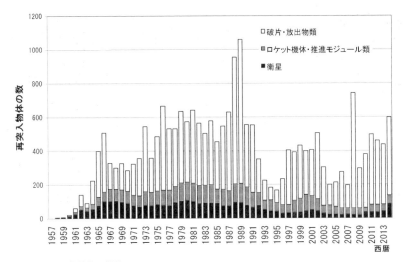

図 6-3 再突入物体数の推移
（落下中に消滅したものも含む。STS、Westford ミッションの針は含まない）Space-Track、2013 年末のデータによる

くの落下物が報告されている（このうち地上に落下したものを表 6-3 の No1 〜 51 に示す）。ただし、この報告書の数字には、軌道からの落下物以外にも打上げ時の落下やミサイル実験の結果も含まれていることに注意する必要がある。近年（2000 年以降）の落下物は Aerospace 社のウェブサイト（http://www.aero.org/cords/faq3.html）より得ることができる。

　これらの資料から、地上に到達して発見・通報された落下物の殆どは、チタン、ステンレス合金など融点の高いものであるが、アルミ合金もいくつかあることが確認できる。

　1962 年に落下したスプートニク 4 号の 10kg の金属破片は米国ウィスコンシン州マニワットの交差点のコンクリート舗装に激突したことや、家畜への被害があったことを報告する文献もある[5]。

---

4) "Convention on International Liability for Damage Caused by Space Objects - Analysis and Background Data, Staff report prepared for the use of the Committee on Aeronautical and Space Sciences, United State Senate, May, 1972"
5) "Space Junk", Judy Donnelly and Sydelle Kramer, 1990

第6章 デブリ対策設計・運用活動

図 6-4 米国テキサス州に落下した 250kg の推薬タンクと破片に当たったと訴える女性 [6]

表 6-3 地上で発見された主な落下物

	落下年	落下場所	落下物の種類	起源物体	国籍
1	1960	南アフリカ	打上げ失敗破片	Atlas	米国
2	1960	キューバ	モータケース、ロケット推進タンク	Thor	米国
3	1962	ブラジル、南アフリカ	球形圧力容器あるいはタンク（2.7kg）、（21.7kg）	Atlas	米国
4	1962	ブラジル	球形圧力容器（0.4m）	米国衛星	米国
5	1962	米国	円柱状金属物体（9.5kg）	ロシア衛星	ロシア(旧ソ連)
6	1962	象牙海岸	金属片 (size 0.9×1.2 m, 5×5 cm, mass 0.22 kg)	Atlas	米国
7	1963	オーストラリア	球形圧力容器	Agena	米国
8	1963	アルゼンチン	金属片（0.42 m², mass 2.7 kg）	Atlas	米国
9	1963	南アフリカ	金属片（0.3×0.38m）	ロシア衛星	ロシア(旧ソ連)
10	1964	ブラジル	球形圧力容器（11kg）	Agena	米国
11	1964	カナダ	破片類	ロシア	ロシア(旧ソ連)
12	1964	ベネゼイラ	電子機器（79kg）	米国衛星	米国
13	1964	アルゼンチン	圧力容器、ノズル（直径 0.84 m）、(円筒形 4×1.5 m)	Titan	米国
14	1965	マラウィ	アスベスト	不明	不明
15	1965	バハマ	金属片	Atlas	米国

6) Aerospace 社ウェブサイト（http://www.aero.org/cords/faq3.html）

16	1965	インド	破片類	Titan	米国
17	1965	オーストラリア	飲料水タンク（直径 0.5m）	Gemini V	米国
18	1965	スペイン	球形圧力容器	Luna 8 rocket stage	ロシア(旧ソ連)
19	1966	オーストラリア	プラスチックシュラウド（1.2×1.5 m）	米国衛星	米国
20	1966	ブラジル	球形圧力容器(直径 1 m, 質量 113.3 kg)	Saturn	米国
21	1966	ブラジル	金属破片 (0.5×0.3 m), (0.4×0.2 m), (10×12 cm),	Saturn	米国
22	1966	コロンビア	破片類	Atlas	米国
23	1966	スワジランド	金属破片 (4.7×2.6 m), (3.3×5.1 m), (5.4 kg)	Saturn	米国
24	1966	米国	球形圧力容器(直径 0.37 m, 質量 13.6 kg)	ロシア	ロシア(旧ソ連)
25	1967	ペルー	球形圧力容器(直径 0.58 m, 質量 15.8 kg)	Delta	米国
26	1967	メキシコ	球形圧力容器（直径 0.6 m, 質量 30 kg); (直径 0.36 m)	Titan	米国
27	1967	メキシコ	球形圧力容器(直径 0.6 m), (周囲 0.98 m)	Agena	米国
28	1967	サウジアラビア	球形圧力容器（直系 .6 m)	Delta	米国
29	1967	フィンランド	金属破片 (1×1.8 m, 質量 10 kg)	ロシア	ロシア(旧ソ連)
30	1968	コロンビア	球形圧力容器	Apollo V	米国
31	1968	ネパール	金属破片	ロシア	ロシア(旧ソ連)
32	1968	オーストラリア	球形圧力容器	Delta	米国
33	1968	アンゴラ	パネル	Apollo VI	米国
34	1968	コロンビア	球形圧力容器	米国起源	米国
35	1968	アラスカ	球形圧力容器	ロシア	ロシア(旧ソ連)
36	1969	ロシア	破片類	ロシア	ロシア(旧ソ連)
37	1969	大西洋の船上	金属片	Saturn	米国
38	1969	スウェーデン	球形圧力容器	ロシア	ロシア(旧ソ連)
39	1969	カリブ海マリーガラント島	円柱状物体	Atlas	米国
40	1970	南アフリカ	金属片	ロシア	ロシア(旧ソ連)
41	1970		球形圧力容器	ロシア	ロシア(旧ソ連)
42	1970	米国	金属破片	Cosmos	ロシア(旧ソ連)
43	1971	米国	球形圧力容器	米国起源	米国
44	1972	ニュージーランド	球形圧力容器	Cosmos	ロシア(旧ソ連)
45	1972	英国	球形圧力容器	Gambit	米国
46	1978	カナダ	破片類	Cosmos	ロシア(旧ソ連)
47	1979	オーストラリア	多数の破片	Skylab	米国

48	1988	オーストラリア	球形圧力容器	Soviet Foton 4	ロシア(旧ソ連)
49	1991	アルゼンチン	幾つかの破片	Soviet Salyut 7 / Cosmos	ロシア(旧ソ連)
50	1994	メキシコ	金属破片	Cosmos	ロシア(旧ソ連)
51	1997	米国	球形圧力容器	Delta II	米国
52	2000	南アフリカ	推薬タンク及び球形圧力容器	Delta II	米国
53	2000	米国	金属破片	Proton	ロシア(旧ソ連)
54	2001	サウジアラビア	モータケース	Delta II	米国
55	2002	ウガンダ	球形圧力容器	Ariane 3	欧州
56	2002	アンゴラ	球形圧力容器	Ariane 4	欧州
57	2003	グアテマラ	CFRP 球体	Atlas	米国
58	2004	アルゼンチン	モータケース	Delta II	米国
59	2004	ブラジル	球形圧力容器	Delta II	米国
60	2005	タイ	モータケース	Delta II	米国
61	2008	ブラジル	CFRP 球体	Centaur	米国
62	2008	オーストラリア	モータケース	Delta II	米国
63	2010	モンゴル	推薬タンク	Delta II	米国
64	2011	マラウィ	金属破片	GSLV	インド
65	2011	ウルグアイ	モータケース	Delta II	米国

1997年1月にはデルタロケットの推進薬タンクと気畜器がほぼ原形を止めたままテキサス州の農場に落下したことは証拠写真（図6-4左側）と共に世界に報道された。この際、破片が肩にあたったと訴えた女性がいたことが報告されている（図6-4右側）。またデルタは、2000年4月27日にも南アフリカのケープタウンに落下している。

6.5.3 落下危険度はどのように表せるか

落下に伴って地上の人間に与えられる危険度は「障害予測数」で表せる。この「傷害予測数」とは落下した破片に接触する人間の人数であり、落下する破片の大きさと直立した人間の平均半径から「危険面積（落下物体が人間と接触する範囲の面積）」（図6-5）を定義し、落下する可能性のある区域の面積との割合を計算し、これにその居住する人間の人数をかけたものである。言い換えれば、特定個人と落下物との接触の確率に落下範囲の人口を乗じたものである

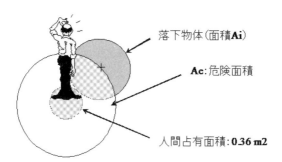

図 6-5 球形物体が落下した場合の危険面積の考え方

(即ち落下物と接触する可能性のある人数である)。

具体的に数式で確認してみよう。落下物体が複数 (i 個) のときは以下の式で表せる。

$$Ec = \Sigma P_i Ac_i N / A$$

(即ち、i 個目の再突入物体に関する Ec_i の総和)

Ec：傷害予測数
Ac：危険面積（落下物が一人の人間に衝突／接触する可能性のある落下範囲の面積）
A：落下する可能性のある地表面積
N：落下する可能性のある地表面に居住する人口、
P：落下する確率 P（デブリの落下処分の場合は P = 1）

危険面積 Ac は、落下物体の投影面積（平行光線で平面上に影を作った場合のその影の面積にあたる）を Ao、その物体が球体である場合の半径を ro、平均的サイズの人間が直立した場合の真上から見た場合の半径を rh、その rh を半径とした場合の円の面積を Ah と置くと Ac は以下の式で表せる。

$$Ac = \pi (r_h + r_o)^2$$

米国では人間の地表投影円の半径は 33.8cm、人間の地表投影面積は 0.36m²

とされているので以下のようになる。

$$Ac = \pi\{(0.36/\pi)^{0.5} + (A_o/\pi)^{0.5}\}^2$$
$$= (0.6 + A_o^{0.5})^2$$

落下物の形状が多角形の場合は以下の式で表せる。

$$Ac = A_o + (落下物周囲長) \times r_h + A_h$$

少しわかりやすく表現を変えれば以下のようになる。
（危険面積）＝（落下物投影面積）＋（落下物周囲長×人間の半径）＋（人の地表投

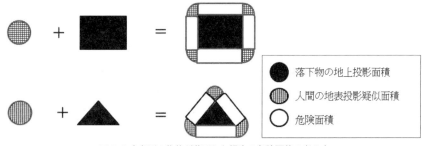

図 6-6 多角形の物体が落下した場合の危険面積の考え方

影疑似円面積）

テレビ報道などで傷害予測数を確率として説明する場合があるが、実は人数である。その値が 1.0 より小さい場合は確率と解釈しても数値的には同じことであるが、Ec は原理的には 1.0 より大きくなることも有り得る。

次に「落下する可能性のある地表面積」について説明しよう。オーストラリアに落下させた「はやぶさ」のようなケースは別として、自然に再突入する場合は落下する区域が定まらない。落下する可能性のある地表の面積は物体の軌道傾斜角で定まる地表面積となる。例えば軌道傾斜角 10 度の場合は北緯 10 度から南緯 10 度で挟まれる地表面積である。大雑把に言えば「危険面積」を

この地表面積で除したものが、一人の特定個人が接触する確率になる。

より正確には落下確率は緯度毎に異なるのでそれを考慮して赤道から軌道傾斜角に相当する緯度まで積分して求めることになる。この「特定個人への接触確率」にそこに居住する人数を乗ずれば障害予測数になる。衛星が落下する際にマスコミが報道する場合、「危険度は数億分の一」と説明することが多いが、それは特定個人に対するリスクである。誰かにぶつかる可能性はその数値に、居住者の人数を掛けたものになる。

世界的には、衛星・ロケットが地上に落下しても、その「傷害予測数」が10,000分の1未満となるように努力されている。

この緯度毎の落下確率と緯度毎の人口分布を加味すると軌道傾斜角に応じた単位危険面積あたりの傷害予測数が得られる。これを図6-7に示す。これより、軌道傾斜角が30〜40度の軌道から落下する物体は、1度からの落下物体の2倍のリスクがあることがわかる。

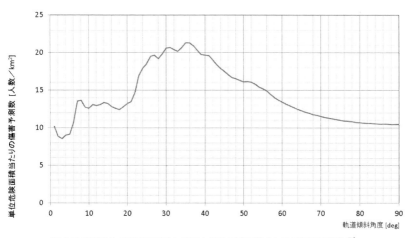

図6-7 落下物体の軌道傾斜角に応じた単位危険面積あたりの障害予測数[7]

---

7) 人口モデル :GPW3 Gridded Population of the World, version3 (produced by the Center for Internatonal Earth Science Information Network: CIESIN) で2015年を推計

6.5.4 どの程度溶けるのか

落下物の溶融限界は典型的には図6-9のように計算される。この図のカーブの内側が溶融する物体である。落下条件によっても異なるので目安であるが、アルミ製の機器であれば150〜200 kgまで、ステンレスであれば30〜40kgまでは溶融すると考えられる。

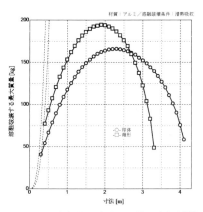 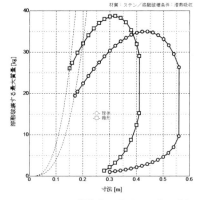

図6-8 アルミ製物体の溶融最大質量（溶融潜熱吸収後に溶融）　　図6-9 ステンレス製物体の溶融最大質量（溶融潜熱吸収後に消滅）

落下の被害を避ける対策としては、ベリリウムやチタン合金のように融点や比熱の高い材料の使用は控えることが望ましい。一般に、チタン製の推進薬タンク、気蓄器、モータケースはほとんどの場合地上に到達する。先に述べたように推進薬タンクなどはCFRP製の製品を検討することが望まれる。構造部材にベリリウムやチタンを用いることは軽量化のために行われることがあるが、これらは溶融しにくいので可能な限りステンレス材などで代替することが望ましい。

更に、毒性物質による環境汚染を防ぐことも必要である。ただし、ヒドラジンなどの毒性推進薬は落下の途中に高温で反応するか飛散して拡散するケースが多いので大きなリスクにはならない場合が多い。原子炉を搭載していない限り、通常は問題はないであろう。

傷害予測数が明らかに大きい場合は、公海など安全な落下域に誘導（コント

ロールドリエントリ）するか、落下しないように軌道上寿命を長期化することが求められる（原子炉衛星は国際的にはこの方法が推奨されている）。

6.5.5 落下の予報と被害の低減の可能性

　計画的に再突入させる場合は落下時刻や落下区域を設定するので予測はつくが、自然落下の場合はかなり困難である。落下時刻の予測の誤差は20%程度と言われている。10時間前に予測する場合は、そのずれは±2時間程度あることになる。低軌道衛星の地球周回周期はおよそ90分程度なのでその誤差時間内で物体は地球を1周回してしまう。このためあまり早期の予報をだしても実効的ではない。この誤差は、落下する物体の空気抵抗係数が正確に把握できず、しかも物体の姿勢や回転運動で変化すること、大気の空気密度が季節・昼夜・時刻や場所によって一定ではないことなどによる。

　しかし、落下警報に意味が無いわけではない。落下する区域は少なくとも軌道傾斜角に応じた緯度範囲なので落下物の軌道の情報は重要である。また落下物体の材質・搭載物の危険性について確認することも必要である。原子炉を搭載している衛星は特に警戒が必要である。落下物の構成部材の材質や寸法・質量が開示されればどの程度の落下物が発生するか目途を付けることができる。落下物の質量と落下速度が計算できれば衝突エネルギが計算できるので危険性の目安がつく。

　米国には人間の体位と衝突エネルギと関係づけて致命率を表した基準データがある（表6-4）。これを体位の平均値としてグラフ化すると図6-10のようになる。落下する破片とこの致命率との関係で危険度がある程度推定できる。落下の被害が極度に懸念される場合は数時間前に屋内退避を推奨するか、被害を受けやすい施設・建造物の周囲に緊急自動車を配備するなどの処置を検討すべきかもしれない。ただし、これまでにそのような処置がとられた事例は報告されていない。また「歴史上、軌道からの落下物体で負傷した事例は報告されていない」と国連が発行した「デブリに関する技術レポート」に記載されている[8]。

---

8) ただし、ロケット打上げの失敗による落下物の被害、ミサイルの試射による被害は報告されている。

第6章 デブリ対策設計・運用活動

表 6-4 地上の人間の体位毎の致命率 [9]

体位	断面積 (m^2)	致命率 (運動エネルギ [J])		
		10%	50%	90%
直立	0.93	42	79	148
座位	0.27	55	110	216
仰臥	0.47	52	103	206
平均	0.28	52	103	203

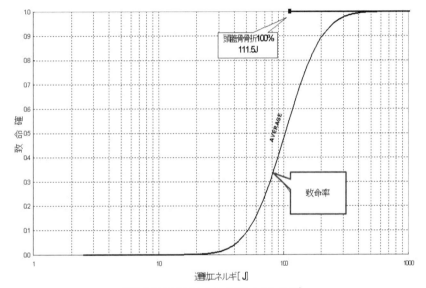

図 6-10 致命傷をもたらす運動エネルギ [10]

6.6 大きなデブリとの衝突の回避

6.6.1 リスク管理

地上から観測できる大型物体（10cm 以上）との衝突は自らの損害に加え、

---

9) 10) STANDARD 321-00 Common Risk Criteria For National Test Ranges

破片が高度数千 km の範囲に飛散し、他の宇宙機の運用にとっても大きなリスクとなるため回避しなければならない。大型物体との衝突の頻度は単位面積（$1m^2$）当たり年間 0.00001 回程度度である。このリスクは低軌道衛星が回避操作を行う確率を試算するベースとなる。

一般論として放置された衛星やロケットのどれかが大型デブリと衝突する頻度は、機体の平均面積を $10m^2$、存在する大型衛星・ロケットの数量を 2,000 個と見積もれば、年間 0.2 回、すなわち 5 年に 1 回は衝突事故が起きる計算になる。

デブリの衝突被害に対応するためにはリスク評価と対応策の構築からなるリスク管理が有効である。リスク評価はリスクをもたらす脅威と被災物の識別から始まり、そのためにはリスク・シナリオによる分析が有効である。このリスク・シナリオのもう一つの重要性はリスク要因の発生から最終的な被害に至る過程でそれが阻止できない事情を分析し、その改善策の立案に結びつけることである。デブリ衝突に関するリスク・シナリオの例を表 6-5 に示す。

表 6-5 衝突被害に関するリスク・シナリオの例

	影響伝搬状況	課題
1	デブリが運用中の衛星の軌道と交差する軌道に遷移してきた。	接近が早期に発見できなかった。
2	米国監視センターが衝突確率を懸念し、運用者に接近注意報を発令したが、衝突予測は 2 日後で十分な時間的余裕が少なかった。 接近物体が運用中の衛星であれば相互に調整できたが機能不全のデブリであった	運用者独自の接近監視体制が無かった。 公開軌道物体データは精度が悪く正確な予測ができなかった。 接近が懸念される運用中の衛星については連絡窓口を把握しておくべきだった
3	発見が遅れて急激な軌道変更を行うべきだったが、特定区域の地表観測を実施中でミッションの中断に躊躇した。 また、推進薬の消費が懸念されて回避判断に遅れが発生した。	回避操作の意思決定ルート、回避判断基準、実施要領が未確立であった。 回避操作用の推進薬量を見込んでいなかったので調整に手間取った。
4	デブリが秒速 15km で衝突して衛星は破砕。多量の破片が飛散し、周辺の運用中の衛星の衝突確率を 20%高めた。	

上記で抽出された各課題を対策に反映することが望ましい。即ち、早期の接近観測体制、外国に依存しないバックアップ監視体制、近隣の衛星の運用者の

連絡窓口の把握(静止衛星の場合)、回避判断意思決定ルートの事前設定、回避マヌーバ実施要領の事前検討、推進薬の準備などが必要になる。

6.6.2 大型物体との衝突回避

国連スペースデブリ低減ガイドラインには以下のように書かれている。

ガイドライン3：偶発的軌道上衝突確率の制限

　宇宙機やロケット軌道投入段の設計やミッションプロファイルの開発の過程で、システムの打上げフェーズ及び軌道寿命の間に既知の物体と偶発的衝突を起こす確率が見積もられ、制限されること。取得可能な軌道データが衝突の恐れを示しているなら、打上げ時刻の調整や軌道上回避マヌーバが考慮されること。

　付記：幾つかの偶発的衝突が既に明らかになっている。多くの研究が示していることであるが、スペースデブリの数量・質量が増加しているので、新たなスペースデブリの主要因は衝突であるかもしれない。衝突回避手順が既に幾つかの国や国際機関で採用されている。

このガイドラインには運用中の衛星の周回中の衝突問題とロケットの打上げ時の衝突問題が含まれている。まず、前者について説明する。

衝突を回避するために必要なことは、先のリスク・シナリオでも一部明らかなように以下を満足させることである。

①接近を早期に検知するための高精度監視手段、監視体制を維持すること
②回避操作の意思決定ルート、回避判断基準、実施要領を予め確立しておくこと
③接近物体が運用中の衛星であった場合に相互の回避操作が可能なように調整窓口を把握しておくこと
④接近回避に伴うミッションの中断について関係者の了解を得ておくこと、
⑤設計段階で回避操作用の推進薬量を見込んでおくこと。

既に述べたようにデブリの接近を正確に検知するうえで最も信頼しうるのは

米国の JSpOC（The U.S. Space Surveillance Network / Orbital Protection Team, Joint Space Operations Center, Vandenberg Air Force Base, California USA）である。JSpOC は世界の関係機関に接近警戒サービス「the Space Situational Awareness（SSA）services」を無償で提供しているが、より充実したサービスを受けるためには協定を締結する必要がある。我が国の民間事業者であれば問題なく締結でき、以下の広範なサービスを受けられる。
①衛星に異常が発生した場合の調査
②回避マヌーバ計画の立案支援、マヌーバ実施後の接近解析
③接近する物体の情報提供
④再突入予測支援（軌道離脱中の接近解析）
⑤廃棄操作支援（廃棄操作中の衝突回避支援）
⑥電磁干渉の調査

　JSpOC から衝突注意報が送付された場合は、衝突確率をより精度良く把握するために、運用する衛星の軌道を正確に求め、そのデータで JSpOC に再解析を依頼することが推奨される。再解析の結果で回避の要否を決断する必要がある。

　JSpOC に依存せずに実施しようとすれば、独自の観測網や宇宙物体のデータベースを保有しない限り、JSpOC がウェブサイト（Space Track: https://www.space-track.org/）で公表している軌道要素のデータ[11]に依存せざるを得ない。しかし、このインタネットサービスのユーザ規約に明記されているように、このデータはある観測点を基準とした平均ケプラリアン軌道要素で、単純化された一般摂動理論（太陽・地球の引力などの摂動要素を考慮しない単純な理論）を用いた解析結果であり、長期的な変動にはある程度の精度を持つものの、これを接近解析に用いる事は推奨されていない。

　これに加えて TLE が提供されるのは限定的な範囲の物体である。例えば 2012 年時点で 29,000 個と言われる観測物体のうち、軌道が公表されるのは発生源が明確な 80 ％程度、更に軌道が更新されるものは 60%程度にしか過ぎない。世界的に幾つかの接近解析サービスやソフトウエア・ツールが提供され

---

[11]　軌道要素が 2 行に亘って表記されているので Two-Line Element（TLE）と呼ばれている

ているが、TLE をベースとするものはそれなりの限定された範囲の物体にしか有効でないことを認識すべきである。

JSpOC 以外の民間の組織では非営利のスペース・データ・アソシエーション（SDA）があることは既に紹介した。当該サービスは静止衛星を中心とした接近解析である。この組織は JSpOC 所有の北米大陸に 4 か所の望遠鏡と 3 か所の電波センサを利用している。観測対象も衛星のみでデブリは観測していないので、それらについては JSpOC の TLE を用いている。加盟機関には EUTELSAT、INMARSAT、INTELSAT、NASA、NOAA、ORBCOMM、IRIDIUM その他の欧米の 25 機関（2013 年 11 月時点）が参加している。この SDA の最大のメリットは加盟機関の軌道制御計画が収集されるのでタイムリな接近解析、回避計画の立案が可能なことである。

2014 年 8 月 8 日、SDA は米国防総省と協定を締結し、USSTRATCOM の宇宙状況監視データ共有プログラムに参加し、衝突回避のみならず電波干渉及び電磁干渉の低減に向けた活動で協調することとなった。これで USSTRATCOM が有する低軌道から静止軌道を含む膨大な軌道物体情報と衝突回避解析能力と、SDA が有する運用中の静止軌道の軌道変更計画、電波・電磁干渉に係わる監視データが有機的に結合してより高度の監視が可能になった[12]）。

また、フランス国立宇宙機関 CNES は JAC と呼ばれる接近解析ツールを提供している。これは二次元、三次元での可視化ができる点で便利と言われており、日本の民間企業でも利用されている。

米国 CSSI（the Center for Space Standards & Innovation）は SOCRATES（Satellite Orbital Conjunction Reports Assessing Threatening Encounters in Space）を提供しており、簡易的にはこれも利用可能である。

回避操作の実行判断はタイムリに行う必要がある。回避マヌーバ計画の立案のためにも衝突予測日 3 日前までに決断し、2 日前に回避を行えば推進薬の消

---

[12]）2014 年 8 月 8 日付　SDA Press（Releasehttp://www.businesswire.com/news/home/20140808005645/en/Space-Data-Association-SDA-U.S.-Department-Defense）及び 2014 年 8 月 8 日付 SpaceNews（http://www.spacenews.com/article/military-space/41527sda-us-strategic-command-sign-cooperative-accord）

費は問題にならない。過去には余裕を見て数十 km も移動させることもあったが、最近は軌道決定精度が向上し、たとえば2日前に接近が検知されれば秒速数 cm 程度の速度変化を与えることで会合点をずらすことができるようになった。この意味では、推進薬の負担はかなり軽減したといえよう。しかし、突然接近する物体が判明することもあり、その場合は急激に高度変化を与える必要がある。突然の警報の事例としては、2009 年に ISS へのデブリの接近の検知が遅れ、宇宙飛行士が緊急帰還船ソユーズに避難する事態が発生したことがある。通常警戒すべき接近頻度は一般の衛星であれば年に1回程度なので、このような例外は更に少ない回数を見込めばよいであろう。

接近物体が運用中の衛星の場合は当該衛星の運用担当者と調整することが望ましい。そのためには静止衛星など接近の相手が限定的な場合は特に、そうでなくとも関係する衛星の運用状態（運用中か運用終了状態かの区別）と運用者の連絡先を把握しておくことが望まれる。これは国連のカタログ（http://www.oosa.unvienna.org/oosa/showSearch.do）で確認できるが、実際にはデータの欠落や時期的遅れにより不十分な情報しか得られないことがあるので注意が必要である。

6.6.3 ロケット打上げ時の衝突回避

国連のガイドライン3に含まれる第2番目の指針として、ロケットの打上げ時に軌道上の物体と衝突しないように管理することが推奨されている。

問題はロケットの飛行経路はロケットエンジンの性能のばらつき、風向風速の影響などである程度のばらつきが出ことである。このばらつきの標準偏差の3倍程度を見込むと飛行経路の予測範囲はかなり広がる。性能の良くないロケットの場合は特に広範囲になる。その条件下で軌道上のすべての衛星やデブリとの衝突を避けて打上げ時刻を選定することは困難である。ロケットの打上げ時間帯は、打ち上げる衛星によって打上げ時間に制限が加わる。例えば静止衛星の場合は放出した衛星の太陽電池に日照が当たる時間帯で衛星搭載エンジンを噴射しなければならないことがある。惑星に向かう場合は地球との相対位置を管理する関係で時間帯に制約が加わる場合がある。このような制約はロンチ・ウィンドウ（打上げ可能な時間帯に解放されている窓の意味）と呼ばれて

いる。このような制約の下で打上げ時刻をデブリと衝突しないように設定することは現実的に不可能になることが多いため、最低限の要求として国際宇宙ステーションなどの有人システムとの衝突は避けるというのが先進国の宇宙機関の努力目標になっている。しかし、この努力さえ行わない国もあるのが現状である。日本ではJAXAの要求文書に有人システムとの衝突を回避するよう記載されている。運用中の衛星との衝突も避けることが望ましいが、義務として課すことはできない。現状では有人システムとの衝突回避を行なっているのは日本、米国、フランス、インドだけである。

6.7 微小デブリに対する衝突防御

6.7.1 リスク管理

1mm以下の微小デブリの衝突でも外部露出配線、推進薬タンク、ハニカムパネル背面の機器にとっては発生頻度の無視できないリスクとなる。被害を受けた場合はミッションの達成が困難になったり、破砕事故が起きる。しかし、衝突確率推定技術や防御技術の現状から厳密に保護しようとすると質量の増加の点で現実的ではなくなる。そのため国連デブリ低減ガイドラインでも衝突防御は要求していない。現実的な要求としては、衛星の廃棄機能（軌道変更マヌーバ、残留推薬の排出、バッテリの処置など）が損なわれる確率を抑えることであろう。ISO規格や他の海外規格でも廃棄機能の保全だけを推奨している。JAXAもこの範囲の努力目標を置き、地球観測衛星など重要な衛星には防護対策を施している。

微小デブリ衝突に関するリスクシナリオの例を表6-6に示す。

リスクの評価は衝突による被害の影響と衝突頻度で定義されるリスクの規模と、リスクの許容度によって行われる。まず、リスクの評価は、被災の度合い（デブリのサイズ・材質、衝突速度・角度などの衝突特性、被衝突物の脆弱性で定まる被害の規模）とそれらの条件での衝突の発生頻度の組み合わせで行われる。この組み合わせでリスクが評価され、対策の必要性が判断される。

衛星設計者は以下の流れを参考に検討を進めることが望まれる。

6.7 微小デブリに対する衝突防御

表 6-6 微小デブリ衝突被害に関するリスク・シナリオの例

	影響伝搬状況	課題
1	数百 km 離れた軌道を周回中の衛星が爆発し、密集した破片の中から数 mm のデブリ群が衛星に衝突した。電気系ハーネスを直撃し、また構造体パネルを貫通した破片が推薬タンクを直撃した。	爆発後にデブリ群の発生は予想できたが衝突回避方法がなかった。 外部露出の電源系ハーネスにシールドが付与されていなかった。また、推薬タンクの周辺に遮蔽効果のある部材が無かった。
2	電気系ハーネス（充電ライン）が短絡を起こし、充電が途絶えて数時間後にバッテリ容量の限界に達し、電源供給が途絶えた。同時に発生したプラズマの影響と思われる不具合が電子機器に発生した。結局、廃棄操作、推進薬排出操作が不可能になった。	衝突の影響把握不足 バッテリ容量許容範囲内に廃棄処置を行う判断ができなかった。
3	自己着火性の燃料及び酸化剤タンクの損傷部位が熱サイクルを受けて亀裂を発生し、それが進展し、爆発反応を起こした。	衝突リスク対策が不足（燃料・酸化剤タンクが近接していたことが被害を拡大した）

①衝突防御措置の基本方針（無視するか、リスク管理に含めるかの判断、どこまで防護するかなど）
②衝突頻度見積もり方針（デブリ分布モデルの選択）
③防御対象の識別と被害の見積もり
④リスク許容限界（許容被災確率の設定）
⑤防御材追加限度（増加質量の限界など）
⑥衝突検知と応急処置（衝突の検知は電磁波の発生で可能であるとされている。将来的には衝突被災の検知、被害が発生した場合の被災部分の切り離し、縮退機能、修復処置などに配慮することが望ましい）

6.7.2 衝突防御措置の基本方針

衝突被害は小型の衛星でない限り無視することはできないが、さりとて強制できるものではない。現状ではデブリ衝突による故障率を信頼度計算に含めることは一般には行われていない。ミッションの重要性、運用する軌道高度、故障の影響を考慮してどこまでのリスク管理を行うかを判断することが望ましい。防御範囲を廃棄操作の成功を保証するバス系統のみに限定するか、ミッション機器にも求めるか、どこまでの被害確率を許容するか、どの分布モデルを採用するかの基本方針が必要である。

6.7.3 衝突頻度の見積もり

衝突頻度は ESA が開発した MASTER で見積もることが適当であろう。衝突の頻度は、一般論としては既に第一章に示したが、個々の衛星に対する衝突頻度はその軌道傾斜角、軌道形状に依存するし、衛星の上下左右の各面についても相違がある。

一般的な大型地球観測衛星の各面毎への 0.1mm 以上のデブリの衝突予測数を図 6-11 に示す。衝突率が最も大きいのは進行方向面であり、地球半径方向に対向する面はそれより一桁近く低く、両サイドへの衝突は更にそれより一桁以上低い。他に制約が無ければ、重要な機器は頑強な構造要素の陰に隠すか、取付面を工夫することが望まれる。

より大雑把には、機能の喪失を招く衝突の頻度は（1cm 程度の衝突）単位面積（$1m^2$）当たり年間 10^{-4} 弱程度、被災場所によっては重大な機能の喪失を招く確率（1mm 程度の衝突）は単位面積当たり年間 0.3 回程度と見積もられ

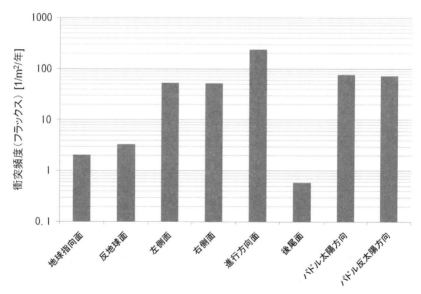

図 6-11 地球観測衛星各面への 0.1mm 以上のデブリなどの衝突頻度
（軌道傾斜角度 98 度の衛星に対する 0.1mm 以上のデブリ・メテオロイド衝突率である。解析は MASTER2009 による

る。

　図6-12の左側の図は上下角度方向の衝突頻度分布である。この方向の分布はデブリがほぼ円軌道であれば0度の方向に集中するが、離心率を持っているので多少上下に幅ができている。しかし、それほどの広がりは無いので、防護設計では進行方向面に配慮することが望まれる。

　図6-12の右側の図は方位角度方向の衝突頻度分布の例である。この分布モードは衛星の軌道傾斜角とデブリフラックスの軌道傾斜角方向の分布モードに依存する。すなわちデブリの支配的軌道傾斜角分布は約70度と100度に集中(デブリのサイズで若干異なる)しているので、その保護対象衛星の軌道傾斜角との差が影響して現れる。

　これらの差は注目するデブリの大きさによっても多少異なるので精査が必要である。

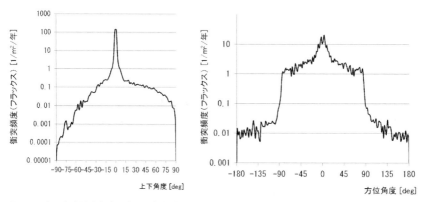

図6-12 上下方向衝突頻度分布と方位方向の衝突頻度分布
(軌道傾斜角98度の衛星に対する0.1mm以上のデブリ・メテオロイド衝突率である。解析はMASTER2009による)

6.7.4 防御対象の識別と損傷被害の見積もり

　防御対象は防御の基本方針として定められるが、廃棄操作に必要な機器、外部露出機器、破砕原因となる高圧機器、重要なミッション機器などから識別されるであろう。

　防護すべき対象としては以下が代表的なものである。

① 一次電源系は、デブリの衝突箇所によっては一瞬にして電力供給能力の全てを失い、廃棄軌道への移動もできなくなることが懸念されるため対策が必要である。外部に露出する電力配線は特に防護の必要性が認められている。
② 圧力容器についても、破裂を誘発しない設計（LBB 設計と呼ばれる）にするなどの対策を施す必要があるが、基本は破裂を生じるサイズの物体からの防護・遮蔽である。
③ 電子機器はパネルを貫通した物体が筐体を損傷させる可能性がある。パネルと筐体の間に空隙を設けることができれば被害は軽減できる。

識別された機器の損傷被害は、超高速衝突試験やシミュレーション解析にて損傷特性を把握して防護の必要性と防護シールドの選定を行う必要がある。

超高速衝突試験は図 6-13 に示すような設備で行う。これは JAXA の相模原キャンパスに設置されているものであるが、数十 μ m ～数 mm までの金属粒子を 7km/sec で撃つ性能を有する。世界的にも実際の最高衝突速度 15km/ 秒を達成する設備は存在しないので、これ以上の速度はシミュレーション解析に頼ることになる。

図 6-13 JAXA 相模原キャンパスの超高速衝突試験設備

6.7.5 リスク許容限界と非故障確率

リスク許容限界は衛星の信頼度計算と同様な手法で設定できる。衝突耐性として最小非故障確率（PNFreq）を要求値として設定し、これと計算で求めた

非故障確率（PNFdesign）の関係が以下であることを確認することである。

$$PNF_{design} \geq PNF_{req}$$

一般に衛星の信頼度計算は平均故障率（λ）を一定とすれば、運用期間（t）から以下の式で算出される。

$$（信頼度） = e^{(-\lambda t)}$$

同様に非故障確率（PNFdesign）は、損傷限界の被害をもたらすデブリなどの衝突頻度などから算出される損傷率 p（t）と運用期間（t）から以下の式で求める。なお、この過程では信頼度計算の考え方と同様に冗長系などの配慮が加わる。

$$最小非故障確率\ PNF_{design} = \exp\left[-\int_0^t p(t)\,dt\right]$$

上の式は運用期間中の損傷率を一定（λ）とした場合は、以下の式に簡略化される。

$$PNF_{design} = e^{-\lambda t}$$

ここで、損傷率（λ）は、ある搭載機器にとっての衝突許容限界のデブリのサイズが決まれば、デブリフラックス（F）と衝突方向を加味した有効投影面積（A）、運用期間（t）から、λ＝FA であるから以下となる。

$$PNF_{design} = e^{-FAt}$$

設計による非故障確率が要求値を満足しない場合は機器や周辺部材の設計変更や防御設計が検討される。

$PNF_{design} < PNF_{req}$

デブリ問題が信頼性の問題と理解されない現状は、デブリ衝突問題が切実に理解されないことが原因であろうが、大きくは、現状のデブリモデルの正確度に不安があることと、それを根拠に算出される値が、これまでの信頼性要求のレベルの見直しにつながるほどの数字になることである。過剰設計を防ぐ意味で、デブリ分布モデルの検証・精度向上が不可欠であるが、真摯にデブリ問題に向き合うのであれば、現在の情報の範囲で防御設計を行うことが重要である。JAXAの主要衛星はこの観点でクリティカルな部分にシールドやバンパを装着している。

6.7.6 防御処置

設計による非故障確率が満足しない機器が抽出されたら対策（防護、遮蔽、冗長化）が検討される。防護設計は、シールド材やバンパでの防御か、他の構造部材の陰に配置しての遮蔽か、貫通する外側パネルとの間に空隙を設ける、冗長系で被災時の機能を代替させる、被害の影響を限定する（縮退機能を持たせる）などのうちから選定する。

国際宇宙ステーションでは1cm以下のデブリに対して防護処置をとっているが、一般の衛星は1mm程度以下に対する防護となろう。バンパの質量を許容できる状況にないからである。

被害特性としては、外部に露出する電力ハーネスについては0.2mm以上のデブリで短絡を招き、0.5mmのアルミ板は1.0mmのデブリで貫通する。これらを考慮して、シールド材やバンパによる防御、強化な構造材の陰への配置、冗長系やヒューズの付与などの対策が推奨される。

防護方法についてはIADCプロテクションマニュアル（IADC-04-03）がIADCのWebサイト[13]から入手できるので参考になる。

国際宇宙ステーションでは直径1cm以下のデブリの衝突に耐えられるバン

---

13) http://www.iadc-online.org/

6.7 微小デブリに対する衝突防御

パを衝突頻度の高い面に取り付けている。その概念は図 6-14 のように保護すべき対象の外側に 10cm 程度の間隙を設けてバンパを取り付けるものである。デブリはバンパに衝突して破片あるいは液滴を発生し、保護対象の外表面に衝突するが、バンパがデブリを粉砕あるいは液状化することで被害を軽減できる。

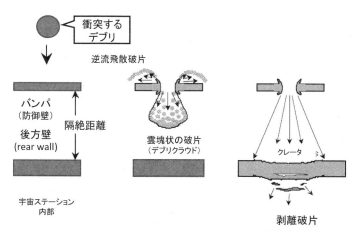

a) ホイップル・シールドはバンパ（防御壁）、隔絶距離（雲塊の破片のエネルギの分散を図るための距離）、後方壁から成る。

b) デブリの超高速衝突により、バンパとデブリは雲塊状の破片群（デブリクラウド）を発生させる。このクラウドには粒子状の固形破片および破片が液化・気化したものが含まれている。

b) 後方壁は破片やデブリクラウドの衝撃に耐えなければならない。固形破片の貫通、衝撃的負荷による破片発生、剥がれ、剥離などの不具合を発生させることがある。

図 6-14 国際宇宙ステーションのデブリ衝突防御構造（ホイップル・シールド：Whipple shield）の概念 14)

図 6-15 はその効果を図示するものである。横軸は衝突速度、縦軸は耐えられる限界のデブリの直径である。速度が増加すると小さなデブリでも耐えられなくなる。秒速 3km では 0.2cm が限界である。ここでバンパを設けると衝突速度が増加するにつれて液状化が促進され被害は小さくなる（耐えられるデブリが大きくなる）。しかし、秒速 7km を超えると衝突エネルギが大きくなるのにつれ再度限界は小さくなっていく。破線はバンパが無い状態であるが、この

---

14) NASA-Handbook 8719.14 HANDBOOK FOR LIMITING ORBITAL DEBRIS, 2008-07-30

場合は速度の増加に対して一貫して耐えられる直径が小さくなっていく。

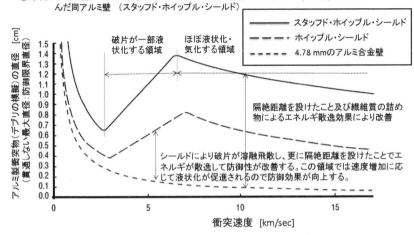

図6-15 ホイップルシールドによる防御効果 15)

6.7.7 衝突検知と応急処置

デブリの衝突検知が行えれば不具合の原因究明と再発防止策の確立に有意義である。また、高圧容器やバッテリの不調がその直後に起きても応急対策が円滑に進み、爆発防止処置や廃棄軌道への移動が速やかに実施できるかもしれない。

衝突検知は衝突で発生するプラズマを検知したり衝撃加速度の検知で可能になる可能性がある。JAXAが開発中のデブリ検知器（3.2項参照）がこの意味でも活用され部分的にも貢献することが期待される。

---

15) NASA-Handbook 8719.14 HANDBOOK FOR LIMITING ORBITAL DEBRIS, 2008-07-30 を改変

6.8 超小型衛星の問題

6.8.1 背景

宇宙環境の議論では時に小型衛星が問題視されることがある。問題となるのは超小型衛星あるいはマイクロ衛星と呼ばれる超小型衛星で、推進機関を具備しないために運用終了後に所定の期間内に保護軌道域から除去できないものである。まずここでは少し広い範囲で小型衛星について紹介する。

小型衛星の分野で世界的なシェアを有する英国サリー大学のSurrey Satellite Technology社(SSTL)による分類によれば、衛星は下表のように質量に応じて区分されている。ただしこれは公式なものではない。

表 6-7 小型衛星など衛星サイズによる呼称(SSTLの場合) 16)

重量	コスト	呼称
1-100g	$100-20,000	Femtosatellite
0.1-1kg	$20-200K	Picosatellite
1-10kg	$0.2-2M	Nanosatellite
10-100kg	$2-10M	Microsatellite
100-500kg	$10-50M	Minisatellite
500-1000kg	$50-100M	Medium satellite
>1000kg	$0.1-2B	Large satellite

小型衛星は一部からは問題視されるものの、以下のメリットがあるため今後の発展が見込まれる。

(1) 低コスト

開発、製造、打上げ、軌道運用に必要な経費が少ない。SSTL社員の論文によれば、質量の違いで一概には言えないが、教育目的で100,000〜

---

16) "Small satellite technologies for atmosheric monitoring, Juan A. Femandez-Saldivar (Mexico), Surrey Space Center, University of Surrey, UK, 11 September 2007, Space toools and solutions for monitoring the atmosphere in support of susttainable development"

1,000,000ドル（大雑把に1千万円〜1億円程度）、プライベートミッションで10,000,000ドル（10億円）、小規模国家ミッションで50,000,000ドル（50億円）、宇宙機関で200,000,000ドル（200億円）と言われている[17]。一般的大型衛星の単価の相場観（100kgで10億円程度）と比較すれば割高な感じもするが、質量との関係が示されていないので何とも言えない。

(2) 短期開発

ミッションを設定してからそれを実現するまでの期間が短い。SSTLでは1〜3年と言われている。衛星の基本部分の標準化やミッション部分のモジュール化を進めてキットの組み立てのような概念にすれば数か月でも可能であろう。予め標準モジュールをストックしておけば非常に短期間で打ち上げることができる。

(3) 設計の柔軟さ

単一ミッションであることからユーザの希望に合わせて柔軟な設計が可能である。

(4) 打上げ手段の豊富さ

小型のロケットでも打ち上げられる。大型衛星の相乗りで打上げれば打上げ費用は無償になるサービスもある。あるいは多数の超小型衛星を保持・放出する機構を準備しておき、大型ロケットで打ち上げれば一挙に数十機のコンステレーション（衛星群）を展開することができる。

JAXAは宇宙開発利用の裾野の拡大と、次世代の日本の宇宙開発を担う人材育成を目的として、H-IIAロケットの余剰能力や、国際宇宙ステーション「きぼう」への輸送能力の余剰分を活用して、民間企業や大学などの開発する超小型人工衛星を打ち上げる「公募小型衛星」施策を展開している。これらには無償サービスの制度もある。2009年1月に打上げたGOSAT（いぶき）の相乗りには6機、2010年5月のPLANET-C（あかつき）には4機、2011年

---

[17] "Space technology needs: satellite system – technology trends, April 2010, Dr. Kathryn Graham, Missionconcepts team leader, Surrey satellite technology Ltd."

GCOM-W1には1機、2014年2月に打上げたGPMの相乗りには7機、同年5月に打上げられたALOS-2（だいち2）には4機が搭載された。

　一方で、大学側にも積極的な動きがある。東京大学では最先端研究開発支援プログラム「超小型衛星による新しい宇宙開発・利用パラダイムの構築（略）」のプロジェクトを開始している。これは日本の強みである「超小型衛星」の技術力をさらに強化し、また大学・高専・企業がそれぞれの強みで参加できるオールジャパンの研究開発利用体制を構築することで、日本が超小型衛星における世界一の地位を確実なものとすることを目標としたプロジェクトとされている[18]。

　この動きとも関連して、九州工業大学では超小型衛星試験センターを建設した。同大学のホームページによれば、これは一辺が50センチ以下の超小型衛星の宇宙環境試験に特化した世界初の衛星試験施設となっており、地上とは全く異なる環境である宇宙空間で動く事を検証するために、様々な環境試験（振動、電波、熱真空、熱サイクル、熱衝撃、アウトガス測定、熱光学測定）を一元的に実施できる設備を整備している。このセンターは、国内外で超小型衛星を開発している者に広く利用されることを想定しており、とくに超小型衛星や宇宙機器の開発を行なっている企業に対して「作ってすぐに試せる場」を提供することで、地域の宇宙産業振興に貢献することを企図している。この試験センターは、北九州市・福岡県・九州経済連合会の支援の元、地域企業と連携した産学官連携事業として進められている。また、超小型衛星の環境試験を繰り返す中で、低コストと高い信頼度のバランスをとった衛星システムの検証手法や衛星試験技術について研究開発を行い、最終的には超小型衛星試験に関する国際標準の発信地となることを目指しているとしている。これは東京大学の小型衛星開発プロジェクトの一環として位置付けられている[19]。

　産業界においてもNECは経済産業省の補助を受けてNEXTAR（NEC Next Generation Star）を標準バス[20]とする小型衛星の開発と継続的適用を推進

---

18) http://park.itc.u-tokyo.ac.jp/nsat/about.html
19) 九州工業大学ウェブサイト（http://cent.ele.kyutech.ac.jp/）
20) 衛星の基本的な機能（通信、電力、姿勢・軌道、熱制御など）を行う部分をバス部と呼ぶ。衛星の主ミッション（観測、ナビゲーション、通信・放送など）を行う部分をミッション部と呼ぶ。

している。NECは同省の補助を受けて組み立て・試験を実施する新工場を建設し、2014年7月から稼働している。この衛星は数百kg級のものとなり、推進系の装備も可能なのでここで議論する超小型衛星の範疇ではないがミニ衛星の活用の事例として記しておく。

6.8.2 世界の動向

世界の動向として特筆すべきものとして以下の3件の米国の例がある。
①米軍のORS（Operationally Responsive Space：即応宇宙作戦システム）構想
②米国民間のSkyBox
③米国民間のFlockシリーズ

これらは数十機から100機の超小型で構成されるプロジェクトである。詳細な説明は別の機会に譲るが、小型衛星は最早大学の教育用衛星ととらえることはできない。政府ミッション、商業ミッションに有効な手段として今後発展していくものと考えて対応する必要がある。

ここで世界の小型衛星の打上げ状況を俯瞰してみよう。西暦2000～2014年に打ち上げられた衛星のうち筆者が把握している1,770機の衛星のうち質量が判明している1,301機について調査した結果を図6-16に示す。また、衛星区分ごとの総数を表6-8に示す。

2012年からピコ衛星やナノ衛星、マイクロ衛星が増加傾向にある。図6-17で国別にみると米国が突出しており、日本は2番目に位置している。全体としては60か国以上が何らかの小型の衛星を打ち上げている。小型衛星の製造では英国のSSTLが大きなシェアを持つが、この図では所有権を持つ国で表示しているので現れない。

これをミッションが明確なものについて区別すると図6-18のように技術試験衛星が多くを占めている。この図では技術試験衛星でもミッションを指定したものはミッション名でカウントしているので、実態はほとんどが技術試験衛星あるいは教育用であり、実用衛星は多くないと思われる。

6.8 超小型衛星の問題

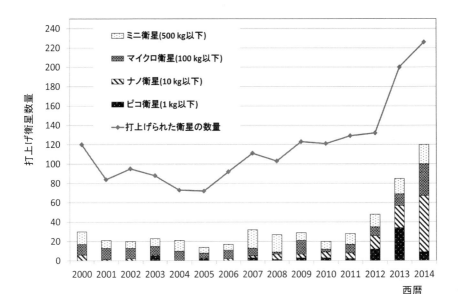

図 6-16 世界の小型衛星打上げ状況
(西暦 2000 年〜 2014 年に打ち上げられたピコ衛星からミニ衛星まで)

表 6-8 衛星区分ごとの総数

衛星の区分	数量
ピコ衛星 (1 kg 以下)	74
ナノ衛星 (10 kg 以下)	132
マイクロ衛星 (100 kg 以下)	157
ミニ衛星 (500 kg 以下)	172

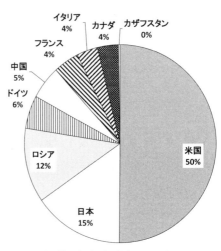

図 6-17 小型衛星打上げ国分布
(2000 〜 2014 年に打ち上げられた 500kg 以下の衛星)

第6章 デブリ対策設計・運用活動

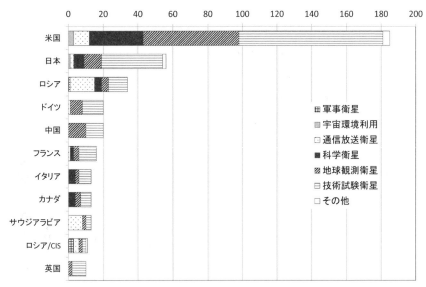

図 6-18 小型衛星のミッション部分布
(2000～2014年に打ち上げられた 500kg 以下の衛星)

6.8.3 小型衛星の問題

小型衛星に関してはこれまで幾つかの問題点が指摘されてきた。主に大学などが教育目的で打ち上げるものを対象とした指摘で、代表的には、信頼性、品質が不充分な状態で打ち上げられるために軌道投入後にすぐデブリになる、あるいは軌道変更用の推進機器を持たないので運用終了後も保護軌道域に長期に残留するなどである。

図 6-19 は小型衛星の高度（遠／近地点平均高度）分布である。国際的な合意事項である低軌道衛星の保護軌道域内での軌道寿命を 25 年以内にするには高度 600km 以下にすることが一つの目安であるが、多くの衛星がかなりの高い高度に打上げられている。衛星に推進装置が取り付けられていれば運用終了時点で高度を下げれば良いが、そうでなければ大きな面積の展開物を広げて大気抵抗で軌道寿命を短縮しなければならない。

JAXA の相乗り衛星に応募してくる超小型衛星は初期にはこの観点が抜けていたものがあったが近年は展開物などで落下時期を早める配慮がされているよ

うである。高度100km級は国際宇宙ステーションから放出されたもの[21]、高度500km近辺はORSプログラムなどによる観測ミッション、高度600km以上は約半数がDneprロケットで一挙に打ち上げられたもので残りが主衛星の相乗りで打ち上げられたものである。軌道寿命の問題があるのは高度600kmを超える軌道に打上げられた軌道変更機能の無い衛星に起因するもの

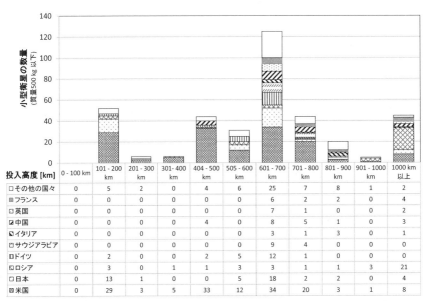

図6-19 国別軌道投入高度（2000～2014年に打ち上げられた500kg以下の衛星）

である。

小型衛星の特徴を軌道環境保全の観点から整理すると以下の4つがあげられる。

①技術的特徴：小型衛星の物理的・機能的特徴からくる欠点と利点。欠点は衝突回避や軌道寿命短縮を行う推進系を持たないこと、利点は機械的、熱的に設計が単純であること。

---

21) ただし、国際宇宙ステーションからの放出はこのように低い軌道ばかりではない。2014年には国際ステーションよりわずかに低い高度300～400km、にも放出している。

②開発・運用組織の組織的課題：小型衛星が大学の研究室など小規模組織で開発・運用されることに伴うリスク。例えば国連への打上げ登録が洩れたり、衝突注意報が出された場合に対応できないこと。
③設計思想：安価で短工期を狙うことで犠牲になる品質・信頼性
④ロケットや相乗り衛星との関係：主衛星との相乗りで打ち上げられるために投入高度が決められないことによる問題

　上記の各課題に対する具体的懸念事項や有利な点、それらの規制への適合性、リスク評価、改善の見通しについて表6-9にまとめた。総合すれば小型であるが故に設計・検証方法が簡略できるために価格や工期にメリットがあるが、軌道変更機能等が不足するためにデブリ規制への配慮が必要となる。十分な組織内部の管理体制と政府の認可制度により種々の国際的規制への遵守が望まれる。

6.8.4 近い将来の小型衛星の動向

　小型衛星を多数打上げて、その衛星群（コンステレーション）で常時地球観測を行う計画など、民間数社が小型衛星の配備計画を発表している。米国Skybox Imaging 社のSkyBox（24機）、米国Planet Labs 社のFlockシリーズ（100機）を始めとして多数の配備計画が発表されている。米国連邦通信委員会（FCC）は米国の民間衛星に通信周波数を認可しているが、2015年4月のIADC会議にて、最大4,000機のコンステレーション衛星群を高度400～1800 kmに打上げる提案があると報告している。これらの衛星がどの程度デブリ対策に配慮しているか明確ではないが、少なくともそれらが存在すること自体が大規模な爆発で多量の破片が発生することに匹敵するほどの脅威になるであろう。今後の動向に注目し、新たな規制化の波が生まれることにも備えなければならない。

6.8 超小型衛星の問題

表 6-9 大学などが打ち上げる超小型衛星に伴う問題点

区分	課題やメリット	規制への適合性	リスク評価	解決の見通し
技術的特徴	小型であることから機能が不足する場合がある。 (1) 軌道・姿勢変更機能	国連デブリ低減ガイドライン、ISO-24113 デブリ低減規格などが要求する廃棄マヌーバ、衝突回避が実行できない。	デブリや衛星との衝突頻度は年間 0.000001 回。運用中衛星との衝突頻度は 0.05 倍以下。しかし大型物体と衝突すれば環境への影響は大きい。	(1) 軌道寿命の短縮については、打上げ高度を低く設定する、空力抵抗増加装置を付与することを推奨する。 (2) 衝突回避要求は免責される。
	小型であることから機械的・熱的応答が単純で、ハザード要因が少ない。 (1) 環境試験要求の簡略化が可能 (2) ハザード要因が少ない。 (3) 破砕エネルギが小さい	(1) 試験要求への適合が容易 (2) 安全要求への適合が容易 (3) 破砕防止要求、落下安全要求の適合が容易	必要十分な検証でリスクは最小限に抑えられる。 破砕エネルギは小さく影響は比較的小さい。	過剰な試験・安全要求を省略してコスト低減が可能 破砕防止要求（破砕確率管理、定期的監視、充電ラインの遮断など）を緩和し、コスト低減を進める。
	小型であることから他の衛星から地上から観測し難い（10 cm 以下の場合）。	他の衛星が接近検知、衝突回避ができない場合がある。	デブリや衛星との衝突頻度は小さいが、衝突すれば影響は大きい。	完璧な対処は困難。デブリと同列に見なすことにとどむ無い。
組織的課題	研究室内で閉鎖的に開発されると国際条約、ガイドラインが、軌道環境保全に配慮されないミッション要求、設計思想、使用材料が適用される恐れがある。	国際条約等への非適合の懸念。	安全、品質保証、環境保全の面からのリスク評価が要 国としての管理体制を問われる	政府が打上認可制度による管理することが必要
	開発が途中中断する場合はロケット打上げミッション解析に影響する。（無駄なダミーマスが搭載される）	N/A	(1) 搭載中止になればミッションのやり直しが必要 (2) ダミーマスを搭載する場合は落下安全性に配慮が必要。	開発組織は影響を自覚して適切な対応をとる必要がある。ロケット打上げサービス・プロバイダ側の管理の強化が望まれる。
運用体制	大学等では運用終了時の管理、運用継続性の確実性が懸念される。運用終了時の停波の確認、接近時の連絡調整のための窓口が維持されない。	デブリ低減規格などが要求する破砕防止、廃棄マヌーバ、衝突回避、停波処置が実行できない懸念。	デブリや運用中衛星との衝突頻度は小さい。しかし大型物体と衝突すれば環境への影響は大きい。	開発組織の自覚、政府の管理が必要。

第6章　デブリ対策設計・運用活動

設計思想	低コスト、短期開発により品質・安全保証の面で弊害が懸念される。[ロバストな設計不十分、民生部品適用、検証・確認不足、不具合の処置、原因究明の徹底不足]	信頼性・品質要求への適合性に懸念。	故障率が大きい場合は軌道環境への負の影響の評価が必要。	開発組織内部統制、打上国許認可制度で管理する。
	相乗り衛星の場合投入軌道は主衛星に影響される。軌道寿命は管理できない。	ロケット、相乗り主衛星に対する安全要求への適合性に懸念。	相乗り主衛星のミッション遂行へのリスク評価必要	ロケット側で高度を下げて投入軌道を低くすることが必要。
対ロケットの問題		軌道寿命制限への非適合が発生。	衛星等との衝突頻度は小さいが、衝突すれば影響は大きい。	
	分離後RF放射によるロケット・主衛星への干渉が起きる	既存EMI要求で評価	通常はEMI要求でリスクは管理される。	処置不要
	多数分離される場合は、分離後衝突、相互のEMIのリスクがある。	ロケットミッション解析の分離解析で確認	通常はロケットミッション解析でリスクは回避される。	処置不要

150

第 7 章
デブリの除去による軌道環境の改善

7.1 除去の必要性

　スペースデブリの増加は地上から観測できるものだけでも、最近の 10 年間で 2〜3 倍程度に増加し、国連デブリ低減ガイドラインの冒頭には、今後のデブリ増加は軌道上衝突事故が主要な要因となると言及している。

　2013 年の国連 COPUOS 科学技術小委員会には IADC から欧米日の 6 機関の研究者の解析結果の報告があり、図 7-1 に示すようにデブリ低減処置が 90% の割合で達成されたとしてもデブリは増加を続けるとの予想が出された。

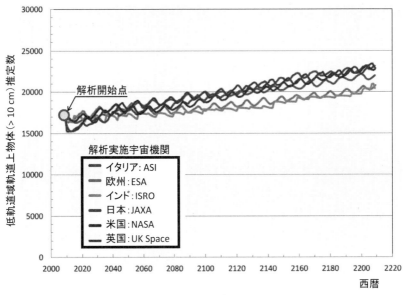

図 7-1 IADC によるデブリの増加予測

また、2013年の軌道環境では大きなデブリ同士の衝突が今後5〜9年毎に起きると予測されるとのことである。

IADCはステートメントの中で、「デブリ除去に関する概念を明確にし、工学的、経済的、安全と法的側面に配慮した技術を実現することを奨励する」と述べている。年間5機の衛星あるいはロケットを除去することが望ましいとされている。

7.2 実現に向けての課題

デブリの除去には幾つかの課題がある。
(1) 超高速の飛翔物体
　　デブリは低軌道で秒速7 km/秒以上の速度で周回する。捕獲しようと接近しても速度ベクトルのわずかなズレが大きな衝突事故につながる。
(2) 除去するデブリのサイズ
　　1mm以下の微小なデブリでも人工衛星や宇宙飛行士には脅威となるが、そのような微小なデブリは天文学的数字になり、意味のある除去を行うことは困難である。また、微小なデブリの軌道寿命は短いので[1]、積極的に除去する意味もあまりない。

　　1cm級のデブリは人工衛星にとって防御手段がないほど危険なものであるが、数量が多く、通常は除去の対象とはならない。

　　10cm級のデブリは地上から監視できるので目標を決めて捕獲することは可能かもしれないが、2〜3万個のデブリを意味のある形で除去することは困難である。地上からレーザで消滅させるなど絨毯爆撃のような掃引方式は案としては存在するが、運用中の衛星への誤照射のリスクもあり、また有効射程距離はせいぜい高度500km程度までであろう。

　　数m級の廃棄衛星やロケットの上段機体は残留推進薬の爆発と7.1項

---

[1] デブリの密度にも依存するが、高度800kmであれば1cm以下のデブリの軌道寿命は25年以下と推定される。

で言及のとおり 5〜9 年毎の衝突の懸念があり、そのような事態になれば多量の破片の発生源となる。そのためこのサイズの物体の除去が世界の除去研究の主流となっている。これについては（3）以降の課題もあるが、あまり大きな衛星やロケットの残骸は再突入させた後の地上の安全確保が新たな課題となる。同時に除去作業中の爆発事故や破片の発生を防ぐ必要がある。

(3) 接近・ランデブにおける困難

　歴史的には、軌道・姿勢制御が可能な衛星同志が協調してランデブやドッキングなどを行う技術は開発されてきたが[2]、既に運用を終了したデブリに接近・ランデブを行うことは大きな研究課題となる。そのための検知センサ、航法システムなどの研究開発が必要である。

(4) 捕獲上の困難

　放置された衛星は回転（スピン）している例が多い。重力傾斜や地磁気の影響で安定するとの説もあるが、過去に運用を終了した衛星「みどり」などを観測した結果では数年後に観測しても安定はしていない。少なくとも運用を終了した直後は推進剤の排出あるいは気蓄器の調圧弁に付随する投気弁からの排気などで発生するトルクの影響がある。回転中の衛星を捕獲することはその回転トルクに打ち勝って静止させる技術が必要になる。その際にタンクなど圧力容器に損傷を与えれば破裂の恐れがあるので、銛を突き刺して捕獲する方法は慎重に行われなければならない。また、通常のドッキングであれば双方に把持機構や接続具の用意があるがデブリには期待できない。これらの課題があるために現状では回転する大型物体の捕獲は非常に困難である。特に展開物を有する大型衛星は回転をしていると捕獲することは困難と認識されている。

(5) 減速力の規模

　高度 800 km から衛星などを除去するには減速量として少なくとも 100 m/ 秒以上が必要であり（軌道寿命を 25 年以内とする場合）、これを達成するためには一般の化学的推進薬を用いるならば 3 t の衛星に対して 100

---

[2] 例外的にはスペースシャトルによる衛星の捕獲がなされたことはある。

kg 程度が必要となる。これを大きな推力で短時間で達成しようとすると大きな加速度を印加することになり、デブリに衝撃を与え、展開物の飛散の恐れがある。更に、大きな推力で牽引するためには強固な取り付け方法を考案しなければならない。このため、小さな推力で静かに牽引することが望ましい。

(6) 除去システムへのデブリの衝突

時間をかけて除去を行う際には、微小デブリの衝突にも対処しなければならない。例えばバルーンを膨張させる方法はデブリの衝突でしぼんでしまうような構造であれば機能を維持できなくなる。テザー方式も数 km 程度長くすれば切断されてしまう恐れがあるので、一部が切断されても機能が維持できる網目状や複数索とすることが必要である。一方で、これらの展開物やテザーが運用中の衛星に衝突して危害を加えないことも保証する必要がある。

(7) 再突入制御

大きな物体を落下させる場合には地上の安全を保障する必要があり、そのためには落下位置を公海などの人的被害を招かない区域に設定する必要がある。このため再突入制御が可能な減速方式が望ましい。

(8) 世界との関係

香川大が 2014 年に導電性テザーによるデブリ除去の基礎実験として小型衛星から導電性テザーの伸展の実験を試みようとした際、その意図は事前に世界に発信されていたにも関わらず、誤解に基づく幾つかの警戒感が寄せられた。一つには世界の合意なく他国の財産（ゴミも財産である）を除去するとの誤解からくる非難があった。この背景には軌道上の衛星を除去する技術を獲得した国に対する安全保障面での警戒感がある。除去技術は軍事技術に近いものと見なされる風潮があるのである。我が国が除去活動を行うとしても、除去対象物の所有者の合意なしで除去することは有り得ないし、これを軍事技術に転用することはないであろうが、世界的には警戒される技術である。また、落下した後の再突入による地上被害については特に欧州が課題として議論している。我が国の関係機関も法的問題は並行して検討しているが、除去技術が有する潜在的な軍事的側面（疑念）

には配慮する必要がある。

7.3 除去に関する研究について

ここでは数メートル級の衛星あるいはロケットを除去する場合の技術を紹介する。

7.3.1 除去対象の選別
除去対象を選別するに当たっては以下に配慮する必要がある。
① 放置すると破砕事故や衝突事故を引き起こす懸念のある大型物体を除去することが望ましい。ただし、以下の問題を解決しなければならない。
② IADC では大型物体を年間 5 機程度除去するように推奨している。複数の物体を効率的に行うには、高度や軌道傾斜角が同等の一群となった同種の物体を選定することが便利である。捕獲する際にも同一種の物体であれば共通の方法で捕獲できる。
③ 回転速度の小さな物体でなければならない。太陽電池パドルなど展開物を振り回している状態では形状認識や捕獲が難しい。形状が単純で捕獲し易いことが望ましい。
④ 大型物体は落下させると地上に被害を及ぼす恐れがあるため、落下域を制御しつつ除去する必要がある。放置しておけばいずれ落下する物体であれば世界人口が少ないうちに意識的に落下することに正当性があるかもしれないが、現在の風潮では落下物で事故が発生した場合は意図的に落下させた責任が問われることになろう。明確に落下させてはならないと言える衛星は、極端な例ではあるが、米ロが打ち上げた核燃料を搭載する衛星などであろう。これらは落下させずに軌道寿命が少なくとも千年単位の高い軌道に上昇させる方法が望ましい。
⑤ 捕獲・牽引作業中にアンテナや太陽電池パドルなどの展開物を破壊して新たに破片を発生する恐れの少ない物体であることが望ましい。一般に展開物は空力抵抗で速やかに落下する形状のものが多いので実質的には大きな問題に

はならないであろうが、世界からの注目、非難はあるかもしれない。

7.3.2 除去対象の検知、接近、捕獲方法

除去対象物の位置の確認は地上からの観測で可能である。大きな物体であれば米国 JSpOC のウェブサイトから検索できる。そこで軌道が特定されればより詳細な観測を日本独自で実施することも可能であろう。ただし、秒速 7km/秒で移動する物体を日本の地理的条件から継続的に観測することには制限が加わる。

軌道が特定できれば除去衛星をその近傍に送り込み、そこから搭載センサで対象物を検知してランデブに移行することになる。この作業には、対象物を検出する光学センサ、近接するための航法システムのアルゴリズムが研究課題となる。対象物には位置を示す標識や距離を測定するための反射体などは期待できない。また、対像物が回転していないことが望ましい。

光学センサの課題としては、地上と異なる光学的環境（コントラストの強い太陽の直射光、地球からの乱反射など）、対象物の表面材質に依存する反射特性（熱制御用の金色に輝くアルミナイズドカプトン、黒い帯電防止用シート、極低温タンクの断熱材などにより異なる）で輪郭を判別しにくい問題がある。これに対応可能な光学センサや画像処理の技術が要求される。

対象物に近接したらその形状を把握し、対象物の姿勢や運動状態を推定する。対象物が回転していれば十数メートルの太陽電池パドルなどの回転に阻まれて接近は困難になるであろう。

捕獲する方法はいろいろ提案されているが、対象物の回転の有無に係わらず全体をネットで覆ってしまう方法も提案されている。一般に対象物は除去衛星の 10 倍程度の大きな質量を有するであろうから、対象物のトルクに負けて除去衛星も共に振り回されて制御不能となる可能性がある。銛を突き刺す方法も提案されているが高圧容器や推進剤タンクなどの破裂源を避ける必要がある。一つのタンク内に自己着火性の酸化剤と燃料が共通隔壁で仕切られている構造の場合、残留推進剤があると両者が混合・爆発して多量の破片が飛散することになる。除去はそもそもそのような事象を防ぐことが目的なので本末転倒であ

ろう。機械的に掴む方法もあるが、対象物の構造によって把持機構を開発しなければならない。ロケットの機体のようなものであればノズルスロートに固定具を挿入させる方法も提案されているが、相手が静止していることが前提である。

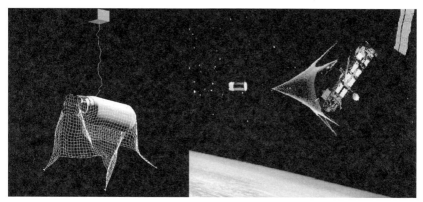

図7-2 網による捕獲の考案例3) 4)

7.3.3 減速技術

前項で捕獲について説明したが、捕獲の概念は減速技術によって異なる。対象物に触れずにスラスタの噴射力で対象物に速度変化を与える研究が報告されているが、それは静止軌道の保護を対象としたもので比較的小さな速度変化で対応できる場合である。低軌道衛星を大きな速度変化を与えるためには物理的に減速機構を結合して減速力を与える必要がある。

この大型デブリの減速手段として代表的な以下の4種を紹介する。
①スラスタの噴射力
②導電性テザーによるローレンツ力
③大規模な膜面展開物の装着による空力抵抗力

---

3) IAC-13,A6.5,2x16445:THROW-NETS AND TETHERS FOR ROBUST SPACE DEBRIS CAPTURE, K. Wormnes_, J.H. de Jong_, H. Krag_, G.Visentin_
4) ACTIVE DEBRIS REMOVAL:CURRENT STATUS OF ACTIVITIES IN CNES, Christophe BONNAL, IAF Workshop on Space Debris Removal – UN, Vienna – February 11th, 2013

④レーザ照射によって消滅させるか、噴出する物質の反作用で減速ないし軌道変更を行う

7.3.3.1 スラスタ利用

　除去衛星と対象物を牽引索で結合し、除去衛星のスラスタで減速する方法である。スラスタはガスジェットスラスタ、ハイブリッドモータ、固体モータなどが候補にはなるが、固体モータは小推力で長時間噴射することには適していないため最終的には候補からは外れるであろう。大推力では対象物の展開物の破損を招き、また速度ベクトルの制御が非常に困難になる。ここではガスジェット二液式スラスタ方式を前提に説明を進める。

　スラスタ方式は対象物に除去衛星を剛に装着する案もあるが、先に述べた捕獲上の課題、重心と噴射ベクトルのずれの問題などがあるため、牽引索を介する方法が現実的であろう。

　基本的にガスジェットスラスタは成熟した技術である。また、いかなる除去方法をとるにしても除去衛星には姿勢・軌道制御のためのスラスタの搭載が不可欠になることからシステム構成としては効率的である。大きな物体について再突入制御が必要な場合も対応できる。除去対象は基本的には破砕した場合の被害を未然に防ぐ観点から大型のシステムになるので再突入制御は必須の配慮事項である。

　欧州ではハイブリッドエンジン（固体推進剤と液体酸化剤）の組み合わせが最も良いと判断しているようである。

　我が国ではスラスタはある程度成熟した技術で、近い将来開発される二液式スラスタの適用も一つの候補として研究が進められている。

　スラスタを利用する方法では以下が課題となるだろう。
①対象物の運動推定を行う必要がある。デブリに角運動量が残っていた場合、ケーブルの巻き込み、張力の変動が外乱として発生する。対象物の運動量を推定し、所定の値を超える場合は除去を断念する。
②牽引開始時に、除去対象物の重心と結合点のずれが回転運動を誘発する。本格的牽引の前にそのずれを調整する必要がある。

③対象物と除去衛星の間の速度ベクトルと牽引ベクトルのずれが大きいと制御が困難になる。このようなミスアライメントを検出して最小化し、更にある程度のずれは許容できる制御性を確立する必要がある。このためにはスラスタの噴流越しに相対位置・姿勢を計測するセンサが必要になる。

④牽引中にスラスタが間欠的に噴射されると、牽引索に弛みが発生したり、再噴射で大きな張力が発生して制御性に問題を生ずる。張力の変化を吸収する柔軟な牽引索や衝撃力吸収機構の開発、制御則の開発が必要になる。

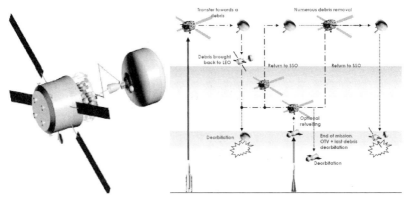

図7-3 CNESのスラスタ利用の除去システムとそれを用いた複数デブリ除去の概念 5)
（スラスタを用いたシステムで除去し、推進剤の再充填も行いながら複数のデブリを除去する。）

7.3.3.2 導電性テザー（EDT）

　導電性テザー（EDT: Electro-dynamic tether）の原理はJAXAが公式ホームページで紹介しているのでそれを要約して説明する。衛星から導電性の長い（数km）導電性のひも（テザー）を伸展させ、地球の周りを周回させると地球の磁場を横切ることで誘導起電力が生ずる。そこで、テザーの両端で地球周りのプラズマと電子をやり取りさせれば、回路が構成されてテザーに電流が流れる。テザーに電流が流れると、地磁場との干渉でテザーにローレンツ力が発

---

5) Active Debris Removal: Current status of activities in CNES, by Christophe Bonnal CNES – Launcher Directorate - Evry – France , P2ROTECT Workshop Ankara, 21 March 2012

生する。このローレンツ力は速度方向と逆向きであり、宇宙機を減速させることが可能となる。また逆に、搭載電源系を用いて誘導起電力に打ち勝って逆向きに電流を流せば、そのときのローレンツ力はシステムを加速させる向きであり、軌道高度を上昇させることができる。

EDT は原理的には燃料や大きな電力を使うことなく軌道変換が可能となる。また推力が小さいので、従来型の推進系に比べると対象物に取り付けるのが比較的容易というのもメリットとなる。作業開始から 1 年以内で再突入させるためにはテザーの長さは数 km から 10km に及ぶ。

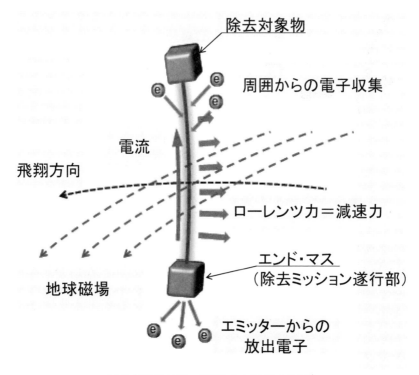

図 7-4 導電性テザー（EDT）による減速の概念 6)

---

6) JAXA 第 5 回スペースデブリワークショップ講演資料 軌道上実証を目指した導電性テザー技術の研究開発、2013 年 1 月 河本聡美ほか

以上のJAXAの説明に若干のコメントをつけるとすれば、下記のような点に注意する必要があるだろう。

・燃料や大きな電力を必要としないとあるが、除去衛星を対象物に近づけるためにはスラスタが必要になるので推進薬タンクや噴射機構が追加として必要になる。更にテザーの伸展にもスラスタが要求される可能性もある。よって質量的なメリットについては詳細な評価が必要になる。
・推力が小さいとは言えるが、テザー取り付け部に加わる荷重は推力とは直角方向のテザー伸展時の最大荷重を考えなくてはならず、その意味で取り付け強度が小さくて良いとは必ずしも言えず、スラスタ方式との相違はそれほど大きくはないと思われる。
・テザー方式では総合的断面積が大きくなるので他の衛星との接触や微小なデブリの衝突による切断の恐れがある。後者の問題のためには、テザーは複数の索で構成するか網状に織ったものが適用される。JAXAでは網状テザーを研究している。
・この方式の成否はテザーの伸展制御の成否にかかっている。技術全体としては未成熟であり、数段階の開発と実験が必要となる。
・再突入制御による落下被害の防止は実現できない。
・軌道傾斜角が大きいと効率が落ちる。

EDTの課題である、①極めて長いテザーが必要、②伸展制御が難しい、③周回中にテザーが切れる、などの問題をある程度軽減する方法として、海外では導電性マスト（EDM）も提案されている。EDMはテザーよりも短い2m程度で、リジッドの機構のため制御が容易である。

EDMは、コイル状マスト、プラズマ接触器、制御ユニットで構成され、コイル状マストがたたまれた状態であらかじめ衛星に取り付けられ、ミッションが終了し、軌道降下に移る段階でマストが展開される。この方式を既に存在す

---

7) 軌道上では重力場が地球との距離によって変化するために質量中心と重心が不一致になり、重力傾斜トルクが発生する。長いブームを伸ばしてこのトルクによって姿勢の安定を図る方式。

るデブリに適用するためには装着上の問題が発生するであろう。

衛星が重力傾斜方式[7]をとる場合は、衛星の軌道投入後にすぐに展開し、展開されたマストにより重力傾斜安定を得ることも可能である。コイル状マストは0.8〜2mmの太さの金属線で構成され、トラスのような構造となる。展開は弾性力を用いて自動的に行われるが、そのために縦通しの金属線はニッケルチタン形状記憶合金などが用いられ、斜めの補強線はアルミを用いることができる。デオービットにおいては、コイル状マストは電導性で宇宙機の進行方向に向かって様々な向きの金属線が存在するため、効率的にローレンツ力を発生させることができる。また、マスト展開後は衛星本体に推進機構があればデブリの姿勢を変えられる。この場合は磁場に応じて姿勢を変えることにより、地球の極の上空であっても効率的に減速力を得ることができる。小型の実証用EDMパッケージは中国のBeihang大学が開発中のBUAA-SATに搭載される予定である。

7.3.3.3 トレードオフ

スラスタ方式と導電性テザー方式の比較を表7-1に示す。筆者はスラスタ推進派なので多少その影響を受けた表現となっているかもしれない。読者の公平な判断を期待する。

表7-1 デブリ除去のためのスラスタ牽引方式と導電性テザー方式の比較

		スラスタによる牽引方式		導電性テザー方式	備考
概要		除去衛星により除去対象物をロープで牽引して数十N（ニュートン）の推力で降下させる。		除去衛星により除去対象物にテザー装置を取り付け、数Nの推力で減速し、降下させる。	
1．開発課題	△	・スラスタ自体は成熟した技術だが以下に対処要 a) 加速／牽引方向のアライメント計測技術 b) 上記アライメントと軌道摂動効果の複合作用による振動現象への対抗策 c) 牽引索の弾力による不安定要素への対応 【除去対象物への接近、回転状態の把握、捕獲技術は共通な課題】	△	・テザー進展制御技術 ・テザーとデブリ間の相対距離／姿勢計測技術 ・テザー安定化技術 ・軽量電子収集・放出機器技術 ・テザー真空固着対応策	技術成熟度はスラスタが有利。 テザー安定性や牽引システムの安定性は課題

2．デブリ衝突・破損リスク	◎	・衝突リスクは一般の衛星と同等 ・マヌーバ中の衝突回避は実現性有り	△	・テザー部分への衝突予測数は高度800kmで0.5cmのデブリが衝突する頻度は1kmあたり年間0.005個（西暦2020年時点想定） ・マヌーバ中の衝突回避は不可能	衝突リスクは他の運用中の衛星にとってもリスクとなる。
3．減速装置質量	△	・減速用推進薬に150 kg必要。(25年寿命達成高度まで降下する場合) これに加えてタンクサイズの増大分、牽引索の質量が加わる。【接近・近傍操作用の推進系質量（タンク、推進薬、スラスタ）の約50kgが別に必要】	○	・テザー、リール、電子源、バッテリ、テザーモニタ装置、リールブレーキなど適宜約20～100kg程度【接近・近傍操作用推進系質量（タンク、推進薬、スラスタ）の約50kgが別に必要】	全質量500kgとすればスラスタ方式で40%程度、テザー方式で4～20%程度の占有率
4．取り付け強度	△	・牽引力：10～100N程度（ダンパ・スプリングで衝撃緩和を別途考慮）	○	・テザー最大張力：数N程度ただしブレーキング時の衝撃は少なくともこの2倍以上	衝撃、マージンを含めれば大差はない。
5．適用高度 ・低軌道 ・静止軌道、GTO	◎ ◎	・制限なし	◎ ×	・低軌道のみ	

7.3.3.4 展開物の利用

展開物により空力抵抗あるいは太陽輻射圧を利用する方法も提案されるが、バルーンを用いる場合はデブリの衝突による縮小の恐れがある。板状の展開物の場合は大きな面積が必要となり、周辺の運用中の衛星にリスクを与えるか、

図7-5 展開物による除去の提案例 （BALL、NASA、Astrium-CNES）[8]

---

[8] Active Debris Removal: Current status of activities in CNES, by Christophe Bonnal CNES – Launcher Directorate - Evry – France, P²ROTECT Workshop Ankara, 21 March 2012

自身がデブリに被災して多量の破片を発生させる恐れがあるなどの批判を受けている。また、高度800km程度の実用軌道から落下させるにはかなり広大な面積の展開物が必要になり、そのような面積ではデブリの衝突被害や他の運用中の衛星との衝突の懸念も生ずる。

7.3.3.5 レーザの利用

　レーザ系は、エネルギー密度の高いレーザ光を除去対象のデブリに照射し、デブリの一部／全体を気化／プラズマ化させるシステムである。地上から照射する方法は距離とレーザ出力の点で実現が容易ではないので除去衛星からの照射になろう。除去対象が小型デブリであれば全体を気化／プラズマ化して消滅させることができる。大型デブリであればデブリの一部を気化／プラズマ化して、その部分から放出される質量を推力としてデブリの軌道離脱を行うことが考えられる。設備的には大電力発生装置が必要になるので除去衛星は大きな質量となるが、発電を太陽光から得れば質量は軽減できる。複数のデブリを除去する際の軌道間移動はスラスタとイオンエンジンを併用すれば、搭載推進剤の制限の範囲で繰り返し使用できる。再突入安全の確保はできない。

　もっと小規模の利用としては、除去対象物の回転を制止する用途や接近してくるデブリとの衝突を回避するための軌道変更などにも適用できる可能性がある。

第8章
世界の規制面での取り組み

8.1 経緯

　デブリ問題の深刻さについて国内ではJAXA（旧NASDAも含めて）が事態を懸念し、1991年度頃より調査研究を開始していたが、1993年度ころから本格的にデブリ発生防止標準の制定を目指し、1996年に「スペースデブリ発生防止標準」を制定した。これはNASAが安全標準「NSS1740.14：Guidelines and Assessment Procedures for Limiting Orbital Debris（軌道上デブリの抑制のためのガイドラインと評価手順）」を制定した翌年にあたる。NASAの標準はサイエンティストが起草したもので要求文書ではないこともあって実行面で疑問が持たれる部分もある。JAXAは基本的技術要求に加え、これを遵守するための計画立案要求、設計・運用要求と、その審査要求を明記した管理標準として制定した。技術的要求内容はNASAとほぼ同等であるが検証不可能な詳細な記述は避けている。

　JAXAは、この取り組みを世界共通のものとすべく、政府を通じて1999年2月のCOPUOS／STSCに検討委員会の設置を提案したが、賛同が得られなかった。そこで舞台を変えて、先進国政府系宇宙機関で構成するInter-agency Space Debris Cooditating Commiittee（IADC）においてデブリ対策標準書の整備を提案し、約3年の活動を経て2002年に「IADCスペースデブリ低減ガイドライン」を制定するに至った（あとがきにこの経緯を紹介した）。

　この間、米国はNASAとDoDに適用する「米国政府標準手順」を発行し、フランスCNESも同様の標準書を作成した。

　一方、国連宇宙平和利用委員会（UNCOPUOS）では過去数年に亘ってデブリ問題が取り上げられ、1996年～1999年の4年間で日本側専門家（NAL及

び NASDA）を交えて技術報告書［Technical Report on Space Debris］を作成し、この結果デブリ問題の解決の必要性について世界共通の認識が得られたものの、特に米ロの消極的態度で、それ以上の進展が見られなかった。

しかし、2001年、米国は IADC ガイドラインの制定の見通しがたつと、それまでの態度を一変させて、欧州主要国と連名で IADC ガイドラインの趣旨に沿った国連文書を制定することを提案し、これが 2007 年に国連総会で「デブリ低減ガイドライン」として決議された。これは IADC ガイドラインの上位の概念的部分が提言されているものである。

時間的にはこれと並行して、欧州では「デブリ低減に向けた欧州行動規範」が制定された。これは IADC ガイドラインより更に厳しく、各要求に定量的要求を課している。固体モータのスラグの直径（1mm 以下）、爆発事故発生確率（0.001 以下）、廃棄処置の成功確率（0.9 以上）などである。

しかし ESA はこの欧州行動規範に署名したものの、その実現性に疑問があるとの判断で、より現実的な要求にとどめた「Space Debris Mitigation for Agency Projects」を Director General's Office の下で 2007 年に発行している。欧州技術者の言を借りれば、もはやこの欧州行動規範は死文化しているとのことである。現在、欧州全体としては ECSS（欧州宇宙標準協会）が後述の ISO-24113 をほぼ完全に呼び出す形で規格「ECSS-U-AS-10C Space Sustainability, 10 Feeb 2012」を制定している。

2007 年、NASA は NPR 8715.6A（2008 年 A 改訂）と 8719.14（2007 年）を制定し、要求内容を厳しく見直し、その適用方法について指針を示した。固体モータスラグの件以外は欧州行動規範と同レベルの要求である。

一方 ISO は国連ガイドラインの制定の前から独自のデブリ対策規格の制定を目論んでいたが、国連ガイドラインの制定で勢いを得て「ISO-24113：デブリ低減要求規格」を発行（2010 年）した。

フランスは 2008 年 6 月 3 日「宇宙法 Sapce Act」を制定したが、この下位文書として「技術規則 Technical Regulation」が制定されており、品質保証面、安全面と並べてデブリ面の規制についても言及されている。

以上の世界のデブリ関連規格化の動向を図 8-1 に図示する。ISO（世界標準

化機構）においてもデブリ専門の分科会を設け、種々のデブリ対策規格を制定中であるが、これの構成を図 8-2 に示す。またこれらの規格の代表的要求事項の比較を表 8-1 に示す。

デブリ発生防止の管理のフレームワークはこれでほぼ形成された。残る課題は、下記の通りである。
(1) 世界の全ての国々が国連ガイドラインを尊重するよう、ある程度の法的議論が起きるであろうから、日本としても法制化の面でこれへの対処方針を議論しておく必要がある。
(2) 民間レベルの宇宙活動でもこれが尊重されるように国際工業規格（ISO）を更に充実させる。ただし、欧州勢が過度に厳しい規格案を提出している現状で、実現性のある合理的な規格とすべく日本側の積極的な働きかけが必要である。特に注意すべきは ISO 規格がベースとしている欧州、米国 NASA の規格文書である。これは国連ガイドラインなどと比べて以下の定量的規制の点で厳しいものとなっている。

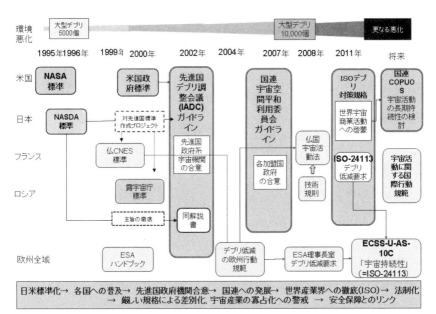

図 8-1 世界のデブリ問題への取り組みの歴史と将来の課題

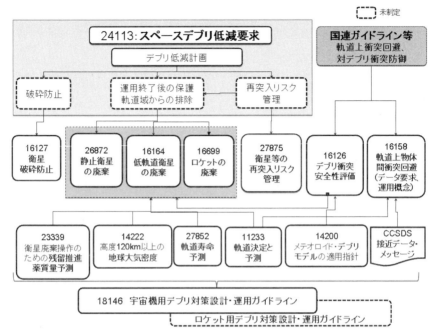

図 8-2 国際標準化機構／航空宇宙委員会／宇宙システム小委員会のデブリ関連規格構成計画

 ①爆発の可能性は 0.001 以下であること
 ②廃棄処理の条件付き成功確率は 0.9 以上であること（ミッション運用終了から廃棄処理の完了までの信頼度の低下が 10% 以下であること）
 ③固体モータ及び火工品からは 1mm 以上のスラグが発生しないこと
 ④低軌道衛星・ロケットは 25 年以内に高度 2000km 以下の有用な軌道から除去・消滅させること

(3) 総体的に言えば、このような国際的合意が形成される時期が遅かった。自己増殖の防止に向けての困難な取り組みが必要である。

表 8-1 世界の主なデブリ低減指針 (1/2)

	低減策	IADC ガイドライン	UN ガイドライン	ISO (ISO24113及び関連規格)	NASA (NPR 8719.14)	米国政府基準 (and NPR 8715.6A)
軌道上放出	部品類放出抑制	○	○ (Rec-1)	○	(1) LEO: 1mm 以上の物体は、25年以内に軌道減衰、かつ全体で100個×年以内 (2) GEO: 5cm 以上の物体は、25年以内にGEO-500kmへ減衰	(1) 放出規制＞5mm (2) 許用軌道寿命＜25年
軌道上放出	固体モータ残渣物			○		
軌道上放出	火工品			燃焼生成物＜1mm		
軌道上破壊	二次デブリの発生					
軌道上破壊	破壊行為禁止	○	○ (Rec-4)	○	(1) 10 cm 超える破片は 100 個×年 (2) 1mm を超える破片は 1 年以下 (3) 1mm を超える破片と運用中の衛星への衝突確率は 24 時間以内 10^{-6} 以下	
軌道上破壊	運用中の事故	○	○ (Rec-2)	破砕発生率＜10^{-3}	破砕発生率＜10^{-3}	
軌道上破壊	残留推進薬放出、バッテリの処置、圧力容器	○	○ (Rec-5)		○一般的に要求	○一般的に要求
衝突	大型物体衝突対策	○	○ (Rec-3)		衝突確率＜0.001 (サイズ＞10 cm)	
衝突	小型物体衝突対策	○	○		廃棄操作を阻害する衝突確率＞0.01	

第8章 世界の規制面での取り組み

廃棄処置の終了状態	保護域	リオービット距離	235 km+ (1,000・Cr・A/m) 離心率＜0.003	○ (Rec-7)	235 km+ (1,000・Cr・A/m) 離心率＜0.003 条件付き成功確率(注1)＞0.9 100 年間不干渉	235 km+ (1,000・Cr・A/m) 離心率＜0.005 100 years 不干渉 条件付き成功確率＞0.9	＞36100 km (＞300km + GEO)
		GEO 下側保護範囲	-200 km			GEO - 500 km	
		保護域緯度範囲	-15＜緯度＜15 deg.		-15＜緯度＜15 deg.	15＜緯度＜15 deg.	
	廃棄操作	軌道潜在期間短縮	推奨 (25年以内を引用)	○ (Rec-6)	残存＜25年(注1) 成功確率＞0.9	全期間＜30 years, EOL 残存＜25years, 条件つき成功確率＞0.9	EOL 残存＜25 年
		墓場軌道への移動	言及せず		○	2,000 km ～ (GEO-500 km) (exclude 19,100 - 20,200 km)	2,000 - 19,700km 20,700-35,300 km
		軌道上回収	○	○ (Rec-6)	○	10 年以内に回収	10 年以内に回収
		再突入時地上被害	○		○ (Ec＜10⁻⁴), 衝突エネルギ＞15 J 考慮	○ (Ec＜10⁻⁴), 衝突エネルギ＞15 J 考慮	(Ec＜10⁻⁴)
その他		デブリ			○		

記号：a：軌道長半径，Cr：太陽輻射圧係数，A/m：面積質量比，Ec：傷害子測数，EOL：運用終了

1) 廃棄処置の成功確率は条件付き確率 $P(D|M)$ で規制され、$P(D|M) = \dfrac{P'(M \cap D)}{P'(M)}$ と表される。ここで、$P(M)$ は運用終了時点でのバス部の信頼度、$P'(M \cap D)$ は廃棄操作系の操作完了時点での信頼度に廃棄操作に必要な推進薬の充足率を掛け合わせたものである。(ISO24113 の 2011 年改訂)。

8.1 経緯

表 8-1 世界の主なデブリ低減指針 (2/2)

	低減策	デブリ低減に関する欧州行動規範	JAXA (JMR-003B)	RSA (ロシア)	ESA Space Debris Mitigation for Agency Projectsf	Space Sustainability (ECSS-U-AS-10C) Sustainability
運用期間中	部品類放出抑制	○	○	○	○ (分離品は 25 年以内に落下)	○ 1個以下、複数打上げで2個以下
	固体モータ残渣物	スラグ< 0.01mm (1mm 改定?)	○		スラグ< 1mm	燃焼生成物< 1 mm
	火工品	同上	燃焼生成物< 1mm		粒子< 1mm	燃焼生成物< 1 mm
	二次デブリの発生	○ (SD-DE-07)		○		
	破壊行為禁止	○ (SD-DE-04)	○	落下直前は許容	○	○
事故	運用中の事故	破砕発生率< 10^{-4} (SD-DE-05)	破砕発生率< 10^{-3}	○	○	破砕発生率< 10^{-3}
	残留推薬放出パッシベーション／処置圧力容器	①圧力容器は、内圧<臨界圧の50% ②無害化は廃棄終了後1年以内に完了し、成功率> 0.9		○	2か月以内に実施	○
影響	大型物体衝突対策	○	○	リスクの評価	リスクの評価	
	小型物体衝突対策	他の文書で防御対策推奨	○	リスクの評価		

171

第 8 章　世界の規制面での取り組み

		(a)	(b)	(c)(d)	(e)	(h)	(i)
運用終了後の処置	静止軌道	リオービット距離	235 km+ (1,000·Cr·A/m) 成功確率>0.9	235 km+ (1,000·Cr·A/m) 離心率<0.003 条件付き成功確率>0.9 100年間不干渉	235 km+ (1000 Cr A/m)	235 km+ (1,000·Cr·A/m) 離心率<0.005		235 km+ (1,000·Cr·A/m) 離心率<0.003 条件付き成功確率(注1)>0.9 100年間不干渉
	中・低軌道	GEO下側保護域	-200 km	-200 km以下				
		保護域緯度範囲	-15<緯度<15 deg	-15<緯度<15 deg		-15<緯度<15 deg		-15<緯度<15 deg
		軌道滞在期間短縮	残存<25年 成功確率>0.9	25年以内 成功確率>0.9	25年以内	25年以内		残存<25年 成功確率(注1)>0.9
		墓場軌道への移動	○	○		○ (Galileo orbit を除く)		
		軌道上回収		○				
		再突入時地上被害	○ (Ec < 10^{-4})	○	○ (毒性物質)	○ (Ec < 10^{-4})		
その他		デブリリリーザー		○				

a) IADC-02-01: IADC Space Debris Mitigation Guidelines, (Revised September 2007, Revision 1),
b) Space Debris Mitigation Guidelines of the COPUOS, United Nations Office (Resolution of 22 December 2007)
c) ISO-24113 Space Debris Mitigation (DIS) (published by the end of 2010),
d) NASA-STD-8719.14: Process for Limiting Orbital Debris (Approved: 2007-08-28)
e) NPR 8715.6A: NASA Procedural Requirements for Limiting Orbital Debris, (Effective 19 February 2008)
f) European Code of Conduct for Space Debris Mitigation (28 June 2004, Issue 1.0)
g) JAXA-JMR-003: Space Debris Mitigation Standard, (to be revised B in September 2010),
h) Russia: National Standard on the Russian Federation, General Requirements on Space Systems for theMitigation of Human-Produced near-Earth SpacePollution
i) ESA: Space Debris Mitigation for Agency Projects, ESA/ADMIN/IPOL (2008) 2,Director General's Office (1 April 2008)

8.2 各国の動向

8.2.1 米国の動向

　2006年、ブッシュ大統領はクリントン大統領時代の平和利用に力点を置いていた宇宙政策を軍事利用に焦点を当てたものに改め、新たな宇宙政策として「米国は宇宙に自由にアクセスしたり宇宙を利用することを制限する新たな法制度にも、その他の規制にも反対する。軍事協定やその他の規制の提案は米国が国益のために宇宙で研究開発や実験、作戦、軍事行動、その他の活動を行う権利を妨げるものであってはならない」とした。また国防長官には「宇宙支援、軍事力の増強、宇宙の支配、軍事活動能力の維持」を要請していた。しかし、歓迎すべきことはデブリに関して1項をさいて、次のように規定していたことである。「デブリは宇宙ベースのサービスと運用の継続的かつ信頼性ある利用並びに地上の財産・人命にリスクを与えている。米国は将来の世代に向けて宇宙環境を保全するために政府系及び非政府系の活動によりデブリの発生を最小限にすることを希求しなければならない」更に国内手続きの順守を指示した後に、「米国はデブリ最小化政策や基準を取り入れるために、海外組織を活性化する国際フォーラムにおいてリーダーシップを発揮し、デブリ研究の情報交換やデブリ低減策の識別について協力しなければならない」としていた。

　2010年6月、オバマ大統領は新たな宇宙政策を発表した。これは4つの階層で構成され、第1階層では5つの原則を、第2階層では6つの国家宇宙プログラムを目標として掲げ、第3階層では目標達成のために商業、民生[1]、国家安全保障の3分野で横断的にとるべきガイドラインを示している。また第4階層にはそれら3分野の個別の方針が書かれている。

　全体に、まず施策の指針を掲げ、また、他国に対し一層の責任ある活動と国際協力を求めている。これは宇宙における米国のリーダーシップの再確立と国際協力の強化を謳うものである。それは宇宙への自由なアクセスを重視してい

---

[1] ここでは産業界が行う商業活動は商業、政府が非軍事的に行う活動は民生と区分している。

た態度を、「宇宙活動に適正な管理が必要である」との態度に転換し、それを「米国が主導する」と宣言したものと言えよう。この政策の第三階層に相当する分野別政策の中で「宇宙環境の保全と宇宙の責任ある利用」の分野として以下のように言及している。

2010年米国国家宇宙政策
宇宙環境の保全と宇宙の責任ある利用 （骨子）
(1) 宇宙環境を保全する。宇宙環境を維持するため、米国は以下を実施する。
　①「国連宇宙デブリ削減ガイドライン」のような、デブリを最小限にとどめる国際・民間規格及び政策の継続的な策定と導入を主導する。
　②宇宙状況監視（SSA）情報を利用し、宇宙環境の責任ある利用及び長期的持続性に反する宇宙における活動を探知・特定・分析する。
　③ミッション要求とコスト効率性に合致する範囲で、「米国政府軌道上デブリ削減標準手法」の遵守を継続する。
　④NASA長官及び国防長官を通じ、デブリの削減・除去、ハザードの削減、そして現在・将来のデブリ環境の理解増進のための技術・手法の研究開発を実施する。
　⑤「米国政府軌道上デブリ削減標準手法」の例外を認めるには、資金拠出する省庁の長官による許可及び国務長官への通達が必要である。
(2) 宇宙衝突警戒手段の開発
　　国防長官は、国家情報長官、NASA長官、その他省庁と協議し、産業界や外国と協力し、宇宙物体データベースを維持・改良し、世界共通のデータ規格やデータ統合手段を指向し、民間・国際機関へ宇宙物体の接近予測などに係わるサービス提供と軌道物体追跡情報の配信を行う。

これを平易に表現すれば以下のようになろう。

①米国はデブリ問題に関する世界のルール及び政策の立案に関してリーダとな

る。
② 米国は宇宙環境の保全に反する行為を監視する。
③ 米国は自らも可能な範囲で宇宙環境保全に努める。
④ 米国は必要な研究開発を推進する。
⑤ 米国は遵守できない事項は国内的に手続きをとる。
⑥ 世界共通データ規格やデータ統合手段を整備し、接近予測サービスの提供と軌道情報の配信などを行うなど、宇宙衝突警戒手段の開発を促進する。

更にこの政策の第一階層の「原則」を見れば米国が安全保障面に大きな警戒感を持っている様子がうかがえる。当該「原則」の趣旨を簡略化して以下に紹介する。

米国国家宇宙政策の「原則」

(1) 事故、誤解、疑惑を招かないよう責任を持って活動することが共通の利益をもたらす。宇宙活動の持続性、安定性、自由な利用が米国の国益にとって必須である。宇宙運用は公開性と透明性を強調し、宇宙利用による利益を他者が共有できるような形で行われるべきである。

(2) ロバストで競争力のある商業宇宙セクターは持続的発展に必須である。米国は国際的に競争力を有する商業宇宙セクターの成長を奨励、促進する。

(3) 全ての国家は国際法に則り、平和目的で全人類の利益のために宇宙を利用する権利を有する。この原則に従い、国家及び国土安全保障活動のための宇宙利用を認める。

(4) いかなる国家も宇宙空間及び全ての天体に対して主権を主張してはならない。全ての国家の宇宙システムが妨害されることなく運用される権利を持つ。宇宙システムに対する意図的な妨害は、国家の権利の侵害とみなす。

(5) 米国は宇宙利用を保証するための種々の手段をとり、自衛権に従って他者からの妨害や攻撃を阻止し、米国及び同盟国の宇宙システム

を防衛する。抑止が失敗した場合は攻撃意図を打破する。

　上記（1）では宇宙活動の「透明性と信頼性の醸成」を強く打ち出し、（2）では「宇宙産業の振興」を促進し、（3）では「平和目的」を強調し、（4）では妨害行為を牽制し、（5）では妨害・攻撃に対しては毅然と反撃することを明言している。冷徹な側面を持つものであり、それだけに真剣さが感じられる。
　また、これに続く第二階層の6つの目標として以下が書かれている。

(1) 競争力のある国内産業を活性化：グローバル市場に参加し、衛星製造・衛星利用サービス、衛星打上げ、地上アプリケーション、起業の増加などの発展を進めるために競争力のある国内産業を活性化する。

(2) 国際協力の拡大：宇宙からの利益を拡大・展開し、平和的宇宙利用をさらに進め、宇宙から得られる情報の収集及び共有を図るパートナーシップを強化するなどの相互に有益な宇宙活動への国際協力を拡大する。

(3) 宇宙の安定性の強化：安全で責任ある宇宙運用を促進する国内・国際的手段、宇宙物体の衝突回避のための情報収集・共有方法の改善、重要な宇宙システムと情報システムの相互依存性に特別に配慮した上での重要な宇宙システムと支援インフラの保護、そして、軌道上のデブリを削減するための方策の強化などを通じて宇宙の安定性を強化する。

(4) ミッション遂行機能の保証と耐性の強化：自然環境的、機械的、電子的、敵対的原因などで引き起こされる混乱、悪化、破壊から、商業、民生、科学及び国家安全保障に関係する宇宙機とそれらの支援インフラの機能を保証し耐性を強化する。

(5) 有人及びロボティックの取り組みを追及：革新的技術の開発、新産業の育成、国際パートナーシップの強化、米国及び世界の発奮、地球に対する人類の理解の増進、科学的発見の促進、太陽系及びそれ以遠の探査を行うため、有人・ロボティックに取り組む。

(6) 軌道からの地球・太陽観測能力の改善：科学研究の実施、地球近傍

> の宇宙天気予報、気候・地球規模の変動の監視、天然資源の管理、そして災害対応・復旧普及の支援に必要な能力の改善

　第3階層では商業、民生、国家安全保障の3分野を横断する政策として以下が列挙されている。特に下線を引いた部分がここで注目すべき項となる。3項の詳細は既に8.2.1項の最初の囲み記事に掲載した。

---

(1) 基礎的活動と能力
　①宇宙関連科学・技術・産業基盤における米国リーダーシップの強化
　②確実な宇宙輸送能力の拡大
　③宇宙ベースの測位・航行支援・タイミングシステムの維持・強化
　④宇宙分野の専門家の育成・維持
　⑤宇宙システム開発と調達に関する改善
　⑥省庁横断のパートナーシップの強化
(2) <u>国際協力</u>
　①<u>米国の宇宙リーダーシップの強化</u>
　②<u>潜在的な国際協力分野の特定</u>
　③<u>透明性及び信頼醸成手段の開発</u>
(3) <u>宇宙環境の保全と宇宙の責任ある利用</u>
　①<u>宇宙環境の保全</u>
　②<u>宇宙衝突警戒手段の開発</u>
(4) 効果的な輸出政策
(5) 宇宙原子力電源
(6) 無線周波数帯の確保と干渉保護
(7) ミッションに必須の機能の保証と耐性

　第4階層では商業、民生、国家安全保障の3分野の個別政策が述べられているが、デブリ問題や宇宙状況監視は国家安全保障の項でのみ述べられている。

　全体を流れる警戒感は今や中国を対象としたものであろう。背景には中国の

経済面、軍事面、外交面、宇宙活動の面での台頭がある。「透明性と信頼性の醸成」の追及は、欧州が提案した「宇宙活動の欧州行動規範」を国際行動規範として発展させる動きに表れ、また国連の「宇宙活動の長期持続性」の議論にも表れている。長期持続性の議論と安全保障の議論の接点となるのが軌道上監視活動である。米国は軌道上衝突を回避することを大義として同盟国を増やし、軌道上活動の透明性、監視能力の向上を目指している。

　米国は宇宙の場を介しての攻撃に対処する以前に、そのような不幸な出来事を未然に防止するための活動に努めている。そのために宇宙活動に関する事故・誤解・不信を避けるための活動のリーダシップをとっている。経済的には米国国防予算は減少傾向にあり、戦端を開く前の未然の防止策が経済的にも効率的としているのであろう。

　予算の問題は宇宙監視の面にも影響している。低軌道衛星は1時間半で地球を周回するものであり、1か所で軌道を特定するよりも地球上の経度に沿った多くの局での観測が精度を高めるために不可欠である。しかし、1国でこれを整備するのは負担が大きい。この意味で欧州独自に進められている宇宙監視網との連携を進めており、アジアについても同様に活動の比率は高めるべきと考えている。東経135度周辺の日本にも、その観測上有意義な地理的条件、同盟国としての信頼、経済力などの故に極東エリアを中心とする監視の拠点としての期待がかけられている。

　一方では、このような負担の分散・軽減で浮いた資源を用いて、監視能力の向上にも努めている。監視レーダを従来のVHF帯からS帯の電波を使うことで中低高度帯の更に小さいデブリ観測を可能とし、軌道上にデブリ監視衛星SBSS（Space-Based Space Surveillance system）を配備し、静止軌道帯の小型デブリの観測を目論んでいる。解析面でも観測・抽出・軌道特定に関する解析処理能力の向上にも取り組んでいる。この成果は米軍が全世界に提供している"Space-Track"と呼ばれる公共的なデータベースの精度を高めるのにも役立つ。デブリに関する「緊急デブリ接近注意報」の提供サービスは米国内組織のみならず、30以上の民間組織との間で協定を締結している。このような世界貢献は宇宙監視網が平和的目的で世界に貢献していることの実績となり、同

盟関係も更に広範に強化されることになろう。

デブリに話を戻せば、国内向けには 1995 年に世界で初めてのデブリ標準として NASA が安全標準「NASA Safety Standard (NSS) 1740.14, Guidelines and Assessment Procedures for Limiting Orbital Debris」を制定した。NASA はこれを要求文書ではないと説明している。さらに 2001 年には NASA は国防省と協議し、共同で「U.S. Government Orbital Debris Mitigation Standard Practices, February 2001」を米国政府基準として発行した。

これらの規制への遵守を徹底するために発行されているデブリ関連規格は以下のように充実している。

(1) NPR 8715.6A: NASA Procedural Requirements for Limiting Orbital Debris, (February 2008)
(2) NASA-STD-8719.14: Process for Limiting Orbital Debris (August 2008)

この NPR 8719.14 は「デブリ低減に関する欧州行動規範」と非現実的な部分を含めてよく一致している。

これ以外にも多くの規格、マニュアル類が世界に提供されている。

表 8-2 米国内のガイドラインの比較

	低減策	US Gov. STD Practice (and NPR 8715.6A)[a]	NASA (NPR 8719.14) [b]
運用中放出品	部品類放出抑制	> 5 mm (decay within 25 years)	(1) LEO: > 1mm (1mm 以上のデブリは、25 年以内に除去、放出物体数と軌道滞在期間の積が 100 以下であること) (1) GEO: > 5cm (5cm 以上のデブリは、25 年以内に静止軌道より 500km 以上低下させること)
軌道上破砕	破壊行為禁止		(1) < 100 object-years (for > 10 cm) (2) 1mm 以上の破片は 1 年以内に軌道から消滅すること。 (3) 1mm 以上の破片が運用中の衛星に衝突する確率を 10^{-6} 以下とすること。
	運用中の事故	○	破砕発生確率 < 10^{-3}
	残留推薬放出	○	放出することを要求する

衝突	衝突回避			他文書で規制
	大型物体との衝突			衝突確率は 0.001 以下のする （対 10 cm 以上の物体）
	小型物体衝突対策			衝突被害は以下を満足するように防御 廃棄成功確率＞ 0.01
運用終了後の処	静止軌道	リオービット距離	＞ 36,100 km （＞ 300km + GEO）	隔絶距離：235 km+（1,000・Cr・A/m） 離心率＜ 0.003 廃棄作業成功確率＞ 0.9 保護域と 100 年以上干渉しないことを保証
		GEO 下側保護域		GEO - 500 km
		保護域緯度範囲		-15 ＜緯度＜ 15 deg
	低軌道・中高度軌道	軌道滞在期間短縮	EOL Lifetime ＜ 25 年	全軌道滞在期間＜ 30 年， 運用終了後の軌道滞在期間＜ 25 年， 廃棄作業成功確率＞ 0.9
		墓場軌道への移動	2,000 - 19,700 km 20,700-35,300 km	2,000 km 〜（GEO-500 km） （19,100 - 20,200 km を除く）
		軌道上回収	運用終了後 10 年以内に回収	運用終了後 10 年以内に回収
		再突入時地上被害	Ec ＜ 10^{-4}	Ec ＜ 10^{-4}，（衝突エネルギの許容値 15 J　以下）

a) NPR 8715.6A: NASA Procedural Requirements for Limiting Orbital Debris，（February 2008）
b) NASA-STD-8719.14: Process for Limiting Orbital Debris（August 2008）

8.2.2 フランスの動向

　フランスは ESA の最大の出資国であるが、欧州の中でもデブリに関しては際立った独自の路線を走っている。IADC ガイドラインの議論の前、1999 年 4 月 19 日に CNES 規格「Space debris - Safety requirements, MPM-50-00-12」を制定していた。この内容が 2004 年 6 月 28 日「スペースデブリ低減に関する欧州行動規範（European Code of Conduct for Space Debris Mitigation）」として制定され、フランス宇宙機関（CNES）は真っ先に署名した。その他の署名機関はイタリア宇宙機関（ASI）、英国宇宙機関（UK Space Agency）、ドイツ宇宙機関（DLR）、欧州宇宙機関（ESA）である。しかし、ESA はこれの非現実性を嫌い独自の指針を発行した。この 2004 年の欧州行動規範は、欧州

---

2) NPR 8715.6A: NASA Procedural Requirements for Limiting Orbital Debris, (February 2008)
3) NASA-STD-8719.14: Process for Limiting Orbital Debris (August 2008)

技術者の言葉を借りれば、現在は「死文化」しているという。この行動規範は、破砕防止、衝突防止、運用終了後のロケット・衛星の保護軌道域からの移動、部品類の放出抑制などを要求している。これらの対策は①管理手段、②設計手段、③運用手段、④衝突防御手段、⑤再突入安全手段に区分されて記載されている。打上げフェーズに関する記載はない。

2008年6月3日フランスは「宇宙法（Space Act）」を制定した。これの主眼は、人、財産、公衆の健康、環境の保護であり、以下に配慮したものと言われている。
①欧州宇宙産業界の人、財産、公衆の健康、環境の保護に関する現状の行動に可能な限り沿うもの
②行動を義務付けるのではなく宇宙運用者に到達可能な目的を課すもの
③国際規則や規格に基づくもの
④射場・射圏の要求に整合するもの

このフランス宇宙法は国内への規制であるが、フランス本土及び領土から打上げるすべての衛星・ロケット[4] に適用される。外国がフランスに打上げを委託する衛星に対しては分離時点まで適用されるので外国の衛星には廃棄処理や軌道寿命制限などの規制は及ばない。ただ、ロケット打上げサービスや衛星製造契約の世界市場でデブリへの配慮を訴え、対策の取れない国・機関の製品との差別化を図り、商業的に有利な位置に立とうとする意図があるかもしれない。この宇宙法の下で、さらに詳細な「技術規則（Technical Regulation）」(2011年5月発行) が策定されている。

以上のCNES規格、スペースデブリ低減に関する欧州行動規範、技術規則の内容を表8-3に比較する。また、技術規則の全体構成を図8-4に示す。この

---

4) この他、外国からフランス法人が打ち上げる場合（ロシアからソユーズで打ち上げる場合が該当する）、海外の打上げサービスを利用する場合、フランス法人が運航管理する場合、その他すべてのフランスの宇宙運用者に適用される。

図の3.2項[5]には品質保証の規定を含み、3.2.3.1項でデブリの制限について

表8-3 フランス発議のガイドラインの比較[6]

	低減策	CNESa) (MPM-50-00-12)	デブリ低減に向けた欧州行動規範	フランス宇宙法付属技術規則
運用中放出品	部品類放出抑制	○	○	ロケット放出物体は衛星1基あたり1個（投入機体）。複数打上げ時は2個（投入機体と衛星支持部）
	固体モータ残渣物		スラグは0.01mm以内 （1mmに改定）	スラグは1mm以内（静止保護軌道域には残留させない）
	火工品		同上	スラグは1mm以内
	二次デブリの発生		○ (SD-DE-07)	
軌道上破砕	破壊行為禁止	○	○ (SD-DE-04)	○
	運用中の事故	爆発確率<10^{-3}	爆発確率<10^{-4} (SD-DE-05)	爆発確率<10^{-3}
	残留推薬放出	運用終了後一年以内に実施	○一般的に要求、ただし、①圧力容器については、内圧≦臨界圧の50%　②廃棄終了後1年以内に無害化完了、成功率＞0.9	残留エネルギによる破砕防止
	バッテリの処置			
	指令破壊系の処置			
	圧力容器			
	回転機器の処置			
衝突被害防止	大型物体との衝突	リスクの評価		(1) ロケット：飛行中及び廃棄終了後3日間は有人機との衝突回避 (2) 衛星：運用中及び廃棄終了後3日間は有人機と静止衛星との衝突回避
	小型物体衝突対策		運用終了後のデブリ衝突被害の防止	
運用終了後の処置 静止軌道	リオービット距離	235 km+ (1,000・Cr・A/m)	235 km+ (1,000・Cr・A/m) 成功確率＞0.9	保護軌道域 GEO±200 km (1) ロケット：打上げ後1年以内に非干渉帯へ移動（100年間非干渉） (2) 衛星：100年間非干渉 (3) 廃棄用燃料充足確率＞0.9 (3) 廃棄用燃料充足確率＞0.9 (4) 廃棄成功確率計算要求
	GEO下側保護域	隔絶距離と同等	-200 km	

5) この項目番号は筆者が構成が分かりやすいように分類して付与したもので、原文では一連の条文番号になっている。
6) CNES Standards Collection, Method and Procedure, Space Debris - Safety Requirements, MPM-50-00-12, Issue 1- Rev. 0, April 19, 1999

8.2 各国の動向

低軌道・中高度軌道	保護域緯度範囲	-15＜緯度＜15 deg.	-15＜緯度＜15 deg.	-15＜緯度＜15 deg.
	軌道滞在期間短縮	0.99以上の確率で25年以内	残存＜25年、成功確率＞0.9	(1) 有制御再突入処分、不可の場合は残存＜25年（100年間干渉不可） (3) 廃棄用燃料充足確率＞0.9 (4) 廃棄成功確率計算要求
	墓場軌道への移動	墓場軌道は2000km～(GEO-H) H=リオービット距離		
	再突入時地上被害	○	○（$Ec < 10^{-4}$）ただし、仏を除く	(1) $Ec < 10^{-4}$（制御落下10^{-5}） (2) 地上環境汚染防止設計 (3) 落下運動エネルギを評価 (4) 落下制御の確率99%

記号）a：軌道長半径, Cr：太陽輻射圧係数, A/m：面積質量比, Ec: 傷害予測数

a) CNES 標準：CNES Standards Collection, Method and Procedure, Space Debris - Safety Requirements, MPM-50-00-12, Issue 1- Rev. 0, April 19, 1999

図 8-3 フランス宇宙法付随「技術規制」の構成

触れ、3.2.3.5項の「惑星保護」では宇宙探査の過程で地球及び他の天体を生物学的に汚染しないように規制する幅広いものである。

　技術規則の中のデブリ関連要求は他の世界のガイドラインと大きな違いは無いが、一部疑問に思われるのは、以下の点である。

(1) ロケット放出物体の数量制限

　　ロケットからの放出物に軌道投入機体（例えば2段式ロケットの第2段機体）を含めているが、それをデブリと同列に位置付けているのは奇異に感じる。軌道投入機体はこの規則の他の項目で要求する爆発防止や廃棄処置など管理対象となるロケットそのものである。また、複数打上げの場合衛星支持部は1個のみとされているが、通常は分割されて複数放出されるので数量的に問題となろう。なお、それら支持部は通常は軌道寿命が短いので免責される。いずれこの「放出物」にアポジ推進系が含まれると拡大解釈されることが懸念される。ECSS規格にすでにその兆候が見られる。

(2) 固体モータからのスラグ（燃焼生成物）の規制

　　固体モータからのスラグは推進剤にアルミを混入し、且つ「埋没ノズル」を採用する限りある程度の発生は避けられない。JAXAではアルミを含有しない推進薬の研究を行ったが、性能を犠牲にしない限り、世界的にも実用化段階には至っているものは無い。更に、スラグの発生状況は地上と軌道上では重力、振動などの環境で差があり地上で検証することができない。

(3) 静止軌道の保護策

　　静止軌道の保護領域を指定しており、その高度幅は世界の標準的な理解と同じであるが、廃棄操作の際に考慮すべき余裕の幅（即ち太陽輻射圧の影響など）が示されてない。これは世界の理解（例えばIADCガイドラインやITU勧告で明記されている距離）とは異なる。

(4) 衛星の廃棄マヌーバ終了時及びロケット打上げ後3日間の衝突安全保障

　　通常廃棄操作は残留推進薬を使い切るまで行うのが効果的であるが、残留量を正確に把握することは困難なので最終軌道には誤差が生ずる。その状態で衝突予測を行うことは無理がある。また打上げ時に3日先までの衝突・接近解析を行うことは、解析に要する期間を考えれば最新データで解

析できないことを意味し、必ずしも最適とは言えない。
(5) 廃棄成功確率
　廃棄成功確率はロケットにしか適用されず、衛星に対しては確率を計算するのみで要求値は設けていない。ただし廃棄を成功させる推進搭載量が必要量の 90 ％以上であることを要求している。このような規定は他の世界の規程に比べてユニークで合理的である。しかし将来これを変更して衛星の信頼度を規定する動きがある。衛星にはミッションの重要度に応じて信頼度要求が異なるのが通常である。その信頼度を一律に規制するには無理がある。

8.2.3 欧州宇宙機関（ESA）の動向

　ESA（欧州宇宙機関 European Space Agency）はヨーロッパ各国が共同で設立した宇宙開発・研究機関である。本部はフランスに置かれ、同国が最大の出資国であるが、フランスの CNES に完全に同調した対応をとっているわけではない。ESA は欧州行動規範に署名しながらも、独自に実現可能な内部指針 ESA: Space Debris Mitigation for Agency Projects（EDMS）を設定した。その比較を以下に記載する。

　現在では ECSS （欧州標準化機構）が ISO-24113 をほとんどそのまま引用した ECSS-U-AS-10C 「Space sustainability」（2012 年 2 月 10 日）を制定したので、ESA としてもこれを引用する方向と思われる。

表 8-4 欧州／ESA のガイドラインの比較[7]

	低減策	欧州行動規範	EDMS
運用中放出品	部品類放出抑制	要求	要求
	固体モータ残渣物	1 mm 以上のスラグの発生無し	1mm 以上のスラグの発生無し
	火工品	同上	1mm 以上の留意の放出無し
	二次デブリの発生	○ (SD-DE-07)	
軌道上破砕	破壊行為禁止	○ (SD-DE-04)	Required
	運用中の事故	爆発確率 < 10^{-4} (SD-DE-05)	

[7] EDMS: ESA: Space Debris Mitigation for Agency Projects, ESA/ADMIN/IPOL(2008)2, Director General's Office (1 April 200

軌道上破砕防止	残留推薬放出	○一般的に要求 ただし、 ①圧力容器は内圧＜臨界圧の50% ②無害化は廃棄終了後1年以内に完了し、成功率＞0.9	要求 (運用終了後2か月以内に実施)
	バッテリの処置		
	指令破壊系の処置		
	圧力容器		
	回転機器の処置		
衝突	大型物体との衝突	別文書を指定	リスクを評価すること
	小型物体衝突対策	別文書を指定	
運用終了後の処置 — 静止軌道	リオービット距離	235 km+ (1,000・Cr・A/m) 成功確率＞0.9	235 km+ (1,000・Cr・A/m) $e < 0.005$
	GEO下側保護域	-200 km	
	保護域緯度範囲	-15＜緯度＜15 deg.	-15＜latitude＜15 deg.
運用終了後の処置 — 中高度軌道	軌道滞在期間短縮	残存＜25年、成功確率＞0.9	運用終了後の軌道滞在期間＜25年
	墓場軌道への移動		
	軌道上回収		
低軌道	再突入時地上被害	○ ($Ec < 10^{-4}$) ただし、仏を除く	

8.2.4 英国[8]

英国には宇宙活動を規制する法律として「宇宙法」が1986年に制定されている。この法律は宇宙活動の認可権やその他の権限を国務長官に与え、英国宇宙機関（UK Space Agency）の審査活動などを通じて履行されている。この法律は英国が批准した国際法に従う責務として、当該国際法への適合性を保証するものである。

宇宙法の制定により、国務長官は審査対象の宇宙活動が国民の健康・安全及び財産を危険に曝さないこと、英国の国際的な義務と一致すること、英国の安全保障を脅かさないことを確認しない限り認証を与えない。更にその宇宙活動が宇宙を汚染したり地球環境を悪化させないこと、他の平和的探査・利用を行う活動に悪影響を与えない事も要求する。この認証を得るためには、公衆に脅威を与えないことを定量的・定性的に示さなければならない。定量的には、安

---

[8] 国連宇宙空間平和利用委員会法律小委員会第53回セッション（2014年3月）にカナダ、チェコ、ドイツが提出した資料 A/AC.105/C.2/2014/CRP.15 "Compendium of space debris mitigation standards adopted by States and international organizations" 日本関連部分の記述は筆者が担当。

全システムの信頼性・機能、ハードウェアに起因するハザード、打上げ射場近傍や飛行経路直下の公共の財産・人命並びに軌道上の衛星などに課されるリスクに対する分析が重点的に行われる。定性的には打上げ安全方針、相互連絡体制、重要な作業者への認定制度、重要な内部的・対外的インタフェースなどの組織体制が重点的に審査される。

認証獲得に向けて応募されたミッションの評価は英国宇宙機関が行う。この審査において、IADC デブリ低減ガイドライン、国連デブリ低減ガイドライン、その他のデブリ関連の国際規格との適合性が評価されることになる。

8.2.5 ドイツ [8]

ドイツではドイツ航空宇宙センター（DLR）が国家宇宙プログラムを遂行している。DLR は契約会社にデブリ対策要求を含む「製品保証と安全要求（Product Assurance and Safety Requirements for DLR Space Projects）」(2012年4月）に従うように要求している。デブリ関連要求は以下で構成され、プロジェクトの性格に応じて修整して適用している。

デブリ低減審査

(1) デブリ低減審査報告書
　　放出物、偶発的破砕、潜在的破砕の可能性、軌道上衝突、運用終了後の廃棄計画、再突入ハザード
(2) 設計手段
　　放出物、固体モータと火工品、材料と技術、破砕防止、故障の防止、軌道上衝突防止、デブリや小隕石の衝突への対処
(3) 破砕防止処置
(4) 運用終了後の軌道離脱、低軌道保護域、静止軌道保護域と中高度保護域
(5) 再突入安全策　再突入、適合性評価方法、再突入通報
(6) プロジェクト審査

8.2.6 ロシア[9]

2008年、ロシア連邦大統領は「2012〜2020年に亘るロシア連邦宇宙活動基本政策及び長期見通し」[10] を承認した。この文書では、ロケットの打上げや衛星の軌道運用においてデブリの発生を最小化する技術を適用することを優先事項として掲げている。

これに先立ってデブリ問題に関する産業界の標準・規格としては以下が制定されてきた。

(1) 宇宙産業規格：（OST）134-1023-2000「宇宙技術分野：スペースデブリ低減に関する一般要求」（2000年発効）
(2) 宇宙産業規格：OST 134-1031-2003「宇宙技術分野：自然物体やデブリの衝突から宇宙システムの機械的損傷を防ぐための一般要求」（2003年発効）
(3) ロシア連邦国家標準：GOST P 25645.167-2005「宇宙環境（自然物体及び人工物体）：デブリのフラックス密度[11]の空間 - 時間分布モデル」（2005年発効）

ロシア国家標準としてデブリを規制するものとしては、2009年に「GOST R 52925-2008：宇宙機とロケット軌道投入機体へのスペースデブリ低減に関する一般要求」[12] が制定された。この標準書の要求は今後新たに設計・改良する民間、科学、商用、軍用、有人ミッションなどの宇宙システムに適用される。この要求は国連のデブリ低減ガイドラインに完全に適合したもので、宇宙システムのライフサイクルのすべてのステージ、すなわち設計・製造・打上げ・運用・廃棄にかかわる全てのステージに適用される。

ロシア宇宙庁（Russian Federal Space Agency：Roscosmos）はスペース

---

9) IADCホームページに記載されたロシア連邦宇宙機関（ROSCOSMOS）の自己紹介文より大意翻訳
10) Basis of the space activities policy of the Russian Federation for the period 2012-2020 and the long-term prospects
11) デブリフラックスとは単位時間あたり単位面積を通過するデブリの数量である。
12) General Requirements to Spacecraft and Orbital Stages on Space Debris Mitigation

デブリ問題に関連して、デブリの観測、デブリ分布のモデル化、デブリ衝突に対する衛星の防御、デブリ低減政策などに関する調整を行っている。

8.2.7 ウクライナ

ウクライナはウクライナ宇宙活動法（1996年11月15日）を制定しており、宇宙活動を行う者は、これに基づいてウクライナ宇宙機関より免許を取得しなければならない。この宇宙活動法では宇宙汚染に関する国際規範や基準を遵守することとある。

産業界に対しては2006年に発効したURKT-11.03 "Limitation of the Near-Earth Orbital Debris Making at Operation of Space Technical Equipment" においてデブリ対策として以下を記述しており、これは国連ガイドラインに整合していると報告されている。
①デブリの発生抑制
②破砕防止
③運用終了後の除去
④衝突の防止

8.2.8 中国

中国の宇宙活動は政府（＝国務院）の下の工業情報化部が行っている。2011年12月、中国国務院が宇宙白書「2011年中国的航天」を公表しており、その中で過去5年間の進展の説明の中に、宇宙デブリの項目が新設されており、月探査や有人宇宙飛行を含めてデブリ防護対策が図られたことが記述されている。更に、今後5年間の主なミッションとして宇宙デブリの記述が具体化されており、宇宙デブリ対応を重視する姿勢がアピールされている。

2014年5月に北京で開催されたIADCの会合にて、過去1年間の活動として、デブリ観測用レーザシステムを実験し、サイズでは$0.5m^2$、距離は2,100km先まで観測できる能力を確認したとしている。中国の宇宙ステーション実験機（天宮1号）にはデブリ防御システム（バンパ）を設置しており、天宮1号は打上げから2年経過しても健全に運用されている。個人的感想ではあるが、IADCの活動の中で中国が最も精力的に取り組んでいるのがこの衝突現象の研

究、防御材の開発である。
　デブリ低減策として長征ロケット2〜4号は全て推進剤排出機能を有し、上段に関しては再着火を行って廃棄軌道に遷移することを検討しているとのことである。

第 9 章

安全・平和を希求する国際的フレームワーク構築への努力

9.1 歴史的経緯

　第 8 章までの流れは比較的純粋にデブリ問題の議論であった。近年はこのデブリの議論と軍縮の議論がリンクして語られる流れとなっている。代表的事例としては、衛星同士の衝突の防止の議論は、衝突の確率を評価することにとどまらず、他国の宇宙活動の透明性を求める議論に発展している。即ち、衛星の打上げ情報の公開は勿論、衛星のミッションの目的、運用軌道、軌道変更計画などの公開の要求が、衝突防止を目的として唱えられている。この背景には、他国の挙動不審な衛星が自国の衛星に接近し、運用妨害、衝突攻撃、自爆攻撃、電波干渉、軌道上回収（奪取）、強制落下などを仕掛けることへの警戒があるのであろう。図 9-1 に COPUOS と軍縮会議（CD）の経緯を示した[1]。CD[2]の流れでは、「宇宙空間における軍備競争の防止（PAROS）」の議論が 1985 年以降断続的に続いているが、合意には至っていない。一方ではそれに遅れて 1993 年に開始されたデブリの議論は 2007 年に「国連スペースデブリ低減ガ

---

[1] （財）日本国際問題研究所／軍縮・不拡散促進センター作成の以下の報告書より筆者が整理。(1)（平成 21 年度外務省委託研究）「新たな宇宙環境と軍備管理を含めた宇宙利用の規制 - 新たなアプローチと枠組みの可能性 -」平成 22 年 3 月作成。(2)（平成 19 年度外務省委託研究）「宇宙空間における軍備管理問題」、平成 20 年 3 月作成。
[2] CD (Conference on Disarmamen) は唯一の多数国間軍縮「交渉」機関であり、1978 年の第 1 回国連軍縮特別総会決定により設立された「軍縮委員会」が 1984 年に「軍縮会議」と変更された。前身は「10 か国軍縮委員会」(1960 〜 1961 年)、「18 か国軍縮委員会」(1962 〜 1968 年)、「軍縮委員会会議」(1969 〜 1978 年)。加盟国は 65 か国。西側グループ (25 か国)、東側グループ (6 か国)、G21 グループ (33 か国)、いずれのグループにも属さない中国により構成。我が国は 1969 年以来の加盟国。国連等他の国際機関からは独立。但し、事務局機能は国連軍縮部が果たしている。

第 9 章　安全・平和を希求する国際的フレームワーク構築への努力

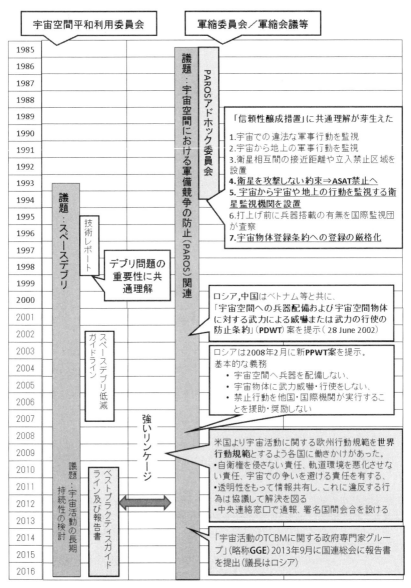

図 9-1 国連宇宙空間平和利用委員会と軍縮会議の歴史概観図

イドライン」を発行するという成果を上げている[3]。CD側からはこの成功にあやかりたいという発想があるように感じられる。

本章では、上記に関連する3件の国際的動向について説明したい。それらは(1)国連宇宙空間平和利用委員会／科学技術小委員会で行われている「宇宙活動の長期持続性の検討」作業、(2)「宇宙活動に関する国際行動規範」、(3)「宇宙活動の透明性及び信頼醸成の措置(TCMB：Transparency and Confidence-Building Measures)」の3件である。

この流れをデブリの観点から図9-2のように整理し、図9-1と併せて説明する。

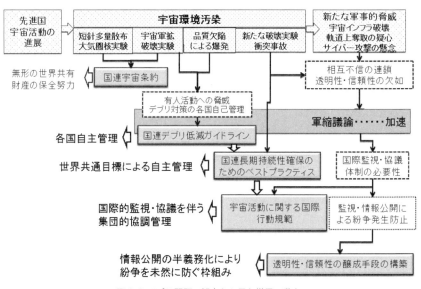

図9-2 デブリ問題の観点から見た世界の動き

まず、図9-2で「無形の世界共有財産の保全努力」と示したフェーズである。先進国の宇宙活動の進展に伴い宇宙環境の汚染が目立つようになり、1966年

---

[3] 国連デブリ低減ガイドラインの決議の背景には、2003年に先進宇宙機関間で「IADCガイドライン」に合意したという前提がある。

に採択された宇宙条約（月その他の天体を含む宇宙空間の探査及び利用における国家活動を律する原則に関する条約）の第9条には「有害な汚染の防止」が盛り込まれた。この「有害な汚染の防止」にデブリが含まれるとの共通認識は、残念ながら国連の場でも確立されていない。国内法学者にもこの汚染（contamination）はデブリを指すものではないという見解を持つ方々が多数おられる。日本語としての「汚染」は汚れのような印象を与えるが、技術の世界ではcontaminationを異物と理解するのに抵抗はない。また、「この条約の制定当時、デブリは問題視されていなかったから書かれるはずがない」との意見も根強い。宇宙科学研究所の長友教授らがデブリ問題を提起した論文を発表したのが1971年、米国航空宇宙学会（IAA）がデブリについて公式に議論したのが1981年と言われているので、この感覚から言えばこの時点でデブリ問題は想定していなかったとという見方もあろう。

しかし、ここで二つの事例を紹介したい。一つ目の代表的な宇宙環境汚染実験は1961年及び1963年に米国マサチューセッツ工科大学のリンカーン研究所が実施したウェスト・フォード計画（Westford）である。これは合計4億8000万本の銅製ダイポールアンテナ（長さ1.78cmの針）を軌道上に散布し、人工的に電離層を形成し、その電波の反射を利用して米軍の通信網を確保する実験であった。米国はこの針は短期間で再突入すると説明したが、現実には現在でも多くが残存している。これに対して英国の天文学者を始め各国からの抗議があり国連でも議論され、本件は「他国の宇宙の平和的利用活動に有害な干渉を与え得る行為」として事前協議の対象とすべき最初の事例として認識され[4]、最終的に1967年の宇宙条約に含まれる協議条項へと繋がったと言われている。

二つ目は宇宙核実験である。米国は1962年に何回かの実験を行い、そのうち最高高度は400kmで1.4メガトンであったと報告されている。このStarfish Primeと称する実験を始めとする一連の核実験については地上にもたらされた電波障害や停電などを含めて幾つかの論文が発表されている。この同

---

4) NASA, JSC, Orbital Debris Quarterly News, Volume 17, Issue 4 October 2013 http://orbitaldebris.jsc.nasa.gov/

時期の 1961 ～ 1962 年にロシアも同様の核実験を実施したとの記録がある[5]。それが当時は公表されなかったとしても宇宙核実験による放射能や破片に対する懸念は当然あったであろう。宇宙核実験は 1963 年に部分的核実験禁止条約が採択されるまでは規制がなかったので、これ以前は条約違反にはならなかった。また、核の問題ではないが、衛星の破壊実験は 1964 年から行われ、その影響への懸念は存在していたであろう。当該宇宙法には「軍事実験の禁止」があることからも意図的破壊による汚染の懸念があったはずである。

図 9-2 で示した次のフェーズ「各国自主管理」は、衛星の破壊実験や不適切なロケット・衛星の設計による爆発破片の増加を主要因として軌道環境が急速に悪化してきた中で、米国を中心とするスペースシャトルや宇宙ステーションなどの有人システムの開発が開始され、デブリの衝突の脅威が無視できないリスクとなったことが契機となっている。米国は世界にデブリの脅威を訴え、日本にも行脚を行ったが、その一方では国際条約でデブリを規制することは宇宙の自由なアクセスを制限するものとして反対していた。これが宇宙先進国にほぼ共通した姿勢であり、国連での進展はしばらく無かった。この閉塞感を打破したのが宇宙先進国の宇宙機関のフォーラム「IADC」に筆者が JAXA（当時は NASDA）から提案し、制定にこぎつけた「IADC スペースデブリガイドライン」である。これが 2007 年の「国連デブリ低減ガイドライン」の決議に繋がり、国際条約ではない柔軟な指針（soft law）に基づく「各国自主管理」によるデブリ低減努力の必要性が世界の合意事項となった。

次のフェーズは、そのような各国自主管理では軌道環境の保全が保てないとの危機感が欧米に生まれたことで「世界共通目標による自主管理」をより積極的に進展させようとする動きである。そのきっかけの一つは「国連デブリ低減ガイドライン」が国連 COPUOS／STSC で決議される 1 か月前に中国人民解

[5) モスクワ物理技術大学の軍縮・エネルギー環境問題研究センターの研究者らは、11 月 4 日「ロシアの戦略核兵器」と題する調査報告書を発表し、宇宙空間での爆発実験も初めて確認された。同書によると、宇宙空間での実験は「K 作戦」と呼ばれた。第 1 回実験は 1961 年 10 月 27 日で、地上 300 キロ、150 キロの 2 地点で、それぞれ 1.2 キロトンの核爆発を実施した。また 第 2 回実験は 62 年 10 ～ 11 月に地上 300 キロ、150 キロ 80 キロの 3 地点で、各 300 キロトンの計 900 キロトンの核爆発を実施した。[出典：1998 年 11 月 5 日毎日新聞朝刊]

放軍が行った衛星破壊実験である。これにより当該ガイドラインを各国自主管理に任せずに、具体的行動指針を示し、その遵守を徹底させる必要が生じた。フランスは 2009 年に発生した米ロ衛星の衝突事故の影響なども考慮し、COPUOS 議長（フランス人）を通じて COPUOS の場に「宇宙活動の長期持続性確保のための検討」の議題を設け、ベストプラクティス・ガイドラインを 2014 年までに作成するというプロジェクトを成立させた。後日この期限は 2016 年以降に延長された。

欧州はこの動きにやや先立って、「自主管理の徹底」に「相互監視」と「違反発生時の協議」の要素を加えた「宇宙活動の欧州行動規範」を整備して欧州域内の合意を得て、それを世界の関係国にも広めるよう画策した。米国はこれを国際行動規範とするよう逆提案し、現在はその方向で作業が進められている。これが図 9-2 で示した「国際的監視・協議を伴う集団的協調管理」の方向である。

図 9-1 に示したように、これらの動きより 20 年程度古くから、「宇宙空間における軍備競争の防止（PAROS）」などにて、軍事的脅威からの解放を平和的に達成しようとする動きがあった。これは結果としては当該国際行動規範とほぼ同じ趣旨になる。図 9-2 では「情報公開の半義務化により紛争を未然に防ぐ枠組み」と表現した部分で、各国が宇宙活動計画、体制、宇宙システム、研究レベル、関連施設を世界に公開することで、透明性・信頼性を醸成し、相互不信や誤解を解消しようとする「透明性・信頼醸成の措置」の動きである。

以降は、筆者が「宇宙活動の長期持続性の検討」作業の専門家会合に参加してきた経験、及び「欧州行動規範」の非公式検討会に参加してきた経験に基づき、ウェブサイトなどで一般に公開されている情報の範囲で説明する。「国際行動規範」及び「宇宙活動の透明性及び信頼醸成の措置（TCMB）」に関しては、既に 9.1 項第一段落の脚注に示した（財）日本国際問題研究所が外務省委託研究で作成した調査報告書に記載されている PAROS などの動きを参考とした。

9.2 宇宙活動の長期持続性の検討

　フランスは「国連デブリ低減ガイドライン」が決議された2年後の2009年に国連 COPUOS に「宇宙活動の長期持続性の検討」の議題を提案し、これが決議されて2010年には COPUOS に専門のワーキンググループ（WG）が設置された。しかし提案国（フランス）はそのスコープを十分に説明せず、事前に提示した検討報告書6)も、第一印象としては論点が分かりづらいものと感じられた7)。これにしびれを切らし、筆者は非公式の専門家の協議の場に、宇宙活動に関わる脅威（放射線などの宇宙環境、デブリの衝突、破砕破片の襲来、除去した衛星などの地上落下、品質管理の不足による爆発事故や機能不全など）とそれらへの対象方法を検討する概念を説明した。しかし、議論は官僚的手続きの議論に移り有効な議論にはならなかった。そこで日本国の技術プリゼンテーションとして2011年2月と2012年2月の科学技術小委員会に、宇宙活動に関わる脅威とそれがもたらすリスク要因の識別とリスク評価を行ったうえで、それぞれに予防対策、監視体制、応急処置を構築する考え方を示し、それらの活動の成果として国連としてなすべきことを提言する活動を WG に期待する旨を提案した8)。

　WG議長はこれに「感銘した」と握手を求め、各国の専門家がどのような感想を持つか意見を聴取するように求めた。聴取の結果は好ましいものであったが、それが次のステップに結び付くことはなかった。というのも予め提出されていた行動計画（Terms of Reference）において検討項目が既に定められており、デブリに関する専門家グループが設置され、その議長が米国とイタリア

---

6) 国連 COPUOS/STSC、2010年2月会期、議題14への準備資料、A/AC.105/C.1/2010/CRP.3, "Long-term sustainability of outer space activities"
7) 個人的見解ではあるが、デブリの継続的増加、微小デブリの衝突リスク、デブリ同士の相互衝突による連鎖的デブリ増大の脅威などデブリ問題の背景や対策、国連デブリ低減ガイドラインなどの既存合意事項に触れていない。一方、ロケット飛行安全、衛星間電波干渉、宇宙天気など既に議論が進展している内容が強調されている。などが感じられた。
8) http://www.oosa.unvienna.org/pdf/pres/stsc2011/tech-28.pdf 及び http://www.oosa.unvienna.org/pdf/pres/stsc2012/tech-27E.pdf から参照可能

第 9 章　安全・平和を希求する国際的フレームワーク構築への努力

表 9-1　宇宙活動の長期持続性の検討作業の項目と作業内容

項目	作業内容
（a）地上の持続的発展のための宇宙活動	① 地上活動の発展のための宇宙科学・技術への貢献 ② 宇宙領域に拡張した持続的発展の概念 ③ 発展途上国の技術能力確立 ④ 限られた宇宙の資源への公平なアクセス
（b）スペースデブリ	① デブリの発生・増殖の低減策 ② 宇宙物体のデータの収集、共有、普及 ③ 重大な宇宙物体に関する再突入警報
（c）宇宙天気	① データの収集、共有、普及 ② 衛星・地上観測能力の維持 ③ 宇宙天気現象のインパクトの低減策
（d）宇宙運用	① 衝突回避のプロセスと手順 ② 打上げ前やマヌーバ前の注意報 ③ 共通規格、推奨行為、ガイドライン
（e）SSA 支援ツール	① 運用者の連絡情報の国際的、多国間的あるいは国家単位での登録 ② 衛星の運用情報に関する情報の蓄積・交換のためのデータセンター ③ 情報共有手順
（f）規制管理	① 宇宙平和利用に関する条約・原則の堅持 ② 加盟国の国家的宇宙活動の規制
（g）新規参入者への指針	① 宇宙システムの開発・運用に関する技術標準、教訓 ② マイクロ・サテライトあるいはそれより小さい衛星

から選出され、その検討項目（表 9-1）に沿って作業を進めることになっていたからである。筆者の提案に沿った進展はなかった。つまり安全保障問題とリンクする路線は動かなかったと言える。

　上記の検討は以下の 4 つの専門家グループに配分（図 9-3 参照）され、そこで議論を進めてベストプラクティスガイドラインと検討報告書をまとめることとなった。
・専門家会合 -A：地球の持続的発展を支援する宇宙の持続的利用
・専門家会合 -B：スペースデブリ、宇宙運用、協調した宇宙状況監視（SSA）を支援するツール
・専門家会合 -C：宇宙天気
・専門家会合 -D：規制制度、宇宙活動者へのガイダンス

　専門家会合の中でも「デブリ」、「宇宙運用」と「協調した宇宙状況監視を支援するツール」を扱う専門家会合 -B は、デブリ問題と安全保障問題の双方か

9.2 宇宙活動の長期持続性の検討

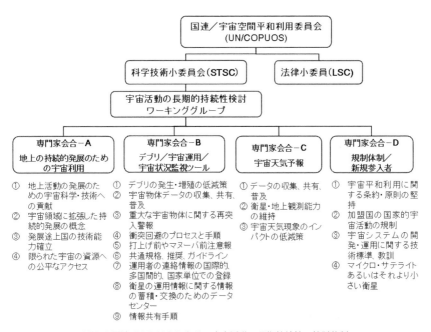

図 9-3 国連 COPUOS における宇宙活動の長期持続性の検討体制

ら検討を迫られる運命にあった[9]。

国連のウェブサイトから入手できる「A/AC.105/C.1/L.325 Workplan of expert group B: space debris, space operations and tools to support collaborative space situational awareness」では専門家会合-Bの主たるアウトプットを図 9-4 のように定めていた。

この構成は既に衝突回避に特化した記述を前提としている。即ち、(a) のスペースデブリ問題についてはデブリ低減の必要性が既に国連デブリ低減ガイドラインに載っていて再度繰り返す意義は少ないので、衝突による破片発生を強調するように方向付けられ、(b) の「宇宙運用」では衝突の回避に主に焦点

---

[9] 専門家会合 B 報告資料「UN COPUOS 49th Session of the Scientific and Technical Subcommittee Working Group on the Long-term Sustainability of Outer Space Activities Expert Group B Space Debris, Space Operations and Tools to Support Collaborative SSA」

をあて、接近解析の手順、衛星軌道の公表などの活動が記述される。これは軌道上に配備している物体の素性及びその運用計画を明らかにし、追跡・監視が確実に行えるようにすると共に不穏な動き（不穏な接近）を牽制することを目的とすることにも繋がる。(c) はこの接近解析への入力情報を収集する「宇宙状況監視支援ツール」であり、その内訳として衛星運用者間の情報交換、宇宙物体の軌道情報の収集・交換、データ交換の確実性を目指している。この背景には軌道物体の追跡が米国一国では経済的・地理的に限界があることから、最終的には同盟諸国で全天を監視する能力を増強したい背景があるとも読める。これら (a), (b), (c) は並列の活動ではなく、目的とその手順、必要なインフラを一連の記述とするものである。

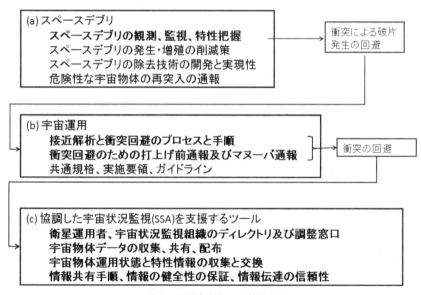

図 9-4 専門家会合 -B の検討項目

衝突を回避するための宇宙運用と軌道物体監視のコンセプトは、既に 2006 年に国際航空宇宙学会（IAA）が発行した宇宙交通管理（STM: Space Trafic Manegement）に関する報告書にみられる。そこでは STM を「物理的干渉や電波干渉を受けることなく、安全な宇宙へのアクセスと帰還、宇宙での運用を

推進するための技術面・規制面の諸規定」と定義し、STMに必要な4つの要素として以下を挙げている。そのうちの①と②が上記と類似の発想である。
①宇宙状況認識（SSA）：宇宙物体が、ある瞬間にどの軌道を回っているかについての正確な情報を、国際的に把握すること
②通報制度：ロケット打上げ前の通報、軌道上操作や計画的な軌道離脱の際の事前通報、衛星運用終了時や大気圏再突入時の通報
③運航規則：打上げの安全規則、軌道選択規則、軌道上運用規則などに関する具体的な運行規則を作成すること
④STMの国際管理制度は政府間国際機関により担保されること

一般に宇宙安全保障で求められるのは以下の軍事的脅威からの開放である。
①地対空（地対宇というべき）攻撃：地上発射あるいは空中発射ミサイルでの衛星破壊
②接近攻撃：近接して衝突物で打撃を与える攻撃、あるいはレーザを用いる攻撃
③自爆攻撃：自爆してその超高速の破片での攻撃（第二次大戦におけるVT信管と同種のコンセプト）
④軌道上捕獲：軌道上での他国の衛星の捕獲（破壊・回収あるいは別の用途に使用）
⑤サイバー攻撃（乗っ取り、制御機能破壊）：部品に潜ませた、あるいは外部から投入あるいは強制インストールしたウィルスによる制御能力の奪取

これらを未然に回避するためには少なくとも潜在的敵対国の打上げる衛星の打上げ時期、投入軌道、現在の軌道とその変更計画、自国衛星への接近の有無を把握することが必要になる。これらの活動の公開により透明性を確保する便宜的説明として「衝突回避責任」を問えれば有効に機能する可能性がある。これは安全保障の観点からであり、軌道環境の保全の観点からの要求仕様とは、監視すべき物体のサイズ（検出精度）、数量（安全保障上特定の衛星の保護に焦点を合わせるか、広い視野を求めるか）、他国との協調（デブリの衝突であれば米国JSpOCとサービス協定を締結すれば十分、それとも独自の安全保障

を目指すか)、その他の相違があるので、実際に監視手段を設ける際には目的を明確にする必要があろう。

　この観点を裏付けるように、2012年3月に日本宇宙フォーラムが開催した「宇宙開発利用の持続的発展のための"宇宙状況認識（Space Situational Awareness: SSA)"に関する国際シンポジウム」で米国国務省次官補代理は「米国はオバマ国家宇宙政策でTCBMの展開について、宇宙での責任ある活動と宇宙の平和利用を推奨するためにTCBMが必要であり、そのために宇宙空間平和利用委員会の『宇宙活動の長期持続性の検討』で民間セクターを含む宇宙機運用機関からの意見を取込むボトムアップの取組みを行っている」という趣旨を述べている[10]。筆者のメモによれば複数の米国講演者が「宇宙活動の長期持続性の検討」はTCBMに対するボトムアップ・アプローチであると述べている。逆に言えば「宇宙開発利用の各国、各機関が協力してデブリ問題に立ち向かうためには、当事者間におけるTCBMが重要な要素となる」（同シンポジウムにてAlex Soons IAASS理事談）とも言える。

　我が国の宇宙基本計画においても「多国間協力については、国連COPUOS、宇宙活動に関する国際行動規範への取組み、宇宙活動の透明性及び信頼醸成措置に関する政府専門家会合（GGE：Group of Governmental Experts）などにおいて、宇宙空間の平和利用や宇宙空間における責任ある行動のための透明性及び信頼醸成に関する措置（TCBM）の履行など持続可能な宇宙活動を実現するためのルールづくりに関する議論が実施されており、我が国の積極的な参加が求められている」[11]とある。

　以上の点で、長期持続性とTCBMを一体として進めることに合意が成立しているように見える。

　話をワーキンググループ全体に戻せば、各専門家会合は2014年2月ごろま

[10)] 「宇宙開発利用の持続的発展のための"宇宙状況認識（Space Situational Awareness: SSA)"に関する国際シンポジウム」成果報告書（概要編）2012年3月　財団法人 日本宇宙フォーラム
[11)] 第7回宇宙開発戦略本部（2013年1月25日）資料

でに順次検討報告をまとめ、最も遅れた専門家会合-Bは2014年6月のCOPUOS本会議の会期中に一応の検討結果をまとめた。この時点で出そろったベストプラクティスガイドライン（以下「ガイドライン」）は、国連事務局がウェブで公開している文書[12]及び2014年6月の国連宇宙空間平和利用委員会に検討委員会議長が提出した報告書[13]などで知ることができる（表9-2参照）。

表9-2 ベストプラクティスガイドライン案（2014年10月）

G[1]	Cat.[2]	宇宙活動の長期持続性の検討結果：ベストプラクティスの要旨
1	D.02	宇宙活動の長期持続可能性に関する経験や専門知識の共有
2	D.03	長期的持続性を高める情報の収集や情報の効果的な普及を容易にする手順の開発・採用
3	A.06	宇宙の持続的使用のための研究その他のイニシアチブの整備の促進
4	A.01	電波の使用は無線規則・ITU勧告に従って地球観測システムや宇宙サービスの要求を考慮
5	A.07	持続的活動に資する宇宙技術・手順・サービスの研究開発の推進・支持
6	B.08	宇宙物体の識別を助ける登録情報の提供
7	A.02	地上の持続可能な開発、災害リスク低減、災害早期警報、災害管理などへの適用の促進
8	D.05	宇宙活動の長期的持続性を高める非政府団体の活動の振興
9	D.10	宇宙活動者に対し、法と管理の下に明確なガイダンスを与える国家的法体系を適用すること
10	D.08	国家的法体系を整備・改訂・適用する際に国内ステークホルダからの助言を喚起
11	D.11	国内規制体系や国際標準の作成の際は、打上げ、衛星運用や再突入に伴う、人、財産、公衆衛生や環境へのリスクを考慮
12	D.06	国内規制体系を整備・運用する際には、宇宙活動の長期的持続性を考慮すべき。
13	D.09	規制の整備には、様々な選択肢のコスト、利益、不利益やリスクの比較衡量及び既存の国際基準を使用する潜在的利益の考慮
14	D.07	長期持続性に向けて効果的対策を整備する際は所管官庁内や所管官庁間でのコミュニケーションをとる
15	D.04	長期持続性に係わる規制や最善策に関して、適切に目標を定めた支援活動、能力開発、教育を実施
16	D.01	長期的持続可能性を強化する手段としての国際協力の推進

---

12) "Draft outline for the report of the Working Group on the Long-Term Sustainability of Outer Space Activities"（A/AC.105/2013/CRP.20）
13) "Proposal by the Chair of the Working Group on the Long-term Sustainability of Outer Space Activities for the consolidation of the set of draft guidelines on the long-term sustainability of outer space activities" A/AC.105/2014/CRP.5, Committee on the Peaceful Uses of Outer Space , Fifty-seventh session, Vienna, 11-20 June 2014 （http://www.oosa.unvienna.org/pdf/limited/l/AC105_2014_CRP05E.pdf）

17	A.03	発展途上国のニーズや利益を考慮した能力開発及びデータ取得可能性のための国際協力の推進
18	A.04	能力開発や技術移転を通じた宇宙活動の能力構築へ多くの国の関心の高まりを支援するため、知的財産権の侵害がなく、不拡散原則に従った、相互に合意できる範囲での国際協力を促進する際には長期持続性の要求に配慮せよ
19	A.05	能力開発を行う国家に人的資源を集め、技術的・法的能力や水準を規制枠組みに適合させることを支援する国際協力の推進
20	B.06	衛星運用情報に関する適切な連絡先の提供
21	B.01	スペースデブリ観測情報の収集、共有、普及の促進
22	B.02	スペースデブリ低減対策の実施
23	B.03	コントロールド・リエントリー(制御再突入)が、人及び財産に与えるリスクを制限
24	B.04	【軌道上運用の安全のための軌道データ精度を向上させる技術の促進】
25	B.05	軌道制御機能を有する衛星に対する接近解析の実施
26	B.07	宇宙物体の軌道情報共有での国際標準使用の推進
27	C.01	クリティカルな宇宙天気観測データの収集、保管、共有、校正、普及の支援・促進
28	C.02	ユーザ要望に応える先端的宇宙天気モデル・予報ツールの開発に関する支援と調整の促進
29	C.03	宇宙天気モデルからのアウトプットと予報の共有と配布の支援と促進
30	C.04	地上や軌道上システムへの宇宙天気の影響の低減及びリスク評価のための情報の共有・配布及びアクセスの支援と促進
31	C.05	地球規模の宇宙天気に関する能力に要求される教育・訓練・能力開発の促進
32	議長追加	宇宙活動主体は、政府などが発行する長期持続性を促進する規制体系、要求、政策に適合する手段を保有していることを保証
33	議長追加	宇宙活動主体は、宇宙活動の長期持続性を促進する適切なシステムと組織的文化を保有することを保証しなければならない。
34	追加提案	能動的除去(廃棄)に係わる開発・適用
35	追加提案	他国の宇宙関連地上インフラ及び情報インフラのセキュリティを尊重すること
36	追加提案	中長期に亘る宇宙活動の長期持続性の促進のための新技術への投資と配慮

1) ガイドライン仮番号　2) 専門家会合識別・一貫番号ガイドライン仮番号
追加提案は専門家会合の議論が終了した後にロシア、スイスなどがワーキンググループに直接提案したものである。

上記に加えて 2015 年 6 月の COPUOS 本会議前にロシアなどから以下の提案が出された。

9.2 宇宙活動の長期持続性の検討

表 9-2（2015 年 4 月追加分）ベストプラクティスガイドライン追加提案事項

G		追加提案の要旨
37	追加提案	国家及び国際組織は宇宙インフラストラクチャのセキュリティが宇宙活動の長期持続性を支える宇宙航行の安全に必須であることを認識し、宇宙システムの運用とサービスが依存する宇宙インフラストラクチャのセキュリティと復元力に関連する政策的手段を適用すること。
38	追加提案	国家は、その法的枠組みにおいて、宇宙環境において単に平和的性格の宇宙活動を実施することを約束する。その活動を実施するにおいては、国家は宇宙活動の透明性・信頼醸成措置に関する政府系専門家グループの報告書に留意すること。
39	追加提案	宇宙への悪影響を未然に防ぐための自己規制のための運用方法や技術的手段の適用
40	追加提案	宇宙物体登録の実行の一貫した強化
41	追加提案	発射準備と打上げ作業の過程で、打上げロケットと既に地球近傍に存在する物体との衝突を予測するために必要な、基本的な理解の獲得と実際的なアプローチの開発
42	追加提案	意図的な変更（環境悪化行為）による環境パラメータの危険な変化の防止
43	追加提案	他国の宇宙物体の搭載機器やソフトウェアへの無許可のアクセスを通じてその運用に干渉することを防ぐための政策の適用
44	追加提案	軌道上物体の破壊を招くような極端なオペレーションを含み、安全なる活動のための要求に取り組み、適合するための本質的で適切なベースを確認する方法
45	追加提案	特に非登録宇宙物体に適用されるような、宇宙物体の能動的除去や意図的破壊行為などを安全に履行することを保証するための、機能横断的共有検知手段の統合と維持、並びに多くのステップの定義
46	追加提案	効果的・継続的なガイドラインの履行とそれの評価・強化活動を保証するための規範的かつ組織的枠組みの確立

　表 9-2（2015 年追加分）は未だ一部の国の提案で共通認識にはなっていないので、本書では表 9-2 の 36 件のガイドラインに限定して分析を進めるが、これらは上位の指針から下位の配慮事項まで混在している。例えば 9 番は宇宙活動を管理するための国家的法体系を整備することを奨励しているが、10 〜 14 番はその際の注意事項・配慮事項に過ぎない。ワーキンググループでは 2014 年以降 2015 年 9 月現在まで、これらのガイドラインを重要度に応じて如何に整理するかが議論の対象になっているが、本来の趣旨から判断すれば表 9-3 のような区分が妥当であろう。

　この整理を分かりやすく図 9-5 に示した。言葉で表現すれば、全体を政府活動、宇宙活動実施者、リスク軽減策の 3 分野に分けて、まず政府の活動として、政府機関、民間、大学を問わず宇宙活動を実施する国内組織に対し、宇宙環境の長期的安定性を維持するための規制体系を設け、それに沿って指導・監督・審査すること。更にこれを社会へ周知・啓蒙すること、軌道環境の維持・改善

表 9-3 ガイドラインカテゴリ区分

分野	小分類	概要

政府の活動	法の整備・適用	国家的規制体系の採用
		・国家的法体系を適用（G-9）
		・国家的規制体系を整備する際に配慮すべき要素（G-10 + 11 + 12 + 13 + 14）
		  a) 国内規制体系を整備・運用する際に宇宙活動の長期的持続性を考慮（G-12）
		  b) 国家的法体系を整備・改訂・適用する際に国内ステークホルダに配慮（G-10）
		  c) 国内規制体系や国際標準の作成の際は、人、財産などへのリスクに配慮（G-11）
		  d) 規制の整備には、コスト、利益、不利益やリスクに配慮（G-13）
		  e) 長期持続性に向けて効果的対策を整備する際は所管官庁内外と調整する（G-14）

	支援活動	宇宙活動の認識喚起（G-7+8+15） ・地上の持続可能な開発、災害リスク低減、災害早期警報、災害管理などへの適用（G-7） ・宇宙活動の長期的持続性を高める非政府団体の活動の振興（G-8） ・適切に目標を定めた支援活動、能力開発、教育を実施（G-15）
	研究の促進・奨励	宇宙の持続的探求と利用を支援する手段の研究開発 ・宇宙の持続的使用のための研究その他のイニシアチブの整備の促進（G-3） ・持続的活動に資する宇宙技術・手順・サービスの研究開発の推進・支援（G-5） ・中長期に亘る宇宙活動の長期持続性の促進のための新技術への投資と配慮（G-36）リスク低減に寄与する研究の促進 ・軌道上運用の安全のための軌道データ精度を向上させる技術の促進（G-24） ・能動的除去に係わる開発・適用（G-34）

	国際協力	宇宙活動の長期持続性を支援するための国際協力
		・長期的持続可能性を強化する手段としての国際協力の推進（G-16）
		・能力開発や技術移転を通じた国際協力の際には長期持続性の要求に配慮（G-18）
		・能力開発（G-17+19+31）
		  a) 発展途上国への能力開発及びデータ提供のための国際協力の推進（G-17）
		  b) ・技術的・法的能力や水準を規制枠組みに適合させる国際協力（G-19）

	情報交換	宇宙活動の長期持続性に係わる経験と情報交換プロセジャの共有（G-1+2）
	外交上の配慮	他国の宇宙関連地上インフラ及び情報インフラのセキュリティを尊重すること（G-35）
宇宙活動実施者の活動	活動主体の責任	宇宙活動主体の責任 ・宇宙活動主体は、国内規制への適合を保証（G-32） ・宇宙活動主体は、長期持続性を促進する適切なシステムと組織的文化を保有（G-33） ・宇宙物体登録情報提供（G-6）
リスク軽減策	スペースデブリ	スペースデブリによる環境悪化対策 ・スペースデブリ低減対策の実施（G-22）
	衝突	衝突の回避 ・管制飛行物体の軌道運用中の接近評価（G-25） ・宇宙物体の軌道情報共有での国際標準使用の推進（G-26） ・軌道上デブリ研究の促進とデブリ観測情報の共有（G-21） ・接触窓口情報及び宇宙物体と軌道イベントに関する情報の提供（G-20）

自然環境	自然環境対策 ・宇宙天気観測データの収集、保管、共有、校正、普及の支援・促進（G-27） ・先端的宇宙天気モデル・予報ツールの開発に関する支援と調整の促進（G-28） ・宇宙天気モデルからのアウトプットと予報の共有と配布の支援と促進（G-29） ・宇宙天気の影響低減・リスク評価のための情報の共有・配布等（G-30） ・宇宙天気に関する能力に要求される教育・訓練・能力開発の促進（G-31）	
電波干渉	電波干渉対策 ・スペクトル保護（電波干渉の回避）（G-4）	
再突入被害	落下物体による地上被害の回避 ・制御再突入が、人及び財産に与えるリスクを制限（G-23）	

政府活動

国内規制体系整備
A. 国家宇宙活動の監督 (G-14+32+33)
E. 国家的規制体系の採用 (G-9+12)
F. 国家的規制体系を整備する際に配慮すべき要素 (G-10 + 11 + 13)

研究促進
J. 宇宙の持続的探求と利用の研究開発 (G-3+5)
P. 中長期的の新技術への投資と配慮 (G-36)
G. 能動的除去に係わる開発・適用 (G-34)

社会への周知・啓蒙
I. 宇宙活動の認識喚起 （G-7+8+15）

リスク低減策

衝突未然防止策/衝突回避支援策
L. 軌道運用中の接近評価 (G-25)
K. 宇宙物体の(軌道)データ (G-24+26)
M. デブリ観測研究促進と観測情報共有 (G-21)
B. 宇宙物体登録情報 (G-6)
C. 接触窓口情報、軌道変更情報 (G-20)

デブリ対策、再突入地上安全策
F. スペースデブリ低減対策の実施 (G-22)
F. 再突入が人、財産に与えるリスクを制限 (G-23)

電波干渉
D. スペクトル保護 (G-4)

宇宙天気(放射線等自然環境対策)
N. モデル・ツールの開発と影響低減策 (G-28+30)
O. 宇宙天気データと予報の共有 (G-27+29)

国際協力・協調

国際協力
Q. 長期持続性のための国際協力 (G-16+18)
R. 経験と情報交換プロセジャの共有 (G-1+2)

外交的配慮
H. 他国インフラのセキュリティ尊重 (G-35)

途上国支援
S. 能力開発 (G-17+19+31)

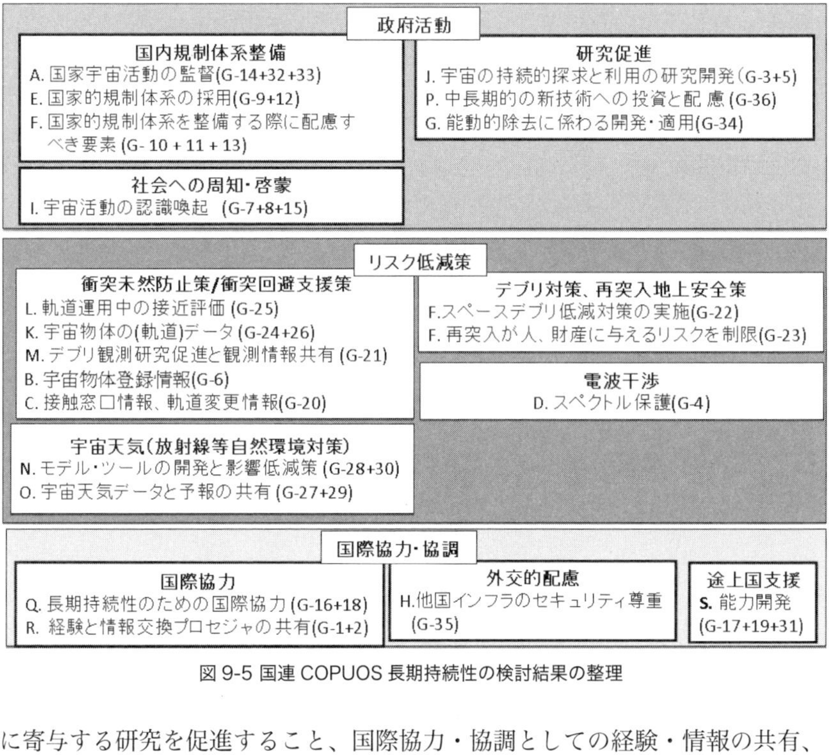

図 9-5 国連 COPUOS 長期持続性の検討結果の整理

に寄与する研究を促進すること、国際協力・協調としての経験・情報の共有、他国施設のセキュリティの尊重、発展途上国支援などが望まれる。宇宙活動実施者にはそのような政府方針あるいは国際的な約束を遵守する責任がある。技術的なリスク低減活動としては、デブリ対策、衝突未然防止、放射線など宇宙天気への対策、静止衛星間の電波干渉の回避、再突入被害の防止などが望まれ

第 9 章　安全・平和を希求する国際的フレームワーク構築への努力

る。

　結局、当初目論まれた安全保障の側面は成功したであろうか。最終的に専門家会合 -B から提言されたガイドラインは表 9-4 の 8 点である。これらのうち、既に国際的に条約・規格・決議・慣行で定められている方針（B.02, B.03, B.07, B.08）や努力目標（B.01）を除けば、新たな要求事項は衝突の恐れのある物体についての接近解析の実施（B.05）と相互に衝突回避行動をとるための連絡調整窓口の明確化（B.06）だけである。安全保障の観点から最も重要な軌道変更計画と変更先の事前通知は議論の過程で削除された。衛星運用の観点から重要な破砕事故あるいはその兆候の通報・情報開示なども議論に上らなかった。

表 9-4　専門家会合 -B の範囲のガイドライン

		ガイドライン
21	B.01	スペースデブリ観測情報の収集、共有、普及の促進 　国家あるいは国際組織は観測、監視、スペースデブリの特性（軌道特性、物理特性）の識別に関連する技術の開発と利用を奨励すること。また、それらから派生したデータ・プロダクト及び技術手法の共有及び普及の促進を図ること。
22	B.02	スペースデブリ低減対策の実施 　COPUOS デブリ低減ガイドラインに照らし、国家や国際政府間機関は、適用可能なメカニズムを通じて、スペースデブリ低減手段を提唱、確立、適用することが望ましい。
23	B.03	コントロールド・リエントリー（制御再突入）が、人及び財産に与えるリスクを制限 　宇宙機、ロケット軌道投入機体あるいは亜軌道体の有制御再突入の場合、国家や国際政府間機関は確立された手順を用いて空路・海路管制機構に警告を提供すること。
24	B.04	軌道上運用の安全のための軌道データ精度を向上させる技術の促進 　宇宙運用（の安全）が軌道情報と関連するデータの精度に強く依存することを認識し、国家は、宇宙物体の軌道に関する情報の改善手法について研究を促進すること。それらの手法は、軌道上の受動的・能動的追尾手段を含め、既存あるいは新設のセンサの能力や配置メカニズムの点で異なるデータソースからのデータの統合及び確認を行うための国内・国際活動を含めたものになるであろう。
25	B.05	軌道制御機能を有する衛星に対する接近解析の実施 　経路を調整できるすべての宇宙機は、軌道管理中の軌道フェーズの間、現在及び計画中の軌道について、他の宇宙物体との接近評価を実施すること。 　民間セクターを含み、宇宙機運用者が接近評価を行うことができないならば、常時接近評価を行う適切な機関の支援を得ることが望ましい。 　接近解析のプロセスには、必要に応じて、関連する宇宙物体の軌道決定の改善、衝突の可能性のある宇宙物体の現在及び計画中の経路のスクリーニング、経路の調整が衝突リスクの低減に必要か否かの判断を含み、他の運用者及び／あるいは接近評価に責任を持つ運用組織との調整を含む。 　各国政府及び国際組織に接近解析に共通するアプローチの作成と実行を推奨する。

20	B.06	衛星運用情報に関する適切な連絡先の提供 　国家及び国際組織は、宇宙機の運用と接近評価に責任を有する適切な主体について調整窓口情報を交換することが奨励される。 　国家及び国際組織は、軌道上衝突、軌道上破砕及び偶発的衝突の確率を上昇させるその他のイベントについて、その発生確率を低減し、有効な対応を準備するためのタイムリな調整を可能にする適切な要領を確立すること。
26	B.07	宇宙物体の軌道情報共有での国際標準使用の推進 　宇宙物体の軌道情報を共有する際は、協調作業や情報交換を可能にするために、共通の国際的に認知された規格を用いること。 　宇宙物体の現在の位置及び予想される位置に関する情報を共有する体制を整備することで、潜在的衝突のタイムリな予測と防止が可能になる。
6	B.08	宇宙物体の識別を助ける登録情報の提供 　国および国際政府間組織は、登録条約に対応して宇宙物体の登録情報を提供すること。更に、国連総会決議61/101の「国家あるいは国際政府間組織が行う宇宙物体の登録の強化に関する勧告」に示されているように、登録情報の補足情報を提供するよう配慮すること。宇宙物体の識別を支援し、宇宙の平和的探査と利用に貢献するために国はこの登録情報を可及的速やかに国連事務局に提供すること。

　上記を見る限り、透明性の確保には至っていない。欧米露の政府レベルの思惑と専門家会合参加者との間に、十分な意思の疎通があったとは思えない。欧州の専門家は「専門家会合は個人の資格で発言したものであり、国の見解を代表したものではない」と明言する者がいた。欧米の会議参加者にしばしば見られる個人主義的態度である。ロシアは専門家会合で留保された案件を直接ワーキンググループに提案した。結果として安全保障面や宇宙活動の安全面の観点よりも国としての責任を果たすための法制化、衝突回避、宇宙天気対策（放射線など自然環境対策）、国際協調と途上国支援が強調されたものとなった。

　技術士の立場からは、安全保障の観点と宇宙活動の持続性の保証の観点を十分識別せずに国際行動規範や TCBM の議論を進めるのにはやや違和感がある。長期持続性の観点と TCBM の観点では規制すべき内容と解決へのアプローチが異なる。TCBM の主眼は米国の講演者の発言を借りれば「対話を進めること。それにより誤解を少なくすること」で、そのための情報共有を進めることであろう。

　持続性の保証の議論であれば、運用する宇宙システムを保護することが軌道環境の保全、宇宙活動の持続性の保証につながるという点を強調すべきである。

具体的には両者の差は表 9-5 のように整理できるであろう。些細な相違と思われるかもしれないが、現実にはそれぞれの会議の場で、目的とするものを明確にしないと目的とガイドラインが整合せず、結局どっちつかずのガイドラインができてしまうことを懸念する。そのような会合を幾つか見てきた経験からくる懸念である。現状では衝突を回避するために宇宙物体の素性を明らかにし、その軌道及び軌道変更計画を開示することを目指しているように感じられる。

表 9-5 安全保障上のキーポイントと長期持続性の保証に関わるキーポイント

	安全保障上のキーポイント	宇宙活動の持続性の保証に関わるキーポイント
ミッションの性格 衛星の設計	① 軍事演習・シミュレーションは行わないこと ② 周波数の使用と軌道位置についてITUに従うこと	① 多量の散布物を放出しないこと ② 品質保証技術の共有による故障防止
打上げ (国連登録事項)	国連への登録条約に従い、ロケットを打ち上げる場合は事前に公表し、その搭載物が弾道ミサイルでないことを説明する。	① ロケットが上昇中に宇宙システム、特に宇宙ステーションや有人機と接触しないよう配慮する ② 軌道投入するロケットや衛星の軌道を公開し、速やかに衝突回避が可能になる体制となるよう相互協力する
軌道投入 (国連登録事項)	衛星の運用開始にあたり、衛星名称、運用者名を国連に登録して素性を明らかにする。 宇宙兵器の展開ではないことを説明する。	衛星の運用開始にあたり、衛星名称、運用者名を国連に登録し、衝突の懸念がある場合の調整窓口を明らかにする。
軌道操作	① ランデブ・ドッキングの計画は事前に公表し、軍事力の増強などの意図がないことを説明する ② 突然の軌道変更で姿を隠し、安全保障面の不安感を与えないようにする。 ③ 他国の衛星に接近する際は通知すること（接近、自爆による破壊の懸念）	大きな軌道変更を行う場合は事前に予告し、地上からの捕捉が途切れないようにし、衝突の予知が可能な状態が維持できるようにする。
破砕事故	破砕事故が発生した場合、それが意図的なものでないことを公表する	① 衛星の内部を定期的に監視し、破砕事故の兆候を検知したら速やかに破砕防止処置をとる。 ② 破砕事故で多量の破片が発生した場合は公表し、ロケットの打上げ計画や近傍の軌道の運用計画に配慮を求める。 ③ 破砕事故を起こす品質の欠陥を防ぐこと。

運用終了 (国連登録事項)	廃棄処置で軌道を急に変更する場合は公表する	① 衝突を避けるために有用な軌道域（静止軌道域、低高度軌道域等）から離脱させる。 ② 残留エネルギの排除などを行い、破砕事故を防止する。 ③ 運用の終了を国連に登録し、衝突回避能力を失ったことを公表する。
再突入	① 再突入が軌道上から地表を攻撃するものではないことを事前に公表する。その中で物体の危険性、毒性について公表する。 ② 落下地点を制御する場合は周辺国に情報を提供する。制御しない場合は再突入時刻、破片分散域などを時間経過と共に逐次最新の予測値を公表する。	① 地上の被災を防ぐため、再突入溶融度を向上させる努力を続ける。 ② 地表に落下する恐れのある衛星などの落下について公表する。 ③ 落下傷害予測数及び地球環境の汚染につながる物体の危険性、毒性について公表する。 ④ 落下地点を制御する場合は周辺国や海路・航空路管制部局に情報を提供する。制御しない場合は再突入時刻、破片分散域などを時間経過と共に逐次最新の予測値を公表する。

9.3 宇宙活動に関する国際行動規範

　国連デブリ低減ガイドラインが制定されたことに勢いを得て、欧州からは2008年12月に「宇宙活動に関する行動規範」を欧州域内で発行し、2009年にこれを各国の共通規範と認めるように国際社会に働きかけた。これに対して米国はこれを「国際行動規範」として制定するように提案し、現在はその方向に議論が進んでいる。

　この行動規範の背景には安全保障面からの動機づけがあった。外務省のホームページによれば、当時ジュネーブ軍縮会議（CD）及び国連宇宙空間平和利用委員会（COPUOS）を含む宇宙関連の多国間協議の場で法的拘束力を有する新たな条約の策定が困難な中、いわゆるソフトローの策定により各国の関連の条約などの適切な履行を確保し、宇宙ガバナンスを構築しようとする時流が形成されつつあった。その中で2008年12月に欧州連合（EU）がこの行動規範案を採択し、2010年9月にはその改訂版が採択された。その後、2012年2月に行動規範フレンズ会合（約15か国参加）、3月に準備会合（約30か国参加）が開催され、6月5日にはすべての国連加盟国に開かれた最初の多国間会合が開催された。更に2013年5月ウクライナの首都キエフにて第1回オー

プンエンド協議が開催され、本格的な協議が開始されている。我が国も2012年1月に外務大臣により我が国としてもこの国際的な議論に積極的に参加する用意がある旨表明している。

この行動規範は、外務省によれば「スペースデブリの発生を防止し、安全な宇宙環境を実現することを目的としている。具体的には、宇宙物体同士の事故などの干渉可能性を最小化すること、宇宙物体の意図的な破壊を差し控えること、宇宙物体への危険な接近をもたらす可能性のある運用予定・軌道変更・再突入などのリスクを通報すること、他国による違反の可能性がある場合に協議を要請することなどに国際行動規範案は言及している」14)とのことである。

その具体的内容を2013年9月に発行された第16版で確認しよう。構成を図9-6に示す。このように全体を俯瞰すれば、この行動規範の基本概念は、安

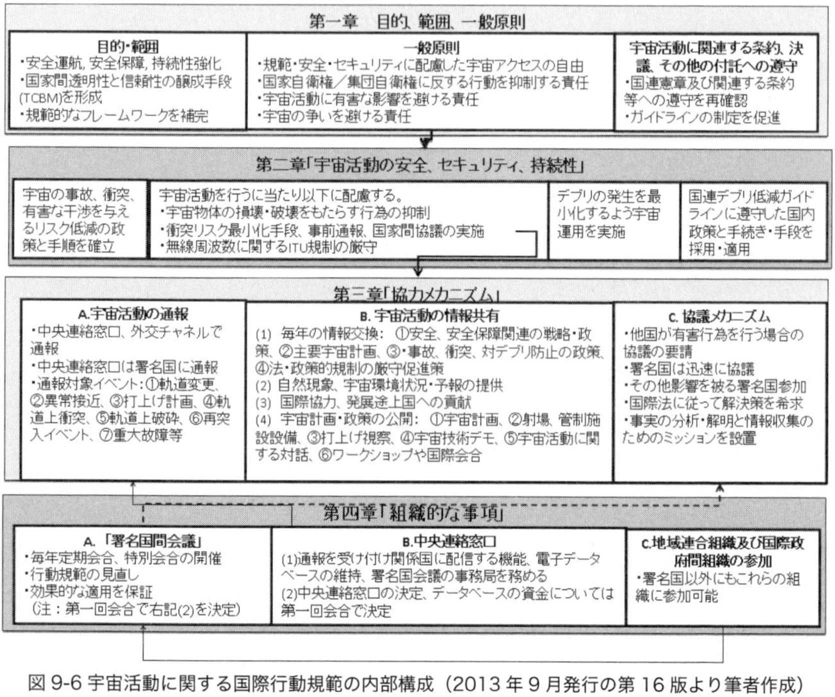

第一章　目的、範囲、一般原則		
目的・範囲 ・安全運航、安全保障、持続性強化 ・国家間透明性と信頼性の醸成手段(TCBM)を形成 ・規範的なフレームワークを補完	**一般原則** ・規範・安全・セキュリティに配慮した宇宙アクセスの自由 ・国家自衛権／集団自衛権に反する行動を抑制する責任 ・宇宙活動に有害な影響を避ける責任 ・宇宙の争いを避ける責任	**宇宙活動に関する条約、決議、その他の付託への遵守** ・国連憲章及び関連する条約等への遵守を再確認 ・ガイドラインの制定を促進

第二章「宇宙活動の安全、セキュリティ、持続性」			
宇宙の事故、衝突、有害な干渉を与えるリスク低減の政策と手順を確立	宇宙活動を行うに当たり以下に配慮する。 ・宇宙物体の損傷・破壊をもたらす行為の抑制 ・衝突リスク最小化手段、事前通報、国家間協議の実施 ・無線周波数に関するITU規制の厳守	デブリの発生を最小化するよう宇宙運用を実施	国連デブリ低減ガイドラインに遵守した国内政策と手続き・手段を採用・適用

第三章「協力メカニズム」		
A.宇宙活動の通報 ・中央連絡窓口、外交チャネルで通報 ・中央連絡窓口は署名国に通報 ・通報対象イベント：①軌道変更、②異常接近、③打上げ計画、④軌道上衝突、⑤軌道上破砕、⑥再突入イベント、⑦重大故障等	**B.宇宙活動の情報共有** (1) 毎年の情報交換：①安全、安全保障関連の戦略・政策、②主要宇宙計画、③事故、衝突、対デブリ防止の政策、④法・政策的規制の厳守促進策 (2) 自然現象、宇宙環境状況・予報の提供 (3) 国際協力、発展途上国への貢献 (4) 宇宙計画・政策の公開：①宇宙計画、②射場、管制施設設備、③打上げ視察、④宇宙技術デモ、⑤宇宙活動に関する対話、⑥ワークショップや国際会合	**C.協議メカニズム** ・他国が有害行為を行う場合の協議の要請 ・署名国は迅速に協議 ・その他影響を被る署名国参加 ・国際法に従って解決策を希求 ・事実の分析・解明と情報収集のためのミッションを設置

第四章「組織的な事項」		
A.「署名国間会議」 ・毎年定期会合、特別会合の開催 ・行動規範の見直し ・効果的な適用を保証 (注：第一回会合で右記(2)を決定)	**B.中央連絡窓口** (1)通報を受け付け関係国に配信する機能、電子データベースの維持、署名国会議の事務局を務める (2)中央連絡窓口の決定、データベースの資金については第一回会合で決定	**C.地域連合組織及び国際政府間組織の参加** ・署名国以外にもこれらの組織に参加可能

図9-6 宇宙活動に関する国際行動規範の内部構成（2013年9月発行の第16版より筆者作成）

---

14) 外務省ホームページ http://www.mofa.go.jp/mofaj/gaiko/space/kokusaikoudou.html

全運航／安全保障／宇宙活動の長期持続性の確保のための国際協力メカニズム、違反があった場合の協議メカニズムについて広く言及するもので、デブリ問題よりは TCBM の構築に貢献するものと考えられる。

この図から行動規範の趣旨を簡潔に表現するならば、「宇宙へのアクセスの自由は安全運航、安全保障、宇宙活動の長期持続性の確保を心掛ける者に開かれたもので、各国は互いの自衛権を侵さない責任、軌道環境を悪化させない責任、宇宙の場での争いを避ける責任を有することを基本原則とし、自国内の政策などを確立してそれを順守した宇宙活動を行うこと。またこれを国際協調メカニズムのなかで透明性を保証して情報共有を図り、これに違反する行為は協議メカニズムの中で解決を図る。その手段として中央連絡窓口による通報、署名国間会合の場を設ける」というものである。後述の GGE レポートのように具体的な透明性と信頼醸成の措置（TCBM）を定義するよりも、情報共有と協議の場を提供する「国際協力メカニズム」を設けることを主眼としている。

それではもう少し詳しく、個々の章・項の記載内容を確認してみよう。

第 1 章「目的、範囲、一般原則」の第一項「目的・範囲」では、この行動規範が「宇宙活動の安全、セキュリティ、持続性を強化するもの」とあり、「対立を防ぎ、国家間のセキュリティと安定性の育成を助ける相互の理解と信頼感を作り上げるための、透明性と信頼醸成の措置（TCBM）を形成するもので、宇宙活動を規制する規範的なフレームワークを補完するものである」としているが、一方では「この行動規範のへの署名は任意である。法的拘束力は無い」とされている。

第 1 章の第 2 項「一般原則」では署名した国は以下の理念に従うよう求められている。
・世界の規範を守り、安全・セキュリティ性に配慮した上での宇宙へのアクセスの自由
・領土保全や政治的独立に対する威嚇や武力の行使、あるいはいかなる形でも国連憲章並びに同憲章の認める個別国家自衛権／集団自衛権と一致しない行動を抑制する責任

・宇宙活動に有害な影響を避けるために可能限りの方策を講ずる責任
・平和的宇宙活動を推進し、宇宙が争いの場にならないようにあらゆる手段を講じる責任

　第1章の第3項「宇宙活動に関連する条約、決議、その他の付託への遵守」では、「国連憲章及び関連する条約などへの遵守を再確認し、そのような枠組みに取り決めを完璧に堅持する努力を支持するよう再確認する」こととして「既存の法的枠組み（宇宙関係条約、ITU勧告、核実験禁止条約など）」（6件）及び「宣言、基本原則、勧告、ガイドライン」（7件）を列挙し、更に、「適切な国際フォーラムにおいて宇宙運用の安全・セキュリティと宇宙活動の長期持続性を推進するためのガイドラインの制定を促進すること」を求めている。

　第2章「宇宙活動の安全、セキュリティ、持続性」では宇宙運用及びデブリ低減方策として以下について求めている。
(1) 宇宙の事故、宇宙物体同志の衝突、その他他国の平和的宇宙活動に有害な干渉を与えるリスクを低減するための政策と手順を確立する。
(2) 宇宙活動を行うに当たり以下に配慮する。
　a) 正当な理由なしに宇宙物体の損壊・破壊をもたらす行為を慎むこと
　　①特に人命及び健康に危害が及ぶ場合は安全規制にて
　　②個人の権利及び集団的自衛権を含む国連憲章にて
　　③デブリの発生を削減することにて
　　そして、例外的行為が必要な場合は、可能な限りデブリの発生を最小化する方法で実行する。
　b) 衝突のリスクを最小化するために、技術的手段、事前通報、国家間の協議などの適切な手段を講ずること。
　c) 無線周波数の配分と軌道上配置並びに有害な無線周波数の干渉対策に関するITU規制を厳守し、実行すること
(3) デブリの発生を最小化し、その影響を低減するために最大限可能な限り、打上げ、軌道上運用期間を含む通常の宇宙運用の実施を制限する。
(4) そのために国内手続きに従い、国連デブリ低減ガイドラインを適用する

ための適切な政策と手続きあるいは有効な手段を採用・適用することを確認する。

第3章「協力メカニズム」では「宇宙活動の通報」、「宇宙活動の情報共有」、「協議メカニズム」について触れている。この章がこの行動規範の主眼となるものであろう。

まず「宇宙活動の通報」では、加盟国に影響を与える恐れのあるイベントを中央連絡窓口、外交チャネルなどで通報し、中央連絡窓口は全ての関連する署名国にタイムリに通報することとなっている。この通報対象のイベントには、計画的軌道変更、衝突リスクのある接近、打上げ計画、軌道上衝突、軌道上破砕などの発生、ハイリスクな再突入イベント、重大な故障が列挙されている。

次の「宇宙活動の情報共有」では以下の情報共有が記されている。

(1) 毎年以下に関する情報を共有すること。
  a) 宇宙活動の安全、セキュリティ、持続性に影響する宇宙戦略及び政策
  b) 主要な宇宙探査及び宇宙利用のプログラム
  c) 事故、衝突、デブリの発生などを防止・最小化する宇宙政策及び手続き
  d) 法的・政策的規制の適用・厳守を促進する作業
(2) SSAで得られた自然現象[15]、宇宙環境状況・予報に関係する情報を政府機関及び非政府機関にタイムリに提供すること。
(3) 技術保全、関連規制の許容する範囲で国際協力を促進・育成し、発展途上国に貢献すること。
(4) 自国のプログラム、政策、宇宙探査・利用に関する計画を公開する。これには以下が含まれる。
  a) 宇宙活動計画に対する国際的理解を得るための公開
  b) 射場、飛行管制センター、その他の施設設備への専門家の招致
  c) 打上げ視察
  d) 宇宙関連技術のデモンストレーション

---

[15] ここで自然環境が加えられているが、「宇宙状況監視（SSA）」の定義は各国で統一されておらず、欧州では宇宙物体、自然環境、小惑星が含まれた概念になっている。

e) 宇宙活動情報を明確にするための対話
f) ワークショップや会合の開催

　最後の「協議メカニズム」では、この行動規範に反して人的傷害及び物的損壊、その他有害な影響を与える宇宙活動をどこかの国が行う場合、その解決策を得るための協議を要請するとあり、協議プロセスに参加する署名国は、外交チャネルなどを通じて迅速に協議する。その他の署名国も影響を受けるならばその協議に参加する。参加国は国際法に従って受け入れ可能な解決策を希求するとされている。
　加えて、事実の分析・解明と情報の収集のためのミッションを設けることを提案している。当該ミッションは、法律や規則に沿って署名国がボランタリベースで提供した情報を用い、解明された事実や勧告は助言レベルのものであり、署名国間で共有される。この行動規範の前身の欧州行動規範には違反があった場合の協議、査察などが記されていたが、この国際行動規範ではリスクがある場合の協議に限定され、査察についての言及もなくなっている。

　第4章「組織的な事項」では「署名国間会議」、「中央連絡窓口」、「地域連合組織及び国際政府間組織の参加」について述べている。
　「署名国会議」では毎年定期会合を持ち、この行動規範の見直しなどを行い、効果的な適用を保証するとし、「中央連絡窓口」では、通報を受け付け関係国に配信する機能、電子データベースの維持、署名国会議の事務局を務める中央連絡窓口を置くとされている。この中央連絡窓口ならびにデータベースの資金については第一回会合で決定される。「地域連合組織及び国際政府間組織の参加」では署名国以外にもこれらの組織に参加することができるとある。

　これは安全運航、安全保障、宇宙活動の長期持続性の確保のための一般原則をベースラインとして、それへの順守を求める形をとっている。主眼が置かれているのは、協議のメカニズムとして書かれている「通報」、「登録」、「情報共有」、「違反に対する対処」を通しての「透明性と信頼醸成」の措置である。この行動規範の中ではデブリ問題は最早主流ではない。あくまでも安全保障の観

点からの対処が主流である。

　この種の外交文書は技術的実現性の議論は本質ではない。実際には国連スペースデブリ低減ガイドラインを完全に順守できる国はないであろうから、この国際行動規範が真に厳格に適用されれば幾つかの問題は発生するであろう。今後、基本精神を維持しつつ表現方法の工夫で問題の発生を最小化する必要がある。外交上の駆け引きの陰で技術的実現性の評価が無視されないことを祈らなければならない。

9.4 透明性及び信頼醸成措置

　国連事務局は 2012 年に「宇宙活動の透明性及び信頼醸成措置に関する政府専門家グループ」(Group of Governmental Experts on Transparency and Co-nfidence-Building Measures in Outer Space Activities)（通称 GGE）を設置し、3 回の会合を開催し、第三回会合にて報告書を作成して全会一致でそれに合意した。その最終報告書は、2013 年 9 月に開催された第 68 回国連総会に提出された。

　このグループは、ブラジル、チリ、中国、フランス、イタリア、カザフスタン、ナイジェリア、韓国、ロシア、ルーマニア、南アフリカ、スリランカ、ウクライナ、英国及び米国の 15 か国の専門家で構成されている。日本は正式メンバとしては参加していない。当該 15 か国の中でこの種の議論ができる国は実質的に約半数程度、多く見てもその 1〜2 割増し程度と思える。この会合の議長はロシアの代表者 (Mr. Victor L. Vasiliev Deputy Permanent Representative Mission of the Russian Federation to the United Nations and other international organizations （Geneva）) であり、全体の進行をロシアが管理したものと推測される。

　2013 年 7 月に作成された GGE の報告書の結論では、「世界が宇宙システム・技術への依存度を増しており、そこから提供される情報は、宇宙活動の持続性とセキュリティの面で脅威に曝されている。これに協調して対処することが必要である」とまとめている。報告書に記されている一連の TCBM を図

9-7 にまとめた。これには、宇宙政策、宇宙活動計画と最終目標、宇宙用軍事支出などの公開、リスク低減を目的とする宇宙活動の通報、打上げ射場と施設の訪問などの国家宇宙政策に関する情報の交換を含んでいる。更に、宇宙活動参入国の間の相互関係の改善、情報と曖昧な状態を明確にするための調整と協議のメカニズムを含めている。この TCBM の効果的適用を推進するために、国連軍縮事務局、宇宙問題事務局、その他の国連組織が調整するように求めている。

これらすべてが遵守されれば確かに平和の保証に向けた確実な前進となろう。

この報告書の内容と前項で紹介した「宇宙活動の長期持続性の検討」を比較すると、かつて我が国から長期持続性の検討項目として指摘した破砕事故や故障の通報など広い範囲が含まれていて、むしろこちらが長期持続性の検討にふさわしいとさえ思えてくる。一方では、世界各国が、宇宙活動計画や衛星情報の公開など真摯に実行するのか疑問を感じる面もある。

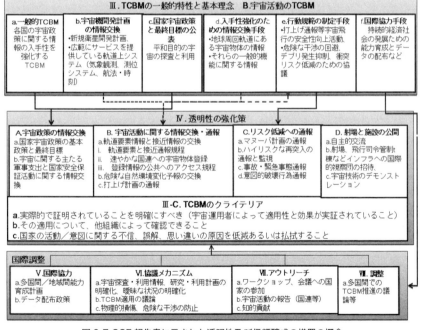

図 9-7 GGE 報告書に示された透明性及び信頼醸成の措置の概念

9.5 国際的取組のまとめ

　前項までで、国連による長期持続性の検討、宇宙活動の国際行動規範、GGE による透明性・信頼醸成措置の検討を見てきた。これらの比較を表 9-6 に示す。

　2007 年に制定された「国連デブリ低減ガイドライン」では、デブリ問題の改善を各国の自主管理に委ねてきたが、より効果的に世界で共通の行動要領を制定して協調しようとするのが「宇宙活動の長期持続性の確保」の議論とそこで設定されるベストプラクティスであろう。

　しかし、これれらはあくまでも善意の自主管理を前提とするものである。近年の意図的破壊行為の実験が象徴する不安定な時代を懸念すれば、各国が互いに監視し合い、無責任な行動が検知されれば協議の場を持って疑惑の解消を図るべきであるとの管理の時代を象徴するのが国際行動規範であり、そこでは国際協力メカニズム、協議メカニズムを主眼とした規制・調整面への取り組みを重視しているようである。

　更にこの動きを加速させ、性善説を捨て、平素の透明性の保証として具体的な情報公開（戦略、計画、技術、システム、設備などの全面開示）の具体的手段にまでより深く言及するのが GGE ということになるだろう、（国際行動規範が西側主導、GGE がロシア側主導であることにも配慮すべきであるが）。

　この動きの中で、「宇宙活動の長期持続性の検討」では、結局真の意味での宇宙航行安全の保証までは手が届かず、一方、TCBM を強く訴えている訳でもないという曖昧さが残っている。

　議論の開始前に、「宇宙航行安全のために重要である」と日本側が問題提起した破砕事故に関する情報提供などは、むしろ安全保障のための国際行動規範や GGE に書かれているというのは皮肉な現象である。

　いずれにせよ純粋のデブリ対策は最早「国連デブリ対策低減ガイドライン」以上の深い議論は行われず、TCBM に焦点を合わせた安全保障のための国際協調の必要性を訴える活動が主流となっている。

表 9-6 国際的デブリ対策、TCBM（透明性及び信頼醸成措置）の促進関連活動の比較

		国際行動規範	GGE	長期持続性の検討
	国家の責任			a. 国家的規制体系の採用（G-9+12） b. 国家宇宙活動の監督（G-14+32+33） c. 国家的規制体系を整備する際に配慮すべき要素（G-10 + 11 + 13）
1	宇宙戦略・政策の情報提供	72. 宇宙活動の安全、セキュリティ、持続性に影響する宇宙戦略及び政策の情報交換 74. 事故、衝突、デブリ対策に係わる宇宙政策及び手続き	III -B-c. 国家宇宙政策と最終目標の公表 IV -A. 宇宙政策の情報交換 a. 国家宇宙政策の基本政策と最終目標 b. 宇宙に関する軍事支出と安全保証活動に関する情報交換	
2	宇宙プログラムの情報提供	73. 宇宙探査・利用のプログラム 78. 宇宙計画、政策、宇宙探査・利用計画公開・宇宙技術のデモンストレーション	III -B-b. 宇宙開発計画の情報交換 ・新規宇宙機開発計画、 ・運用中の軌道上システム III -B-d. 人手性強化のための情報交換手段 ・地球周回軌道による宇宙物体の情報 ・それらの一般的機能に関する情報	
3	宇宙活動の情報提供	58. 衝突リスクのある接近	IV -B. 宇宙活動に関する情報交換・通報 a. 軌道要素情報と接近通報規程 i. 軌道要素と接近通報規程 ii. 速やかな国連への宇宙物体登録 iii. 登録情報の公共へのアクセス規程	a. 宇宙物体登録情報提供（G-6） b. スペースデブリ観測情報の収集、共有、普及の促進 c. 宇宙物体の軌道情報共有での国際標準使用の推進 d. 接触窓口情報及び宇宙物体と軌道イベントに関する情報（G-20）
4	宇宙天気（自然環境）への対応	76. 自然現象、宇宙環境状況・予報の提供	b. 宇宙の危険な自然環境変化予報の交換	a. 宇宙天気観測データの収集、保管、共有、校正、普及の支援・促進 b. 先端的宇宙天気モデル・予報ツールの開発に関する支援と調整の促進 c. 宇宙天気モデルからのアウトプットと予報の共有と配布の支援と促進 d. 宇宙天気の影響の低減及びリスク評価のための情報の共有・配布

9.5 国際的取組のまとめ

			c. 打上げ計画の通報	d. 打上げ前通報
5	打上げ計画	59. 打上げ計画		
6	リスク対応		IV-C. リスク低減への通報	a. スペースデブリ低減対策の実施
		57. 計画的軌道変更	a. マヌーバ計画の通報	
		62. ハイリスクな再突入イベント	b. ハイリスクな再突入の通報と監視	c. 制御再突入によるリスクを制限 軌道運用中の接近評価 (G-25)
		60. 軌道上衝突、61. 軌道上破砕などの発生 重大な故障	d. 事故・緊急事態の通報	
		61. 軌道上破砕などの発生	e. 意図的破壊行為の通報	無線規則・ITU 勧告への配慮 (G-4)
7	射場、施設の公開	78. 宇宙計画、政策、宇宙探査・利用計画公開 射場、飛行管制センターなどへの専門家招致 ・打上げ視察・宇宙関連技術のデモンストレーション	IV-D. 射場と施設の公開 a. 自主的交流 b. 射場、司令管制センターなどへの視察団招待 c. ロケットなど宇宙技術のデモ	
8	国際貢献	77. 国際協力を促進・育成し、発展途上国に貢献	V. 国際協力 a. 多国間/地域間能力育成計画	a. 宇宙活動の長期的持続可能性に関する経験や専門知識の共有 b. 宇宙活動の長期的持続性を高める情報の収集や情報の効果的な普及を容易にする手順の開発・採用 c. 宇宙活動の長期的持続性を高める非政府団体の活動の振興 d. 能力開発 (G-17+19+31) ・発展途上国への能力開発及びデータ提供のための国際協力の推進 (G-17) ・技術的・法的能力水準を規制枠組みに適合させる国際協力 (G-19) ・宇宙天気に関する能力に要求される教育・訓練・能力開発の促進 (G-31)

第9章 安全・平和を希求する国際的フレームワーク構築への努力

9	データ	102. 電子データベースの維持	b. データ配布政策	a. 軌道上運用の安全のための軌道データ精度を向上させる技術の促進 (G-24) b. 宇宙物体の軌道情報共有での国際標準使用の推進 (G-26)
10	協議	81. 違反行為に関する協議。 90. 年次会合及び特別会合を開催	VI. 協議メカニズム a. 宇宙探査・利用情報、研究計画などの明確化 b. TCBM 適用の議論 c. 物理的損傷、危険な干渉の防止	
11	周知・貢献	78. 宇宙計画、政策、宇宙探査・利用計画を公開 ・宇宙活動計画の公開 ・宇宙活動情報を明確にするための対話 ・ワークショップや会合の開催	VII. アウトリーチ a. ワークショップ、会議への国家の参加(国連など) b. 宇宙活動の報告 c. 知的貢献	
	内政			a. 地上の持続可能な開発、災害リスク低減、災害早期警報、災害管理などへの適用 (G-7) b. 宇宙活動の長期的持続性を高める非政府団体の活動の振興 (G-8)
	国際協力 外交			a. 長期的持続可能性を強化する手段としての国際協力の推進 (G-16) b. 能力開発や技術移転を通じた国際協力の際には長期持続性に係る要求に配慮 (G-18) c. 宇宙活動の長期持続性に係る経験と情報交換プロセスの共有 (G-1+2) d. 他国の宇宙関連地上インフラ及び情報インフラのセキュリティを尊重すること (G-35)
	研究			a. 宇宙の持続的使用のための研究その他のインフラの整備の促進 (G-3) b. 持続的活動に資する宇宙技術・手順・サービスの研究開発の推進・支持 (G-5) c. 軌道上運用の安全のための軌道データ精度を向上させる技術の促進 d. 能動的除去に係わる開発・適用 (G-34)

9.6 日本の取り組み

日本の取り組みについて語るには以下の要素について述べなくてはならないが、既に様々な文書が公開されているのでここではデブリ問題に特化して概観を述べる。
(1) 宇宙基本法
(2) 宇宙基本計画
(3) 宇宙に関する日米対話
(4) 日米宇宙協議

9.6.1 宇宙基本法

宇宙基本法（平成25年5月28日法律第43号）では第1章にて、「国は宇宙活動を、平和利用の基本理念の下に、『国民生活の向上』、『産業の振興』、『人類社会の発展』を目的として、『国際協力』と『環境への配慮』に努めながら、国は地方公共団体、大学、民間事業者などとの連携を強化しつつ、法制上、財政上、税制上又は金融上の措置や行政組織の整備、運営の改善にあたること」としている。ここに記されている、①「宇宙の平和的利用」、②「国民生活の向上」、③「産業の振興」、④「人類社会の発展」、⑤「国際協力」、⑥「環境への配慮」が六つの理念となっている。

第2章「基本的施策」では以下の11項目が列挙されている。これらが宇宙活動の方向（国民生活の向上、安全保障及び学術的研究）を示し、それを支える基盤の整備（射場・試験設備などインフラの整備、産業界の育成・強化、信頼性技術の向上、人材の確保、教育の充実）を進め、並行して世界との関係及び環境の保全にも配慮し、一方では情報の管理の重要性にも対処しようとしている。デブリに関しては(8)の環境の保全の中で言及されている。

(1) 国民生活の向上等に資する人工衛星の利用（安定的な情報通信ネットワーク、観測に関する情報システム、測位に関する情報システム等の整備等）

(2) 国際社会の平和・安全確保と我が国の安全保障（国際社会の平和及び安全の確保並びに我が国の安全保障に資する宇宙開発利用の推進）
(3) 人工衛星等の自立的な打上げ等（打上げ、追跡及び運用を自立的に行う能力を確保するため研究開発の推進及び設備、施設等の整備、通信周波数の確保等）
(4) 民間事業者による宇宙開発利用の促進（国が行う宇宙開発事業への民間事業者の能力の活用、計画的調達、射場、試験設備等の整備、研究成果の民間事業者への移転、研究成果の企業化の促進、民間事業者の投資を促進する税制上及び金融上の措置等）
(5) 信頼性の維持及び向上（宇宙技術の信頼性向上のための基礎研究・基盤技術研究の推進等）
(6) 先端的な宇宙開発利用等の推進（宇宙の探査等の先端的宇宙活動及び宇宙に関する学術研究の推進）
(7) 国際協力の推進等（国際社会への積極的貢献や我が国の利益の増進のための、国際的な連携活動、技術協力を推進するとともに、我が国の宇宙活動に諸外国の理解を深める）
(8) 環境の保全（環境との調和に配慮した宇宙開発利用を推進する。宇宙環境の保全のための国際的な連携を確保する）
(9) 人材の確保等（大学、民間事業者等と緊密な連携協力を図りながら、人材の確保、養成及び資質の向上のために必要な施策を講ずる）
(10) 教育及び学習の振興等（宇宙活動に関する教育、学習の振興、広報活動の充実等を行う）
(11) 宇宙開発利用に関する情報の管理（宇宙活動に関する情報の適切な管理のために必要な施策）

　続いて、第3章では上記の施策を総合的・計画的に推進するための「宇宙基本計画」を作成すると規定している。また、この計画書には、基本的な方針、政府が実施すべき施策、各施策の目標及びその達成の期間が明記されることとされている。さらに、この計画書はインターネットなどで公表し、適時に目標の達成状況も公表されることになっている。この計画の実現に向けて政府は必

要な資金の確保に必要な措置を講ずるとされている。

　第4章「宇宙開発戦略本部」では、内閣に宇宙開発戦略本部を置き、宇宙基本計画の作成と実施の推進、重要な施策の企画に関する調査審議、推進、総合調整を図るとされている。

　最後の第5章では「宇宙活動に関する法制の整備」が謳われ、宇宙活動に係る規制、条約、国際約束を遵守するための法制を整備しなければならないとある。この整備は「国際社会における我が国の利益の増進及び民間における宇宙開発利用の推進に資するよう行われるものとする」と条件が付けられている。

　以上の構成を簡単に表すと図9-8のようになる。

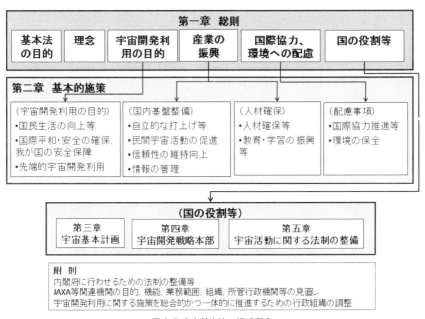

図9-8 宇宙基本法の構成概念

　第3章〜第5章で規定される3項目の「国の役割」のうち、基本計画や宇宙開発戦略本部は整備されたが、最後の法制の整備については平成27年現在では達成されていない。国連の「宇宙活動の長期持続性の検討」では国家の法規制の整備が第一に求められており、国の監督責任が果たされていないと評価

される恐れがある（平成28年度の通常国会に「宇宙活動法案」が付議される予定である）。

9.6.2 宇宙基本計画

「宇宙基本法」を受けて平成25年1月に「宇宙基本計画」（宇宙開発戦略本部決定）が制定されたが、平成26年11月「我が国を取り巻く安全保障環境が一層厳しさを増し、我が国の安全保障上の宇宙の重要性が増大している」こと、及び「我が国の宇宙産業基盤は揺らぎつつあり、その回復・強化が我が国にとって喫緊の課題となっている」ことなどの環境変化を踏まえ[16]、宇宙政策委員会が新たな基本計画を作成し、これがほぼそのまま平成27年1月9日に宇宙開発戦略本部にて制定された。

この新たな宇宙基本計画は、「国家安全保障の基本方針である『国家安全保障戦略』（平成25年12月策定）に示された安全保障政策を十分に反映するとともに、産業界の投資の予見可能性を高め、産業基盤を強化するため、今後20年間程度を見据えた10年間の長期整備計画とする（筆者要約）」とされた。この計画書の構成を図9-9に示す。

この中でデブリ問題に関しては以下の言及がある。

(1) 第1章「宇宙政策を巡る環境認識」の第（3）項「宇宙空間の安定的利用を妨げるリスクが深刻化」の項で、デブリの急増が宇宙空間の安定的利用にとって深刻な懸念となっていること、中国の衛星破壊実験が大量のデブリを発生させたこと、デブリとの衝突や対衛星攻撃が起きれば安全保障、防災、陸海空の輸送機関の安全運航、その他国民の生活に大きな支障となることが環境認識として記されている。

(2) 第2章「宇宙政策の目標」の第（1）項「宇宙安全保障の確保」にて「宇宙空間の安定的利用の確保」のためにデブリの増加や衛星攻撃のリスクに効果的に対処するために宇宙システムの抗たん化に取り組むと共に、国際ルール作りを推進するとしている。

---

[16] 平成26年11月8日付け、内閣官房宇宙開発戦略本部事務局 内閣府宇宙戦略室発行の「新『宇宙基本計画』（素案）に関する意見募集について」より抜粋。以下抜き書き部分を「」で記す。

9.6 日本の取り組み

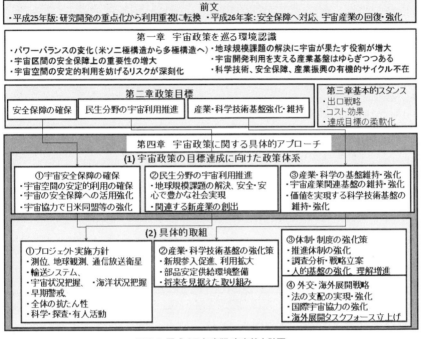

図 9-9 平成 27 年度版 宇宙基本計画

(3) 第 4 章「宇宙政策に関する具体的アプローチ」の第（1）項「宇宙政策の目標達成に向けた政策体系」の「宇宙安全保障の確保」にて以下が記されている。

①衛星攻撃やデブリの増加などのリスクに対応するための施策を実施していくこと

②デブリ衝突を回避するために必要な SSA（宇宙状況把握）の体制の確立と能力の向上を図り、同盟国などと情報の共有を進めること

③デブリの増加抑制や衛星攻撃の禁止などに関する国際行動規範の作成に向けた取り組みの推進と、法の支配の実現・強化に向けて諸外国と連携すること

④デブリ除去技術の開発に取り組むこと

第9章 安全・平和を希求する国際的フレームワーク構築への努力

　以上の記述では、デブリの増加のリスクがしばしば衛星攻撃のリスクと組み合わせて語られ、そのリスクから宇宙資産を保護する必要性が強調されている。その反面、デブリの発生防止や衝突防護のための設計対策や運用対策の奨励に関する記述は、国際行動規範の作成の推進以外にはないように見受けられる。平成25年版に見られた「ロケット打上げや人工衛星に起因するデブリ発生の低減」などの記述は見当たらない。使用済み衛星・ロケットの除去の徹底は除去技術の研究に先立って言及されるべきものである。

　また、法制度の整備（第4章（2）の③）に関する記述にも、デブリ対策を徹底させるための認可法についての記述はない。

　ここで平成25年の宇宙基本法を再確認してみよう。その概要を図9-10に示す。

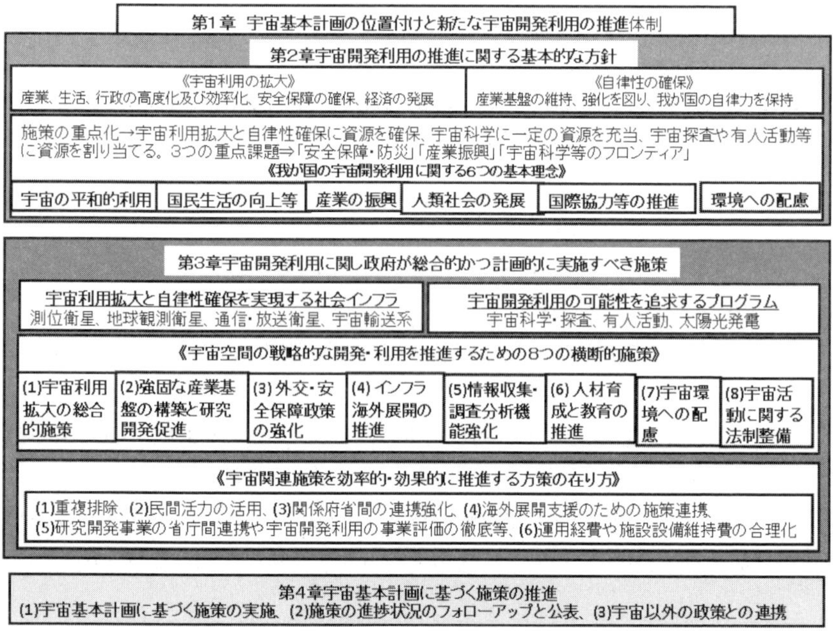

第1章　宇宙基本計画の位置付けと新たな宇宙開発利用の推進体制
第2章 宇宙開発利用の推進に関する基本的な方針
《宇宙利用の拡大》産業、生活、行政の高度化及び効率化、安全保障の確保、経済の発展 ／ 《自律性の確保》産業基盤の維持、強化を図り、我が国の自律力を保持
施策の重点化→宇宙利用拡大と自律性確保に資源を確保、宇宙科学に一定の資源を充当、宇宙探査や有人活動等に資源を割り当てる。3つの重点課題⇒「安全保障・防災」「産業振興」「宇宙科学等のフロンティア」
《我が国の宇宙開発利用に関する6つの基本理念》宇宙の平和的利用／国民生活の向上等／産業の振興／人類社会の発展／国際協力等の推進／環境への配慮
第3章 宇宙開発利用に関し政府が総合的かつ計画的に実施すべき施策
宇宙利用拡大と自律性確保を実現する社会インフラ 測位衛星、地球観測衛星、通信・放送衛星、宇宙輸送系 ／ 宇宙開発利用の可能性を追求するプログラム 宇宙科学・探査、有人活動、太陽光発電
《宇宙空間の戦略的な開発・利用を推進するための8つの横断的施策》(1)宇宙利用拡大の総合的施策 (2)強固な産業基盤の構築と研究開発促進 (3)外交・安全保障政策の強化 (4)インフラ海外展開の推進 (5)情報収集・調査分析機能強化 (6)人材育成と教育の推進 (7)宇宙環境への配慮 (8)宇宙活動に関する法制整備
《宇宙関連施策を効率的・効果的に推進する方策の在り方》(1)重複排除、(2)民間活力の活用、(3)関係府省間の連携強化、(4)海外展開支援のための施策連携、(5)研究開発事業の省庁間連携や宇宙開発利用の事業評価の徹底等、(6)運用経費や施設設備維持費の合理化
第4章 宇宙基本計画に基づく施策の推進 (1)宇宙基本計画に基づく施策の実施、(2)施策の進捗状況のフォローアップと公表、(3)宇宙以外の政策との連携

図9-10 平成25年度版 宇宙基本法

平成25年に制定された宇宙基本計画の第2章には、「宇宙開発利用の推進に関する基本的な方針」として「宇宙利用の拡大」と「自律性の確保」を位置づけ、3つの重点課題として、「安全保障・防災」「産業振興」「宇宙科学等のフロンティア」を挙げ、科学技術力や産業基盤の維持・向上が重要としていた。更に、「我が国の宇宙開発利用に関する6つの基本理念」として、①宇宙の平和的利用、②国民生活の向上等、③産業の振興、④人類社会の発展、⑤国際協力等の推進、⑥環境への配慮を定め、そこで宇宙環境保全の重要性や、スペースデブリ観測能力向上の必要性に言及すると共に、当該分野における一層の国際協力、国際貢献の推進が必要との認識を述べていた。

　第2章では、まず、2-4項「我が国の宇宙開発利用に関する6つの基本理念」の「（1）宇宙の平和的利用」で、デブリ衝突を回避することを目的とした宇宙状況監視（SSA）体制の構築が重要としていた。同じ2-4項では「（6）環境への配慮」にて、中国の衛星破壊実験や米国とロシアの人工衛星の衝突したことを紹介し、持続的な宇宙開発利用を確保するためには、デブリ問題への適切な対応が必要であるとされた。

　第3章では「宇宙開発利用に関し政府が総合的かつ計画的に実施すべき施策」として以下に取り組むとしていた。

3-1項「宇宙利用拡大と自律性確保を実現する4つの社会インフラ」（測位衛星、リモートセンシング衛星、通信・放送衛星、宇宙輸送システム）、

3-2項「将来の宇宙開発利用の可能性を追求する3つのプログラム」（宇宙科学・宇宙探査プログラム、有人宇宙活動プログラム、宇宙太陽光発電研究開発プログラム）、

3-3項「宇宙空間の戦略的な開発・利用を推進するための8つの横断的施策」［（1）宇宙利用の拡大のための総合的施策の推進、（2）強固な産業基盤の構築と効果的な研究開発の推進、（3）宇宙を活用した外交・安全保障政策の強化、（4）相手国のニーズに応えるインフラ海外展開の推進、（5）効果的な宇宙政策の企画立案に資する情報収集・調査分析機能の強化、（6）宇宙開発利用を支える人材育成と宇宙教育の推進、（7）持続的な宇宙開発利用のための環境への配慮、（8）宇宙活動に関する法制の整備］

3-4項「宇宙関連施策を効率的・効果的に推進する方策の在り方」

3-3項の8つの横断的施策の中で、デブリに関しては、(3)の「宇宙を活用した外交・安全保障政策の強化」の中で、「海外における宇宙の安全保障上の位置付けの高まり」を受けて、デブリ対策、宇宙状況監視（SSA）などの検討に、我が国も参画していく必要があるとしていた。

更に、(7)の「持続的な宇宙開発利用のための環境への配慮」の中で、現状の課題として「宇宙開発利用を進めるに当たり、地球環境への配慮とともに、ロケット打ち上げや人工衛星に起因するデブリ発生の低減など、デブリ除去など、宇宙開発利用自体による宇宙空間における環境への配慮が不可欠となっている」とし、5年間の開発利用計画として、以下の「宇宙環境の保全」活動の計画を示していた。

(1) 国際的な対話の推進

　　安定的かつ持続可能な宇宙環境を確保するため、COPUOSや宇宙空間の活用に関する国際的な規範づくりなどに我が国としても積極的に参加し、国際的な貢献を行う。

(2) スペースデブリ低減ガイドライン

　　国連スペースデブリ低減ガイドラインなどの国際的な勧告及びISO規格などを考慮に入れて宇宙開発利用を推進する。

(3) 宇宙状況監視（SSA）

　　我が国の安全かつ安定した宇宙開発利用を確保するため、デブリとの衝突などから国際宇宙ステーション（ISS）、人工衛星及び宇宙飛行士を防護するために必要となる宇宙状況監視（SSA）体制について検討を行う。また、宇宙利用や地上に影響を与える太陽活動や宇宙環境変動などの自然現象を観測・解析・予測する宇宙天気予報についても充実・強化を行う。

(4) デブリ除去技術開発

　　今後、国際的な連携を図りつつ、我が国の強みをいかし、世界的に必要とされるデブリ除去技術などの開発を着実に実施する。

このように、平成27年版は平成25年版と比較してデブリ問題の位置づけ

はかなり低下したと感じられる。一方、SSA については平成 25 年版では衝突の回避のためとされていたものが、平成 27 年版ではより広範な安全保障上の重要なインフラとして語られるようになっているのが目立つところである。

9.6.3 我が国に求められる監視能力

平成 27 年版の宇宙基本計画では SSA が、デブリの衝突の防止の目的に加えて、宇宙財産の保護、不審な行動の監視などの安全保障面の目的で記述されている。そこに述べられている「我が国独自の監視能力」を設けるとするならばどのような形態の施設が必要であろうか。私見ではあるが、以下に配慮していただきたい事項を記す。

(1) 衝突回避を主目的とする場合の配慮事項
 a) 静止衛星の保護

  静止衛星の衝突防止という意味では、第三項で述べたように米国 SSN の 4 か所の望遠鏡では日本上空の観測精度が悪くなるので日本独自の観測施設（現在美星にある光学望遠鏡など）のデータを提供することは東アジアの国々にとっても有効である。特に、静止軌道の衝突回避は米国の SDA のように多くの静止衛星宇宙運用者がそれぞれの衛星の運用計画（軌道変更計画）を提供しあって有効性を高められるものである。我が国から米国政府に提供する静止衛星データが SDA にも提供され、日本の衛星運用者も SDA に加盟して運用情報を交換することになれば有効であろう。

 b) 低軌道衛星の保護

  低軌道の衝突防止に関しては、米国との協定に基づいて JSpOC が提供する衝突回避サービスを受けることで十分と思われる。ESA もかつてはドイツの FGAN レーダで補完することを考えていたが、現在は JSpOC のデータで十分と判断して FGAN レーダは採用していない。日本が 1 基のレーダを保有していても地球を 1 時間数十分で 1 周回し、時事刻々と経度方向にずれる衛星を追跡しきれるものではない。もし米国 SSN の能力を日本で補完することを主目的とするなら高度 1000 km

の 10cm 級の物体を検知する能力が求められ、200 億円弱の建設費と年間 10 億円規模の運用費を投資することになるであろう。現時点では米国は日本に対してそのような観測能力は要求しておらず、日本が同盟国として宇宙監視網に参加するという政治的決断を求めているようである。

c) 日本独自の監視活動の有効性

異常接近が予測されたとしても衝突を回避できるのは運用中の約 1,000 機の衛星のうち軌道変更能力を有する数百の衛星のみである。軌道環境の悪化を避けることを目的とするなら不特定の物体同志の衝突を避ける必要があるが現実的には限界がある。特定の衛星を保護するための監視であるならば、その衝突確率は年間 0.0001 回 [17] 程度でしかないので、JSpOC の衝突警戒サービスを受けることで十分である。更に多額の国家予算を投下する必要があるか慎重に検討すべきであろう。

(2) 安全保障を主目的とする場合の配慮事項

a) 敵国が攻撃を意図して接近することへの警戒は、まず打上げの検知で警戒態勢がとれる（宇宙ステーションなどからの放出もあるが）。そこから放出された衛星が我が国の衛星に不穏なランデブや近距離接近を行わないように監視するならば高度 400～800km に存在する数十 cm の衛星が検出できることが望ましい。場合によっては 10cm 級の超小型衛星も監視する必要があるであろう。その場合は先の 200 億円規模 [18] のレーダが必要になる。

b) 常識的には低軌道物体の観測はレーダが用いられる。しかし、光学観測手法にも幾つかの利点はある。JAXA では光学カメラで高速移動する低軌道物体を追尾できるようにカメラを数十台並べて視野と追尾性能を確保する監視システムの研究を進めている [19]。光学観測手法は、

---

17) 断面積を $10m^2$ と仮定した場合。
18) 公表されているガメラレーダ建設費からの筆者の推測
19) 平成 26 年 12 月 17～19 日、JAXA 研究開発本部主催の第六回スペースデブリワークショップにて柳沢氏報告

宇宙物体からの太陽光の反射を捉えるために暁や日没近くでなければ観測できないこと、天候の影響を受けることなどの欠点があり、我が国の衛星に接近してくる物体の20%程度しか検知できないとの試算がある一方で、レーダの建設費が200億円近くなるのに対してその百分の一程度と廉価であること、電波吸収体や特殊な反射角度でステルス性を有する衛星でも検知できる可能性がある（逆に表面材の光学特性によってはカメラでは確認できないこともあろう）などの利点もある。予算的に厳しい状況ではレーダの補完手段として研究の価値があると認められる（JAXAはこの研究を軍事面で行っている訳ではなくあくまでも環境監視のためである）。

c) 安全保障を主目的とするものは他国から見れば軍用レーダであり、有事の際には真っ先に攻撃対象となりうる。現在平和目的で運用されているレーダを安全保障活動に転用するならば地域的に関連するステークホルダとの調整、レーダ防衛設備・体制の整備が必要になる。

d) 観測頻度は現在米国では毎日40万回の観測を行っていると報告されている。我が国の観測施設でも観測データから物体の識別、軌道計算、発生源の推定、旧データの更新、運用中の衛星との衝突確率評価などを行うための人的配備が必要にかる。

付録

(1) 我が国の衛星の打上げ状況

これまで我が国が打ち上げてきた衛星(正確に言えば衛星としての機能は持たない実験機材を含む)で軌道が公開されているものを付表2-1に示す。

付表 1-1 周回軌道にある日本の衛星（2015 年 7 月 15 日）

国際識別番号	打上げ日	再突入日	衛星登録名称	衛星の愛称	打上ロケット	所属	周期[min]	軌道傾斜角[度]	遠地点高度[km]	近地点高度[km]
1970-011A	1970/2/11	2003/8/2	OSUMI (LAMBDA-4S)	おおすみ	L-4S	東京大学	87.81	31	170	162
1971-011A	1971/2/16		TANSEI 1 (MS-T1)	たんせい	M-4S	東京大学	106.01	29.67	1101	982
1971-080A	1971/9/28		SHINSEI (MS-F2)	しんせい	M-4S	東京大学	113.02	32.06	1861	869
1972-064A	1972/8/19	1980/5/19	DENPA (REXS)	でんぱ	M-4S	東京大学	88.1	30.9	229	132
1974-008A	1974/2/16	1983/1/22	TANSEI 2 (MS-T2)	たんせい 2 号	M-3C	東京大学	87.68	31.22	174	145
1975-014A	1975/2/24	1980/6/29	SRATS (TAIYO)	たいよう	M-3C	東京大学	88.26	31.47	225	152
1975-082A	1975/9/9		KIKU 1 (ETS 1)	きく 1 号	N-I	NASDA	105.92	46.99	1102	974
1976-019A	1976/2/29		UME 1 (ISS 1)	うめ	N-I	NASDA	105.01	69.67	1003	987
1977-012A	1977/2/19		TANSEI 3 (MS-T3)	たんせい 3 号	M-3H	東京大学	134.11	65.76	3799	802
1977-014A	1977/2/23		KIKU 2 (ETS 2)	きく 2 号	N-I	NASDA	1439.84	13.76	35883	35837
1977-065A	1977/7/14		HIMAWARI 1 (GMS 1)	ひまわり	デルタ 2914	NASDA	1450.86	14.48	36167	35984
1977-118A	1977/12/15		SAKURA 1A (CS-1A)	さくら	デルタ 2914	NASDA	1455.83	14.97	36192	36152
1978-014A	1978/2/4		KYOKKO 1 (EXOS A)	きょっこう	M-3H	東京大学	133.91	65.37	3947	637
1978-018A	1978/2/16		UME 2 (ISS-B)	うめ 2 号	N-I	NASDA	107.18	69.36	1216	976
1978-039A	1978/4/7		YURI (BSE)	ゆり	デルタ 2914	NASDA	1437.13	13.88	35910	35703
1978-087A	1978/9/16		JIKIKEN (EXOS-B)	じきけん	M-3H	東京大学	231.6	31.13	12030	199
1979-009A	1979/2/6		AYAME (ECS 1)	あやめ	N-I	NASDA	854.2	7.76	34172	12715
1979-014A	1979/2/21	1985/4/15	HAKUCHO (CORSA-B)	はくちょう	M-3C	東京大学	87.44	29.87	148	147
1980-015A	1980/2/17	1983/5/12	TANSEI 4 (MS-T4)	たんせい 4 号	M-3S	東京大学	87.63	38.68	158	155
1980-018A	1980/2/22		AYAME 2 (ECS-2)	あやめ 2 号	N-I	NASDA	820.56	8.91	35395	9916
1981-012A	1981/2/11		KIKU 3 (ETS 4)	きく 3 号	N-II	NASDA	265.73	28.43	14321	306
1981-017A	1981/2/21	1991/7/11	HINOTORI(ASTRO A)	ひのとり	M-3S	東京大学	87.51	31.32	155	147
1981-076A	1981/8/10		HIMAWARI 2 (GMS 2)	ひまわり 2 号	N-II	NASDA	1446.43	14.84	36047	35930

ID	日付	名称		ロケット	機関				
1982-087A	1982/9/3	KIKU 4 (ETS 3)	きく4号	N-I	NASDA	105.04	44.62	1005	988
1983-006A	1983/2/4	SAKURA 2A (CS-2A)	さくら2号a	N-II	NASDA	1448.66	15.09	36086	35978
1983-011A	1983/2/20	TENMA (ASTRO B)	てんま	M-3S	ISAS	88.76	31.45	215	212
1983-081A	1983/8/5	SAKURA 2B (CS-2B)	さくら2号b	N-II	NASDA	1457.34	15.32	36212	36191
1984-005A	1984/1/23	YURI 2A (BS-2A)	ゆり2号a	N-II	NASDA	1453.82	15.24	36214	36051
1984-015A	1984/2/14	OHZORA (EXOS C)	おおぞら	M-3S	ISAS	89.1	74.56	253	207
1984-080A	1984/8/2	HIMAWARI 3 (GMS 3)	ひまわり3号	N-II	NASDA	1442.33	14.91	35935	35882
1985-001A	1985/1/7	SAKIGAKE	さきがけ	M-3S II	ISAS	太陽関連ミッション			
1985-073A	1985/8/18	SUISEI	すいせい	M-3S II	ISAS	太陽関連ミッション			
1986-016A	1986/2/12	BS-2B (YURI 2B)	ゆり2号b	N-II	NASDA	1450.23	15.11	36150	35975
1986-061A	1986/8/12	EGS (AJISAI)	あじさい	H-I	NASDA	115.71	50.01	1497	1479
1986-061B	1986/8/12	JAS 1 (FUJI 1)	ふじ1	H-I	JARL	115.71	50.01	1497	1479
1986-061C	1986/8/12	H-I R/B (MABES)	じんだい	H-I	NAL	116.83	50.01	1595	1482
1987-012A	1987/2/5	ASTRO C (SS-11 GINGA)	ぎんが	M-3S II	ISAS	87.42	31.08	151	142
1987-018A	1987/2/19	MOS 1A (MOMO 1)	もも1号	N-II	NASDA	102.69	99.22	892	880
1987-070A	1987/8/27	KIKU 5 (ETS 5)	きく5号	H-I	NASDA	1449.71	15.07	36057	36048
1988-012A	1988/2/19	CS 3A	さくら3号a	H-I	NASDA	1467.34	14.43	36430	36361
1988-086A	1988/9/16	CS 3B	さくら3号b	H-I	NASDA	1451.24	13.71	36102	36063
1989-016A	1989/2/21	EXOS D (AKEBONO)	あけぼの	M-3S II	ISAS	130.8	75.06	4055	260
1989-020A	1989/3/6	JCSAT 1	JCSAT 1	アリアン 44LP	JSAT	1446.69	13.73	36018	35969
1989-041A	1989/6/5	SUPERBIRD A	スーパーバードA	アリアン 44L	宇宙通信(株)	1443.78	14.97	35951	35923
1989-070A	1989/9/5	HIMAWARI 4 (GMS 4)	ひまわり4号	H-I	NASDA	1478.27	15.03	36809	36407
1990-001B	1990/1/1	JCSAT 2	JCSAT 2	タイタン 3	JSAT	1461.38	11.52	36538	36022
1990-007A	1990/1/24	HITEN (MUSES A)	ひてん	M-3S II	ISAS	月面衝突			
1990-007B	1990/1/24	HAGOROMO	はごろも	M-3S II	ISAS	月軌道			

1990-013A	1990/2/7		MOS 1B (MOMO 1B)	もも1号b	H-I	NASDA	103.21	99.15	914	906
1990-013B	1990/2/7		DEBUT (ORIZURU)	おりづる	H-I	NAL	112.17	99.05	1742	911
1990-013C	1990/2/7		JAS 1B (FUJI 2)	ふじ2	H-I	JARL	112.2	99.05	1744	911
1990-077A	1990/8/28		BS-3A (YURI 3A)	ゆり3号a	H-I	NASDA	1457.34	13.66	36265	36138
1991-060A	1991/8/25		BS-3B (YURI 3B)	ゆり3号b	H-I	NASDA	1457.6	12.07	36244	36169
1991-062A	1991/8/30	2005/9/12	YOHKOH (SOLAR A)	ようこう	M-3S II	ISAS	87.67	31.29	159	159
1992-007A	1992/2/11	2001/12/3	JERS 1	ふよう1号	H-I	NASDA	87.42	97.59	154	139
1992-010A	1992/2/26		SUPERBIRD B1	スーパーバードB1	アリアン44L	宇宙通信(株)	1453.78	11.27	36190	36074
1992-044A	1992/7/24		GEOTAIL	GEOTAIL	デルタ6925	ISAS/NASA	7521.72	14.1	191631	49945
1992-084A	1992/12/1		SUPERBIRD A1	スーパーバードA1	アリアン42P	宇宙通信(株)	1452.76	7.09	36192	36033
1993-011A	1993/2/20	2001/3/2	ASTRO D (ASUKA)	あすか	M-3S II	ISAS	87.29	31.07	144	136
1994-007A	1994/2/3	1994/2/4	OREX	りゅうせい	H-II	NASDA	93.54	30.52	452	443
1994-007B	1994/2/3		VEP	みょうじょう	H-II	NASDA	638.85	28.92	35936	450
1994-040B	1994/7/8		BS-3N	BS-3N	アリアン4	NHK	1452.33	8.04	36108	36100
1994-056A	1994/8/28		ETS 6	きく6号	H-II	NASDA	861.79	12.51	38914	8326
1995-011A	1995/3/18	1996/1/20	SFU	SFU	H-II	ISAS	94.08	28.45	478	469
1995-011B	1995/3/18		HIMAWARI 5 (GMS 5)	ひまわり5号	H-II	NASDA	1448.55	11.36	36069	35991
1995-043A	1995/8/29		JCSAT 3	JCSAT 3	アトラス 2AS	JSAT	1452.32	8.16	36152	36055
1995-044A	1995/8/29		NSTAR A	NSTAR 1	アリアン4	NTT	1452.66	7.69	36142	36079
1996-007A	1996/2/5		NSTAR B	NSTAR 2	アリアン4	NTT	1450.7	6.64	36106	36037
1996-046A	1996/8/17		ADEOS	みどり	H-II	NASDA	100.76	98.6	796	793
1996-046B	1996/8/17		JAS 2	ふじ3	H-II	JARL	106.43	98.51	1323	800
1997-005A	1997/2/12		HALCA (MUSES B)	はるか	M-V	ISAS	376.36	31.17	21257	522
1997-036A	1997/7/28		SUPERBIRD C	スーパーバードC	アトラス 2AS	宇宙通信(株)	1436.08	4.87	35804	35769

1997-074B	1997/11/27		ETS 7	きく7号	H-II	NASDA	92.86	34.96	416	413
1997-075A	1997/12/2		JCSAT 5	JCSAT 5	アリアン4	JSAT	1436.08	3.68	35808	35765
1998-011A	1998/2/21		COMETS	かけはし	H-II	NASDA	328.08	30.19	17720	1038
1998-024B	1998/4/28		BSAT-1B	B-SAT 1B	アリアン44P	(株)放送衛星システム	1452.8	2.86	36137	36089
1998-041A	1998/7/3		NOZOMI (PLANET-B)	のぞみ	M-V	ISAS	太陽関連ミッション			
1999-006A	1999/2/16		JCSAT 6	JCSAT 6	アトラス2AS	JSAT	1436.1	0.2	35793	35780
2000-012A	2000/2/18		SUPERBIRD 4	スーパーバード4	アリアン44L	宇宙通信(株)	1436.09	0.05	35793	35780
2000-060A	2000/10/6		NSAT 110	NSAT 110	アリアン42L	宇宙通信(株)・JSAT	1436.12	0.04	35789	35785
2000-081C	2000/12/20	2010/3/21	LDREX	LDREX	アリアン5G	NASDA	88.39	2	261	128
2001-011B	2001/3/8		BSAT-2A	B-SAT 2A	アリアン5	(株)放送衛星システム	1451.91	1.96	36129	36062
2001-029B	2001/7/12	2014/1/28	BSAT-2B	B-SAT 2B	アリアン5	(株)放送衛星システム	89.3	2.97	371	110
2001-038A	2001/8/29		LRE	LRE	H-II A	NASDA	589.06	28.36	33540	259
2002-003A	2002/2/4		MDS 1	つばさ	H-II A	NASDA	314.36	28.56	17651	222
2002-003B	2002/2/4		DASH/VEP 3	DASH/VEP-3	H-II A	ISAS	621.42	29.01	35081	407
2002-015A	2002/3/29		JCSAT 8	JCSAT 8	アリアン4	JSAT	1436.09	0.05	35794	35779
2002-035B	2002/7/5		NSTAR C	NSTAR 3	アリアン5	NTT	1436.12	2.67	35796	35778
2002-042A	2002/9/10	2007/6/15	USERS (サービス部)		H-II A	USEF	88.36	30.34	201	186
2002-042B	2002/9/10		DRTS	こだま	H-II A	NASDA	1436.1	3.12	35795	35779
2002-056A	2002/12/14		ADEOS 2	みどりII	H-II A	NASDA	100.92	98.28	804	801
2002-056C	2002/12/14		WEOS	観太くん	H-II A	千葉工業大学	100.76	98.26	802	788
2002-056D	2002/12/14		MICRO LABSAT	マイクロラブサット-1	H-II A	NASDA	100.75	98.26	802	786
2002-042H	2002/9/10	2003/5/29	USERS (再突入部)		H-II A	USEF	0	0	0	0

付録

						ISAS			太陽関連ミッション	
2003-019A	2003/5/9		HAYABUSA(MUSES C)	はやぶさ	M-V	ISAS	1451.56	0.99	36107	36071
2003-028A	2003/6/11		BSAT-2C	B-SAT 2C	アリアン 5G	(株) 放送衛星システム	101.3	98.7	828	812
2003-031E	2003/6/30		CUTE-1	CUTE-1	ROCOT	東京工業大学	101.32	98.71	829	814
2003-031J	2003/6/30		CUBESAT XI-IV	CUBESAT XI-IV	ROCOT	東京大学	104.99	99.41	1010	977
2003-050A	2003/10/30		SERVIS 1	SERVIS 1	ROCOT	USEF				
2004-007A	2004/3/13		MBSAT	MBSAT	アトラス 3A	モバイル放送 (株)	1436.04	0.04	35794	35777
2004-011A	2004/4/16		SUPERBIRD 6	スーパーバード 6	アトラス 2AS	宇宙通信 (株)	1447.81	8.47	36112	35920
2005-006A	2005/2/26		MTSAT 1R	ひまわり 6 号	H-II A	国土交通省	1436.12	0.08	35796	35778
2005-025A	2005/7/10		ASTRO E2	すざく	M-V	JAXA	95.41	31.38	542	535
2005-031A	2005/8/23		OICETS	きらり	ドニエプル	JAXA	96.2	98.11	589	564
2005-031B	2005/8/23		INDEX	れいめい	ドニエプル	JAXA	96.85	98.01	628	588
2005-043F	2005/10/27		CUBESAT XI-V	CUBESAT XI-V	コスモス -3M	東京大学	98.5	97.83	700	674
2006-002A	2006/1/24		ALOS	だいち	H-II A	JAXA	98.55	97.98	689	689
2006-004A	2006/2/18		MTSAT 2	ひまわり 7 号	H-II A	国土交通省	1436.08	0.02	35797	35775
2006-005A	2006/2/21		ASTRO F (AKARI)	あかり	M-V	JAXA	95.25	98.19	634	427
2006-005C	2006/2/21	2009/10/25	CUTE 1.7	CUTE 1.7	M-V	東京工業大学	87.43	98.1	155	140
2006-010A	2006/4/12		JCSAT 9	JCSAT 9	ゼニット -3SL	JSAT	1436.11	0.05	35794	35780
2006-033A	2006/8/11		JCSAT 10	JCSAT 10	アリアン 5	JSAT	1436.1	0.04	35794	35779
2006-037A	2006/9/11		IGS 3A	政府衛星	H-II A	日本	軌道不明			
2006-041A	2006/9/22		HINODE (SOLAR B)	ひので	M-V	JAXA	98.37	98.14	693	668
2006-041F	2006/9/22	2008/6/18	HITSAT	ヒットサット	M-V	北海道工業大学	87.21	98.25	145	127
2006-043C	2006/10/13	2010/9/30	LDREX-2	LDREX-2	アリアン 5ECA	JAXA	89.97	7.19	427	119
2006-059A	2006/12/18		ETS 8	きく 8 号	H-II A	JAXA	1436.06	3.67	35811	35761

239

2007-036B	2007/8/14		BSAT-3A	BSAT 3A	アリアン 5	（株）放送衛星システム	1436.12	0.1	35804	35770
2007-039C	2007/9/14		VRAD	かぐや	H-ⅡA	JAXA			月軌道	
2008-007A	2008/2/23		WINDS (KIZUNA)	きずな	H-ⅡA	JAXA	1436.1	0.08	35794	35779
2008-021C	2008/4/28		CUTE-1.7+APD II	Cute-1.7+APD II	PSLV	東京工業大学	96.94	97.69	621	604
2008-021J	2008/4/28		SEEDS	シーズ	PSLV	日本大学	96.85	97.69	617	599
2008-038A	2008/8/14		SUPERBIRD 7	スーパーバード 7	アリアン 5	宇宙通信（株）	1436.11	0.04	35793	35780
2009-002A	2009/1/23		GOSAT (IBUKI)	いぶき	H-ⅡA	JAXA	98.12	98.06	670	668
2009-002B	2009/1/23		PRISM (HITOMI)	ひとみ	H-ⅡA	東京大学	96.65	98.25	610	586
2009-002C	2009/1/23		SPRITE-SAT (RISING)	雷神	H-ⅡA	東北大学	97.93	98.18	662	657
2009-002D	2009/1/23		KAGAYAKI	かがやき	H-ⅡA	ソラン株式会社	97.87	98.19	663	651
2009-002E	2009/1/23		SOHLA-1 (MAIDO-1)	まいど1号	H-ⅡA	東大阪宇宙開発協同組合	97.9	98.18	663	654
2009-002F	2009/1/23		SDS-1	SDS-1	H-ⅡA	JAXA	98	98.16	664	662
2009-002G	2009/1/23		STARS (KUKAI)	KUKAI	H-ⅡA	香川大学	97.58	98.2	651	635
2009-002H	2009/1/23		KKS-1 (KISEKI)	輝汐（きせき）	H-ⅡA	都立産業技術高等専門学校	97.73	98.2	657	643
2009-044A	2009/8/21		JCSAT 12	JCSAT 12	アリアン 5	スカパー JSAT	1436.1	0.04	35792	35781
2009-048A	2009/9/10	2009/11/1	HTV-1	こうのとり1号	H-ⅡB	JAXA	91.29	51.64	342	334
2009-066A	2009/11/28		IGS 5A	政府衛星	H-ⅡA	日本			軌道不明	
2010-020A	2010/5/20	2010/6/28	HAYATO (K-SAT)	ハヤト	H-ⅡA	鹿児島大学	87.88	29.97	172	166
2010-020B	2010/5/20	2010/7/12	WASEDA-SAT2	WASEDA-SAT2	H-ⅡA	早稲田大学	88.09	29.97	183	177
2010-020C	2010/5/20	2010/6/26	NEGAI	Negai☆"（ねがい）	H-ⅡA	創価大学	88.16	29.97	190	176
2010-020D	2010/5/20		AKATSUKI (PLANET-C)	あかつき	H-ⅡA	JAXA	太陽関連ミッション			
2010-020E	2010/5/20		IKAROS	イカロス	H-ⅡA	JAXA	太陽関連ミッション			
2010-020F	2010/5/20		UNITEC-1	UNITEC-1	H-ⅡA	UNISEC	太陽関連ミッション			

2010-023A	2010/6/2		SERVIS 2	SERVIS 2	H-ⅡA	USEF	109.44	100.44	1214	1188
2010-045A	2010/9/11		QZS-1 (MICHIBIKI)	みちびき	H-ⅡA	JAXA	1436.22	40.6	38964	32614
2010-056B	2010/10/28		BSAT-3B	BSAT 3B	アリアン5	(株)放送衛星システム	1436.11	0.1	35792	35781
2011-003A	2011/1/22	2011/3/30	HTV 2	こうのとり2号	H-ⅡB	JAXA	91.48	51.65	348	346
2011-041B	2011/8/6		BSAT-3C	BSAT 3C	アリアン5	(株)放送衛星システム	1436.09	0.05	35788	35785
2011-050A	2011/9/23		IGS 6A	政府衛星		日本	軌道不明			
2011-075A	2011/12/12		IGS 7A	政府衛星		日本	軌道不明			
1998-067CN	1998/11/20	2013/8/6	RAIKO	雷鼓	ISSから放出	和歌山大学/東北大学	87.35	51.62	146	140
1998-067CP	1998/11/20	2013/7/4	FITSAT 1	にわか	ISSから放出	福岡工業大学	87.84	51.63	175	160
1998-067CS	1998/11/20	2013/3/11	WE-WISH	WE-WISH	ISSから放出	明星電気(株)	87.73	51.62	168	157
2012-023A	2012/5/15		JCSAT 13	JCSAT 13	アリアン5	スカパーJSAT	1436.12	0.03	35793	35781
2012-025A	2012/5/17		GCOM W1	しずく	H-ⅡA	JAXA	98.82	98.2	703	701
2012-025C	2012/5/17		SDS-4	SDS-4	H-ⅡA	JAXA	98.01	98.27	668	659
2012-025D	2012/5/17		HORYU 2	鳳龍弐号	H-ⅡA	九州工業大学	97.78	98.27	661	644
2012-038A	2012/7/21	2012/9/14	HTV-3	こうのとり3号	H-ⅡB	JAXA	92.76	51.65	421	399
2012-047B	2012/9/9		PROITERES	プロイテレス	PSLV	大阪工業大学	97.62	98.23	655	635
2013-002A	2013/1/27		IGS 8A	政府衛星	H-ⅡA	日本	軌道不明			
2013-002B	2013/1/27		IGS 8B (DEMO)	政府衛星	H-ⅡA	日本	軌道不明			
2013-040A	2013/8/3	2013/9/7	HTV-4	こうのとり4号	H-ⅡB	JAXA	90.48	51.65	408	189
2013-049A	2013/9/14		SPRINT A	ひさき	H-ⅡA	JAXA	106.27	29.72	1155	952
2013-066H	2013/11/21		WNISAT 1	WNISAT 1	ドニエプル	(株)ウェザーニューズ	99.18	97.75	847	592
2014-009A	2014/2/27		SHINDAISAT	ぎんれい	H-ⅡA	信州大学	91.33	65.01	354	326
2014-009B	2014/2/27	2014/6/29	ITF 1	ITF-1	H-ⅡA	筑波大学	87.47	64.97	157	141

ID	日付1	日付2	名称	GPM	ロケット	機関				
2014-009C	2014/2/27		GPM	GPM	H-IIA	NASA(観測機器：JAXA)	92.54	65.02	406	392
2014-009D	2014/2/27		OPUSAT	オプサット	H-IIA	大阪府立大学	87.42	64.98	158	135
2014-009E	2014/2/27	2014/7/24	TEIKYOSAT 3	TeikyoSat-3	H-IIA	帝京大学	90.93	65.01	334	307
2014-009F	2014/2/27		INVADER	INVADER	H-IIA	多摩美術大学	88.15	64.99	193	173
2014-009G	2014/2/27	2014/5/18	KSAT 2	ハヤト2	H-IIA	鹿児島大学	87.91	64.97	178	164
2014-009H	2014/2/27	2014/4/26	STARS II	GENNAI	H-IIA	香川大学	87.56	64.99	162	145
2014-029A	2014/5/24		ALOS 2	だいち2号	H-IIA	JAXA	97.33	97.92	632	630
2014-029B	2014/5/24		UNIFORM 1	UNIFORM 1	H-IIA	和歌山大学	97.21	97.87	630	620
2014-029C	2014/5/24		SOCRATES	ソクラテス	H-IIA	(株) AES	97.16	97.87	629	617
2014-029D	2014/5/24		RISING 2	雷神II	H-IIA	東北大学	97.26	97.88	631	624
2014-029E	2014/5/24		SPROUT	SPROUT	H-IIA	日本大学	97.12	97.87	629	613
2014-033B	2014/6/19		HODOYOSHI 4	ほどよし4	ドニエプル	東京大学	97.34	97.98	651	612
2014-033F	2014/6/19		HODOYOSHI 3	ほどよし3	ドニエプル	東京大学	97.5	97.97	666	613
2014-060A	2014/10/7		HIMAWARI 8	ひまわり8号	H-IIA	国土交通省	1436.1	35784	35790	0.02
2014-070A	2014/11/6		ASNARO-1	アスナロ-1	ドニエプル	宇宙システム開発利用推進機構	94.77	506	509	97.47
2014-070B	2014/11/6		HODOYOSHI-1	ほどよし-1	ドニエプル	東京大学	94.88	503	522	97.47
2014-070C	2014/11/6		CHUBUSAT-1	金シャチ1号	ドニエプル	名古屋大学	95.01	503	535	97.47
2014-070D	2014/11/6		QSAT-EOS	つくし	ドニエプル	九州大学	95.15	502	550	97.47
2014-070E	2014/11/6		TSUBAME		H-IIA	東京工業大学	95.31	502	565	97.46
2014-076A	2014/12/3		Hayabusa2	はやぶさ2	H-IIA	JAXA	深宇宙ミッション衛星			
2014-076B	2014/12/3		SHIN EN 2	しんえん2	H-IIA	九州工業大学	深宇宙ミッション衛星			
2014-076C	2014/12/3		ARTSAT2-DESPATCH	アートサット・ツー・デスパッチ	H-IIA	多摩美術大学	深宇宙ミッション衛星			
2014-076D	2014/12/3		PROCYON	プロキオン	H-IIA	東京大学/JAXA	深宇宙ミッション衛星			

(2) 破片類発生事象

爆発等で破片を発生した事象を付表 3-1 に示す。破砕原因は NASA が管理する同種のリストを参考とした。NASA が原因不明としている事象のうち、ロケットについては打上げ当日に破砕した事象の原因は「不具合」、衛星については打上げ後 5 年以内に発生した原因は「不具合」とした。

宇宙ステーションからの放出物は廃棄物の投棄が主原因であるが、12 番の MIR（ミール）については衝突破片も含んでいる。

付表 2-1 軌道上破砕事象（部品など分散のうち放出物を 20 個以上発生したもの）（2014 年 12 月末）

No	破片数	残存数	国際識別番号	破砕物体	種別	国籍	質量 [kg]	打上げ日	破砕発生日	経過日数	高度 [km] 遠地点	高度 [km] 近地点	傾斜角 [度]	推定原因
1	3392	2936	1999-025A	FENGYUN 1C	衛星	中国	950	10-May-99	11-Jan-07	2803	865	845	98.6	意図的破壊
2	1647	1201	1993-036A	COSMOS 2251	衛星	ロシア	900	16-Jun-93	10-Feb-09	5718	800	775	74.0	衝突事故
3	753	90	1994-029B	PEGASUS	ロケット機体	米国	97	19-May-94	3-Jun-96	746	820	585	82.0	推進系破砕
4	620	399	1997-051C	IRIDIUM 33	衛星	米国	560	14-Sep-97	10-Feb-09	4167	780	775	86.4	衝突事故
5	508	0	2006-026A	COSMOS 2421	衛星	ロシア	3000	25-Jun-06	14-Mar-08	628	420	400	65.0	不具合
6	497	32	1986-019C	ARIANE 1	ロケット機体	フランス	1400	22-Feb-86	13-Nov-86	264	835	805	98.7	推進系破砕
7	472	33	1965-082DM	TITAN 3C TRANSTAGE	ロケット機体	米国	2555	15-Oct-65	15-Oct-65	0	790	710	32.2	不具合
8	375	236	1970-025C	THORAD AGENA D	ロケット機体	米国	600	8-Apr-70	17-Oct-70	192	1085	1065	99.9	原因不明
9	371	85	2001-049D	PSLV	ロケット機体	インド	900	22-Oct-01	19-Dec-01	58	675	550	97.9	推進系破砕
10	345	289	1981-053A	COSMOS 1275	衛星	ソ連	800	4-Jun-81	24-Jul-81	50	1015	960	83.0	不具合（バッテリ）
11	343	160	1999-057C	CZ-4	ロケット機体	中国	1000	14-Oct-99	11-Mar-00	149	745	725	98.5	推進系破砕
12	322	0	1986-017A	MIR	宇宙ステーション	ソ連		19-Feb-86		不明	215	151	51.6	廃棄物＋衝突破片
13	295	172	1961-015C	THOR ABLESTAR	ロケット機体	米国	625	29-Jun-61	29-Jun-61	0	995	880	66.8	不具合
14	284	0	1979-017A	SOLWIND		米国	850	24-Feb-79	13-Sep-85	2393	545	515	97.6	意図的破壊
15	282	209	1992-093B	SL-16 (Zenit-2)	ロケット機体	ロシア	9000	25-Dec-92	26-Dec-92	1	855	845	71.0	推進系破砕
16	274	198	1975-052B	DELTA 1(2910)	ロケット機体	米国	900	12-Jun-75	1-May-91	5802	1105	1095	99.6	推進系破砕
17	259	62	1969-082AB	THORAD AGENA D	ロケット機体	米国	600	30-Sep-69	4-Oct-69	4	940	905	70.0	原因不明
18	247	155	1978-026C	DELTA 1(2910)	ロケット機体	米国	900	5-Mar-78	27-Jan-81	1059	910	900	98.8	推進系破砕

付録

19	247	0	1976-072A	COSMOS 844	衛星	ソ連	5700	22-Jul-76	25-Jul-76	3	355	170	67.1	意図的破壊
20	226	30	1972-058B	DELTA 1 (0900)	ロケット機体	米国	800	23-Jul-72	22-May-75	1033	910	635	98.3	推進系破砕
21	206	31	1975-004B	DELTA 1 (2910)	ロケット機体	米国	900	22-Jan-75	9-Feb-76	383	915	740	97.8	推進系破砕
22	200	178	1973-086B	DELTA 1 (0300)	ロケット機体	米国	840	6-Nov-73	28-Dec-73	52	1510	1500	102.1	推進系破砕
23	197	0	1982-033A	SALYUT 7	宇宙ステーション	ソ連		19-Apr-82		不明	474	473	94.1	廃棄物放出
24	194	0	1973-021A	COSMOS 554	衛星	ソ連	6300	19-Apr-73	6-May-73	17	350	170	72.9	意図的破壊
25	194	0	1987-004A	COSMOS 1813	衛星	ソ連	6300	15-Jan-87	29-Jan-87	14	415	360	72.8	意図的破壊
26	177	59	1977-065B	DELTA 1	ロケット機体	米国	900	14-Jul-77	14-Jul-77	0	2025	535	29.0	不具合
27	174	0	2006-057A	USA 193	衛星	米国	2275	14-Dec-06	21-Feb-08	434	255	245	58.5	意図的破壊
28	171	0	1983-044A	COSMOS 1461	衛星	ソ連	3000	7-May-83	11-Mar-85	674	890	570	65.0	不具合
29	166	0	1965-012A	COSMOS 57	衛星	ソ連	5500	22-Feb-65	22-Feb-65	0	425	165	64.8	意図的破壊
30	161	151	1976-077B	DELTA 1 (2310)	ロケット機体	米国	900	29-Jul-76	24-Dec-77	513	1520	1505	102.0	推進系破砕
31	159	159	1965-027A	OPS 4682	衛星	米国	1500	3-Apr-65	1979 以降	不明	1317	1268	90.2	駆因不明
32	151	77	1987-020A	COSMOS 1823	衛星	ソ連	1500	20-Feb-87	17-Dec-87	300	1525	1480	73.6	不具合（バッテリ）
33	146	121	1974-089D	THORAD DELTA 1 (2310)	ロケット機体	米国	900	15-Nov-74	20-Aug-75	278	1460	1445	101.7	推進系破砕
34	146	18	1965-020D	SL-8	ロケット機体	ソ連	1600	15-Mar-65	15-Mar-65	0	1825	260	56.1	不具合
35	146	48	1963-014E	WESTFORD NEEDLES	放出物	米国		9-May-63		不明	3649	3609	87.33	意図的散布物
36	138	39	1968-097A	COSMOS 252	衛星	ソ連	1400	1-Nov-68	1-Nov-68	0	2140	535	62.3	意図的破壊
37	120	44	1989-039G	(PROTON K	加速モータ	ソ連	55	31-May-89	10-Jun-06	6219	18410	655	65.1	推進系破砕
38	115	43	1971-015A	COSMOS 397	衛星	ソ連	1400	25-Feb-71	25-Feb-71	0	2200	575	65.8	意図的破壊
39	115	114	2008-011B	BREEZE-M	ロケット機体	ロシア	2600	14-Mar-08	13-Oct-10	943	26565	645	48.9	推進系破砕
40	112	33	2012-044D	BREEZE-M	ロケット機体	ソ連		6-Aug-12	6-Aug-12	0	4928	311	49.7	推進系破砕

41	110	110	1991-009J	Cosmos 3M	ロケット機体	ソ連	1435	12-Feb-91	5-Mar-91	21	1725	1460	74.0	推進系破砕
42	107	38	1968-091A	COSMOS 249	衛星	ソ連	1400	20-Oct-68	20-Oct-68	0	2165	490	62.3	意図的破壊
43	107	41	1987-068B	Tsyklon 3	ロケット機体	ソ連	1360	18-Aug-87	15-Feb-98	3834	960	940	82.6	推進系破砕
44	106	81	1990-081D	CZ-4	ロケット機体	中国	1000	3-Sep-90	4-Oct-90	31	895	880	98.9	推進系破砕
45	106	99	1965-108A	TITAN 3C TRANSTAGE	ロケット機体	米国		21-Dec-65	1983 以降	不明	22039	308	26.8	分離時不具合
46	104	0	1977-097A	SALYUT 6	宇宙ステーション	ソ連		29-Sep-77		不明	391	380	51.6	廃棄物放出
47	101	94	2006-006B	BREEZE-M	ロケット機体	ロシア	2600	28-Feb-06	19-Feb-07	356	14705	495	51.5	推進系破砕
48	98	19	1970-089A	COSMOS 374	衛星	ソ連	1400	23-Oct-70	23-Oct-70	0	2130	530	62.9	意図的破壊
49	95	3	1998-067A	ISS	宇宙ステーション			20-Nov-98	随時	不明	406	394	51.6	廃棄物放出
50	93	0	1964-070A	COSMOS 50	衛星	ソ連	4750	28-Oct-64	5-Nov-64	8	220	175	51.2	意図的破壊
51	89	0	2009-042C	BREEZE-M	推進機構	ロシア	1290	11-Aug-09	21-Jun-10	314	1490	90	48.4	空力破壊
52	88	70	1991-082A	DMSP 5D-2 F11	衛星	米国	750	28-Nov-91	15-Apr-04	4522	850	830	98.7	爆発
53	87	66	1999-057A	CBERS 1	衛星	PRC/BRAZIL	1450	14-Oct-99	18-Feb-07	2684	780	770	98.2	原因不明
54	83	77	1979-095A	METEOR 2-5	衛星	ソ連	3000	31-Oct-79	2005 以降	不明	877	863	81.2	不具合
55	82	1	1980-089A	COSMOS 1220	衛星	ソ連	3000	4-Nov-80	20-Jun-82	593	885	570	65.0	不具合
56	82	80	1993-016B	SL-16 (Zenit-2)	ロケット機体	ロシア	9000	26-Mar-93	28-Mar-93	2	850	840	71.0	推進系破砕
57	80	3	1966-056A	PAGEOS 1	衛星	米国	55	24-Jun-66	12-Jul-75	3305	5170	3200	85.3	原因不明
58	79	9	1988-085F	PROTON K	加速モータ	ソ連	55	16-Sep-88	4-Aug-03	5435	18515	720	65.3	推進系破砕
59	78	2	1989-089A	COBE	衛星	米国		18-Nov-89	1-Mar-93	1199	895	886	99	
60	77	57	1976-126A	COSMOS 886	衛星	ソ連	1400	27-Dec-76	27-Dec-76	0	2295	595	65.8	意図的破壊
61	75	0	1975-080A	COSMOS 758	衛星	ソ連	5700	5-Sep-75	6-Sep-75	1	325	175	67.1	意図的破壊
62	72	71	1989-006A	ARIANE 2	ロケット機体	フランス	1480	27-Jan-89	1-Jan-01	4357	35720	510	8.4	推進系破砕

63	69	67	1976-067A	COSMOS 839	衛星	ソ連	650	8-Jul-76	29-Sep-77	448	2100	980	65.9	不具合(バッテリ)
64	69	67	1977-121A	COSMOS 970	衛星	ソ連	1400	21-Dec-77	21-Dec-77	0	1140	945	65.8	意図的破壊
65	67	63	1981-028A	COSMOS 1260	衛星	ソ連	3000	20-Mar-81	8-May-82	414	750	450	65.0	不具合
66	64	0	2006-050B	DELTA 4	ロケット機体	米国	2850	4-Nov-06	4-Nov-06	0	865	830	98.8	不具合
67	62	不明	1989-061D	USA 40 R/B	ロケット機体	米国		8-Aug-89	1-Jan-92	876				
68	61	0	1975-102A	COSMOS 777	衛星	ソ連	3000	29-Oct-75	25-Jan-76	88	440	430	65.0	不具合
69	61	1	2002-037E	PROTON K	加速モータ	ロシア	55	25-Jul-02	1-Jun-05	1042	835	255	63.7	推進系破砕
70	60	57	1982-055A	COSMOS 1375	衛星	ソ連	650	6-Jun-82	21-Oct-85	1233	1000	990	65.8	不具合(バッテリ)
71	55	28	1993-014B	SL-18	ロケット機体	ソ連		25-Mar-93	2003 以降	不明	918	678	75.8	原因不明
72	54	20	1987-079H	PROTON K	加速モータ	ソ連	55	16-Sep-87	23-Apr-03	5698	18540	755	65.2	推進系破砕
73	54	20	1987-079G	PROTON K	加速モータ	ソ連	55	16-Sep-87	1-Dec-96	3364	19120	335	64.9	推進系破砕
74	52	52	1982-025A	METEOR 2-8	衛星	ソ連	2750	25-Mar-82	29-May-99	6274	960	935	82.5	原因不明
75	52	0	1966-046B	ATLAS D	ロケット機体	米国	3400	1-Jun-66	1-Jun-66	0	275	240	28.8	不具合
76	51	0	1966-088A	CIS UNKNOWN 1	衛星	ソ連	NA	17-Sep-66	17-Sep-66	0	855	140	49.6	意図的破壊
77	50	50	1966-040A	NIMBUS 2	衛星	米国	414	15-May-66	1966	152程	1176	1092	100.5	原因不明
78	49	0	1974-103A	COSMOS 699	衛星	ソ連	3000	24-Dec-74	17-Apr-75	114	445	425	65.0	不具合
79	49	1	1985-108B	Tsyklon 3	ロケット機体	ソ連	1360	22-Nov-85	4-May-06	7468	640	610	82.5	推進系破砕
80	48	0	1976-120A	COSMOS 880	衛星	ソ連	650	9-Dec-76	27-Nov-78	718	620	550	65.8	不具合(バッテリ)
81	48	0	1983-075A	COSMOS 1484	衛星	ソ連	1800	24-Jul-83	18-Oct-93	3739	595	550	97.5	原因不明
82	46	15	1970-091A	COSMOS 375	衛星	ソ連	1400	30-Oct-70	30-Oct-70	0	2100	525	62.8	意図的破壊
83	46	46	1988-005A	METEOR 2-17	衛星	ソ連		30-Jan-88	2006 以降	不明	958	932	82.5	原因不明
84	45	3	1980-030A	COSMOS 1174	衛星	ソ連	1400	18-Apr-80	18-Apr-80	0	1660	380	66.1	意図的破壊
85	44	0	1984-083A	COSMOS 1588	衛星	ソ連	3000	7-Aug-84	23-Feb-86	565	440	410	65.0	不具合

86	42	33	1978-100D	SL-14 (Tsyklon 3)	ロケット機体	ソ連	1360	26-Oct-78	9-May-88	3483	1705	1685	82.6	推進系破砕
87	40	0	1966-101A	CIS UNKNOWN 2	衛星	ソ連	NA	2-Nov-66	2-Nov-66	0	885	145	49.6	意図的破壊
88	39	0	1976-063A	COSMOS 838	衛星	ソ連	3000	2-Jul-76	17-May-77	319	445	415	65.1	不具合
89	39	39	1991-068G	Tsyklon 3	ロケット機体	ソ連	1360	28-Sep-91	9-Oct-99	2933	1485	1410	82.6	推進系破砕
90	38	36	2007-003B	CZ-3A	ロケット機体	中国	2740	2-Feb-07	2-Feb-07	0	41900	235	25.0	不具合
91	37	0	1966-012C	OPS 3031	衛星	米国	4	15-Feb-66	15-Feb-66	0	270	150	96.5	不具合
92	37	0	1989-100A	COSMOS 2053	衛星	ソ連		27-Dec-89	27-Dec-89	0	107	99	73.5	不具合
93	36	0	1969-029B	SL-3	ロケット機体	ソ連	1440	26-Mar-69	28-Mar-69	2	850	460	81.2	原因不明
94	36	0	1987-108A	COSMOS 1906	衛星	ソ連	6300	26-Dec-87	31-Jan-88	36	265	245	82.6	意図的破壊
95	36	0	1988-113A	COSMOS 1985	衛星	ソ連		23-Dec-88	23-Dec-88	0	533	522	73.5	不具合
96	36	18	1992-047G	PROTON K	加速モータ	ロシア	55	30-Jul-92	10-Jul-04	4363	18820	415	64.9	推進系破砕
97	35	35	1987-060A	COSMOS 1867	衛星	ソ連		10-Jul-87	10-Apr-14	9771	799	778	65.01	原子炉冷却材漏洩
98	34	0	1966-059A	SATURN 1B	ロケット機体	米国	26600	5-Jul-66	5-Jul-66	0	215	185	32.0	意図的破壊
99	33	31	1984-069A	COSMOS 1579	衛星	ソ連		29-Jun-84		不明	973	912	65.05	原子炉冷却材漏洩
100	32	10	1991-025F	PROTON K	加速モータ	ソ連	55	4-Apr-91	8-Mar-09	6548	18535	465	64.9	推進系破砕
101	31	0	1982-088A	COSMOS 1405	衛星	ソ連	3000	4-Sep-82	20-Dec-83	472	340	310	65.0	不具合
102	31	31	2007-054B	DELTA 4H	ロケット機体	米国	2850	11-Nov-07	11-Nov-07	0	1575	220	29.0	不具合
103	30	0	2006-039A	COSMOS 2423	衛星	ロシア	~6000	14-Sep-06	17-Nov-06	64	285	200	64.9	意図的破壊
104	29	29	1987-011A	COSMOS 1818	衛星	ソ連	2500?	1-Feb-87	4-Jul-08	7824	800	775	65.0	原因不明
105	29	0	1982-115E	SL-6	ロケット機体	ソ連	1100	8-Dec-82	8-Dec-82	0	425	235	62.9	不具合
106	29	1	1990-105A	DMSP 5D-2 F10	衛星	米国	855	1-Dec-90	1-Dec-90	0	850	610	98.9	不具合
107	29	29	2010-057B	BEIDOU G4	ロケット機体	中国	2740	1-Nov-10	1-Nov-10	0	35780	160	20.5	原因不明

108	28	0	1982-038A	COSMOS 1355	衛星	ソ連	3000	29-Apr-82	8-Aug-83	466	395	360	65.1	不具合
109	28	0	1984-104A	COSMOS 1601	衛星	ロシア		27-Sep-84		不明	166	157	65.8	不具合
110	28	0	1986-067A	COSMOS 1776	衛星	ロシア		3-Sep-86		不明	163	152	74.0	不具合
111	28	0	1988-065A	COSMOS 1960	衛星	ロシア		28-Jul-88	28-Jul-88	0	153	139	65.8	不具合
112	28	0	1990-104A	COSMOS 2106	衛星	ロシア		28-Nov-90	12-Jun-05	不明	158	150	92.5	不具合
113	28	24	1992-072P+	ARIANE 42P+	ロケット機体	フランス		28-Oct-92	15-Jun-05	不明	751	111	7.1	原因不明
114	28	28	1968-081E	TITAN 3C TRANSTAGE	ロケット機体	米国	2555	26-Sep-68	21-Feb-92	8548	35810	35100	11.9	推進系破砕
115	28	0	1986-024A	COSMOS 1736	衛星	ロシア		21-Mar-86	21-Mar-86	0	987	946	65.0	不具合
116	27	27	1965-063B	SCOUT B	ロケット機体	米国		10-Aug-65	27-Jun-05	不明	2420	1137	69.2	原因不明
117	27	0	1985-050A	COSMOS 1662	衛星	ソ連		19-Jun-85	19-Jun-85	0	159	152	65.8	不具合
118	27	5	1994-074A	RESURS O1	衛星	ソ連		4-Nov-94	4-Nov-94	0				原因不明
119	26	0	1971-106A	COSMOS 462	衛星	ソ連	1400	3-Dec-71	3-Dec-71	0	1800	230	65.7	意図的破壊
120	26	0	2003-035A	COSMOS 2399	衛星	ロシア	~6000	12-Aug-03	9-Dec-03	119	250	175	64.9	意図的破壊
121	25	0	1989-089B	DELTA 1	ロケット機体	米国	920	18-Nov-89	3-Dec-06	6224	790	685	97.1	原因不明
122	25	0	1989-100B	Tsyklon 3	ロケット機体	ソ連	1360	27-Dec-89	18-Apr-99	3399	485	475	73.5	推進系破砕
123	25	2	1964-006D	ELEKTRON 1	ロケット機体	ソ連	1440	30-Jan-64	13-Feb-98	12433	56315	90	56.2	空力破壊
124	25	25	1966-077A	OPS 0856	衛星	米国		19-Aug-66	19-Aug-66	0	3720	3652	90.1	不具合
125	25	0	1980-047A	COSMOS 1186	衛星	ロシア		6-Jun-80	6-Jun-80	0	137	125	74.0	不具合
126	25	0	1983-091A	COSMOS 1494	衛星	ロシア		31-Aug-83	31-Aug-83	0	153	142	50.6	不具合
127	25	0	1977-111A	COSMOS 965	衛星	ロシア		8-Dec-77	8-Dec-77	0	183	168	74.0	不具合
128	24	0	1973-017B	PROTON K	ロケット機体	ソ連	4000	3-Apr-73	3-Apr-73	0	245	195	51.5	推進系破砕
129	24	24	1981-071A	COSMOS 1285	衛星	ソ連	1250	4-Aug-81	21-Nov-81	109	40100	720	63.1	意図的破壊
130	24	0	1979-063A	COSMOS 1112	衛星	ロシア		6-Jul-79	6-Jul-79	0	224	201	50.7	不具合
131	24	0	1981-097A	COSMOS 1311	衛星	ロシア		28-Sep-81	28-Sep-81	0	146	127	82.9	不具合

			名称	種類	国	質量(kg)	発生日	元期	デブリ数	近地点(km)	遠地点(km)	軌道傾斜角(°)	原因
132	24	0	1982-034A	COSMOS 1351	衛星	ロシア		21-Apr-82	21-Apr-82	0	161	156	50.7	不具合
133	24	0	1983-101A	COSMOS 1501	衛星	ロシア		30-Sep-83	30-Sep-83	0	133	121	82.9	不具合
134	23	0	1962-057A	SPUTNIK 22	ロケット機体	ソ連	1500	24-Oct-62	29-Oct-62	5	260	200	65.1	推進系破砕
135	23	19	1979-104B	ARIANE 1	ロケット機体	ESA	1400	24-Dec-79	1-Apr-80	99	33140	180	17.9	推進系破砕
136	23	0	1985-030A	COSMOS 1646	衛星	ソ連	3000	18-Apr-85	20-Nov-87	946	410	385	65.0	不具合
137	23	0	1976-037A	COSMOS 816	衛星	ロシア		28-Apr-76	28-Apr-76	0	254	239	65.8	不具合
138	23	0	1995-008A	COSMOS 2306	衛星	ロシア		2-Mar-95	2-Mar-95	0	145	138	65.8	不具合
139	23	1	2008-041C	CZ-2C	ロケット機体	中国		6-Sep-08	6-Sep-08	0	129	113	98.0	不具合
140	23	23	1990-065A	CRRES (CANISTER)	衛星	米国		25-Jul-90	25-Jul-90	0	33567	351	18.2	不具合
141	22	20	1994-085B	SL-19	ロケット機体	ロシア	3100	26-Dec-94	26-Dec-94	0	2200	1880	64.8	原因不明
142	22	0	1985-082A	COSMOS 1682	衛星	ソ連	3000	19-Sep-85	18-Dec-86	455	475	385	65.0	不具合
143	22	0	1984-106F	PROTON K	加速モータ	ソ連	55	28-Sep-84	5-Sep-92	2899	845	835	66.6	推進系破砕
144	22	0	1968-117B	SL-7	ロケット機体	ロシア		19-Dec-68	19-Dec-68	0	322	171	71.0	不具合
145	22	0	1973-027B	SATURN 5	ロケット機体	米国		14-May-73	14-May-73	0	150	150	50.0	不具合
146	22	0	1980-067A	COSMOS 1204	衛星	ロシア		31-Jul-80	31-Jul-80	0	156	142	50.6	不具合
147	22	0	1982-007A	COSMOS 1335	衛星	ロシア		29-Jan-82	29-Jan-82	0	158	146	74.0	不具合
148	22	0	1982-076A	COSMOS 1397	衛星	ロシア		29-Jul-82	29-Jul-82	0	153	149	50.7	不具合
149	22	0	1983-034A	COSMOS 1453	衛星	ロシア		19-Apr-83	19-Apr-83	0	152	138	74.0	不具合
150	21		2006-002B	H-2A	ロケット機体	日本	~3000	24-Jan-06	8-Aug-06	196	700	550	98.2	断熱材剥離
151	21	0	1965-088A	COSMOS 95	衛星	ソ連	400	4-Nov-65	15-Jan-66	72	300	180	48.4	不具合
152	21	0	1969-021B	SL-8	ロケット機体	ロシア		5-Mar-69	5-Mar-69	0	207	193	74.1	不具合
153	21	1	1969-064B	DELTA 1 (M)	ロケット機体	米国	1100	26-Jul-69	26-Jul-69	0	5445	270	30.4	#REF!
154	20	0	1977-042A	COSMOS 913	衛星	ロシア		30-May-77	30-May-77	0	181	176	74.0	不具合
155	20	20	1979-101A	SATCOM 3	衛星	米国		7-Dec-79	1-Jan-06	9522	327	167	67.1	原因不明

以上は 2014 年末の JSpOC 公開情報であるが、2015 年 9 月 20 日時点では以下が追加されている。

付表 2-2 2015 年 9 月 20 までに追加された新規の破砕事故など

番号	破片総数	軌道残存数	国際識別番号	破砕物体	種別	国籍	質量[kg]	打上げ日	破砕発生日	経過日数	高度[km]	傾斜角[度]	推定原因
1	164	7	1995-015A	DMSP 5D-2 F13(USA 109)	衛星	米国	830	24-Mar-95	3-Feb-15	7626	851 - 845	98.8	不具合
2	20	19	2015-024B	SL-4 R/B	ロケット	露国(ソ連)		24-Mar-95	3-Feb-15	0	170 - 161	51.65	不具合
3	10	10	1984-072A	METEOR 2-11	衛星	露国(ソ連)	2750	28-Apr-15	28-Apr-15	7448	955 - 937	82.53	不明

付表 2-3 2015 年 9 月 20 までに追加された新たな破片

番号	破片追加	破片総数	軌道残存数	国際識別別番号	破砕物体	種別	国籍	質量[kg]	打上げ日	破砕発生日	経過日数	高度 [km]	傾斜角[度]	推定原因
1	+13	3405	2870	1999-025A	FENGYUN 1C	衛星	中国	950	10-May-99	11-Jan-07	2799	865 - 845	98.6	意図的破壊
2	+20	1667	1154	1993-036A	COSMOS 2251	衛星	露国(ソ連)	900	16-Jun-93	10-Feb-09	5712	800 - 775	74.0	衝突
30	+22	183	173	1976-077B	DELTA 1	ロケット	米国	900	29-Jul-76	24-Dec-77	512.5	1520 - 1505	102.0	残留推進剤
62	+6	78	77	1989-006B	ARIANE 2	ロケット	フランス	1480	27-Jan-89	1-Jan-01	4354	35720 - 510	8.4	不明
77	+8	58	58	1966-040A	NIMBUS 2	衛星	米国		05/15/1966	1997 以降	11179	1176 - 1092	100.5	不明
156	+22	51	51	2010-057B	BEIDOU G4	ロケット	中国	2740	1-Nov-10	1-Nov-10	0	35780 - 160	20.5	不明
133	+9	32	27	1979-104B	ARIANE 1	ロケット	ESA	1400	24-Dec-79	Apr-80	98	33140-180	17.9	残留推進剤
追加	+17	32	27	2012-008	CZ-3C	ロケット	中国	930	24-Feb-12	11-Sep-14	930	3180-137	20.78	不明
追加	+15	30	30	2011-077	CZ-3B	ロケット	中国	997	19-Dec-11	11-Sep-14	997	31719-183	23.8	不明

一方、NASA は 2015 年国連宇宙空間平和利用委員会の科学技術小委員会（2月開催）及び同年本委員会（6月開催）に 2014 年に 12 件の破砕事象があったと報告している。そのうち 10 個以上の破片を発生させた 5 件を下表に示す。しかし 2015 年 9 月に JSpOC が公表した数量（同表再右列）とは相違がある。NASA はこれらの事象で発生した破片は速やかに消滅したとしているが、破砕発生高度から推測する限り疑問である。このように我々が JSpOC を通じて把握できる破片の量は限定的なものと考えなくてはならない。

付表2-3 2015年国連宇宙空間平和利用委員会でNASAが発表した破砕事象（破片が10個以上発生したもののみ）

番号	破片総数	国際識別番号	破砕物体	種別	国籍	高度 [km]	推定原因	JSpOC公表数量 (2015.6.20)
1	17	2007-029A	Cosmos 2428	衛星	ロシア	860 – 845	不明	9
2	15	1994-076G	SOZ Ullege Motor	アレッジモータ	ロシア	18,990 – 420	残留推進剤	0
3	10	1997-082C	Iridium 47	衛星	米国	779 – 776	不明	11
4	16	2010-007G	SOZ Ullege Motor	アレッジモータ	ロシア	18,750 – 770	残留推進剤	3
5	70	2007-052F	SOZ Ullege Motor	アレッジモータ	ロシア	18,790 – 730	残留推進剤	0

出典 2015年2月2～13日、第52回国連宇宙空間平和利用委員会科学技術小委員会、"Space Debris Environment, Operations, and Measurement Updates", NASA, NASA Orbital Debris Program Office

あとがき

　本書は主として国際政治、国際法の観点からデブリ問題に興味を持つ方々を念頭に書いたものである。しかし、エンジニアの方々に対しても、これまでJAXAの技術文書を通じて設計・運用対策は紹介してきたもののその政治的背景などはあまり説明する機会は無かった。その意味では興味を持っていただければ幸いである。

　あとがきとして、筆者がこれまで経験してきた国際調整の現場の状況をお知らせし、読者各位が今後遭遇される国際調整の機会への参考としていただきたい。

　国連でのデブリ問題の議論は、1993年に国連COPUOSの科学技術小委員会（STSC）でデブリ問題が正式な議題に取り上げられ、1996年にはデブリに関する技術レポートを作成するプロジェクトが開始された。筆者もその一部を執筆して1999年にはそれが完成した。このレポートにてデブリに関する当時の現状、問題点が各国で共通認識になったはずである。しかし、それを受けて次のステップに進む機運にはならなかった。国際条約としてデブリの発生が規制されれば従来型の宇宙活動を続けることは困難になり、米国などが主張する「宇宙への自由なアクセス」に大きな障害となるとの懸念が支配的であった。日本国内でも「デブリ規制論は発展途上国が将来の権益を確保すべく主張するものである」などの意見が多勢を占めていた。現実にはデブリ問題への対応は先進国にとってこそ喫緊の課題であったが、デブリの発生が規制されることによる宇宙活動への制約のインパクトが予想できず、欧米諸国は疑心暗鬼の状態で、議論の進展を拒むかのようであった。

　筆者は日本の代表団の一人として国連にデブリ規制化に向けた委員会を設置するようNASDAを通じて政府に提案した。この提案は規制の内容を階層化し、

「デブリの発生は好ましくない」との最上位の理念だけ国連決議とし、その下位の「何をすべきか」即ち「意図的破壊の禁止、破砕事故の防止努力、デブリの放出抑制、運用終了後の処置」などの上位概念はよりソフトなガイドラインに留め、更に詳細な「如何にそれらを達成するかの技術対策」などの定量的ルールは下位の実施機関の裁量で実施するというピラミッド構造を構想としていた。

当時の日本として欧米との事前調整なしに動議を出すことは稀であった。外務省に事前調整に赴いた筆者は外務省、文部科学省の役人に言った。

「デブリの規制化は時代の流れに従ったものです。いずれそうせざるを得ないものなら早いうちに流れに載り、竿をさしてコントロールしましょう。」

時は小渕政権の時代で、外務大臣時代に同盟国の顔色を伺わず地雷禁止条約に署名した小渕首相の影響を受けたのであろうか、日本としての尊厳・自主性を重視する雰囲気があったのであろう。その提案は政府に承認され国連宇宙空間平和利用委員会科学技術小委員会（STSC）の場で日本の声明文として発表された。STSC の議長はそれに大いに賛同し、彼の求めに応じて主要国への説明の場を設け力説したのだが、結局賛同する国は一ヶ国もなかった。特に、発展途上国からの反論が印象に残っている。too sophisticated（洗練された、あるいは複雑すぎる）と評されて敬遠された。特にデブリ規制に積極的と評されてきた途上国が真っ先に反対してきたのは印象的であった。結局日本政府代表部としては撤退を決定した。この動議の対案としてドイツが「デブリ対策のコスト効果の調査」を提案し、それに屈した形になったがそのような調査が進展するはずがなかった。

「米国は不要な国際法は作るべきではないと考えているのだよ。」

デブリ問題に関する国際会議（後述の IADC 会議）の合間に、NASA の代表者である NASA の故ロフタス氏に、「なぜデブリ問題を一番よく理解し、規制を必要としている米国が国連でデブリに関する規制を設けることに反対するのか」と問いかけた時の彼の応えであった。NASA はスペースデブリ問題についてヒューストンにあるジョンソン宇宙センター（JSC）に設置したスペースデブリプログラムオフィスを中心に取り組み、ロフタス氏はその JSC の経営層の一員としてそのオフィスを監督する立場であった。その立場から我が国

を訪問し、デブリ問題が重要であるとの啓蒙活動も行っていた。既にかなりの高齢であったが、朝鮮戦争にも参加したと噂され、巨体から静かに発する言葉には先進国の宇宙機関の代表者たちも一目を置いていた。高齢者に対する畏敬の念がそうさせたのか、超大国の世界最大の平和的宇宙機関の後光が差していたかもしれない。反論は出し難い威厳を備えていた。

話を戻せば、米国の対応を知った筆者がとった次の行動は、「それならば国連以外の場で世界共通のスタンダードを作成する方向で動いてはどうかと」いうものであった。その最適な議論の場としてIADCがある。これは宇宙先進国間の平和目的の公的宇宙機関のデブリ研究者が協調した研究を行い、その成果を紹介することで相互に効率的な研究が進むように設けられたもので、デブリの低減に向けた活動を識別することも目的に含まれていた。IADCは1993年に設けられて以降、現在では13機関が参加し、年に1回の会合を開催している。

1999年ドイツ、ダルムシュタットにある欧州宇宙機関（ESA）／欧州宇宙技術研究センター（ESTEC）で開催された第17回IADC会議の席で、筆者は主要先進国の宇宙機関の合意文書として成立すべく「IADCガイドライン」の草案を提出した。ロシアからの反発があったがロフタス氏が賛同し、その説得もありプロジェクトとして成立した。ロフタス氏の威厳に今度は助けられた。この草案は当時NASAと米国国防省が制定した米国政府デブリ対策規格と対比させてIADCとして設けるべき実行可能なレベルのガイドラインとして示したもので、米国も法的抗力のない自主規制には反対せず、内容も米国のルールと矛盾の無いものであったことが成功の要因であったろう。

国際法には反対の態度をとっていた米国も、宇宙ステーションやスペースシャトルの開発に際してはデブリ問題は無視できるものではなく、科学技術的には世界をリードしてこの問題に対処しようとしていた。このガイドラインは「IADCスペースデブリ低減ガイドライン（IADC Space Debirs Mitigation Guidelines)」として2002年に発行された。3年も掛けたことに違和感を持たれる方もいるかもしれないが年1回の会合で進展させとうとすればその程度の期間は必要になる。会合の間には頻繁に電子メールを交換して意見の集約を諮った。そこで役に立ったのは当時の宇宙科学研究所がプロジェクト審査で

使っていた指摘票の様式であった。検討課題毎に 1 枚の指摘票を用意して、賛否両論を併記し、議論が収束しそうになったら望ましい解決策を提示して、加盟機関の賛否を明記していった。最終的にはこのような指摘票は数百枚を超えたと記憶している。フランス代表は「わずか数枚のガイドラインのために何百枚の紙を作るのか」と非難したが、「必要なら千枚でも作る」と開き直った。後日この指摘票の束を印刷して各機関に配布してくれたのはこのフランス代表であった。

この IADC のガイドラインが制定される見込みとなった時、米国は欧州諸国を賛同者にしてこのガイドラインをを国連 COPUOS でエンドースするよう提案した。ちなみにこの提案国に日本は入っていない。最大の貢献者を差し置いての行動には多少の不満が残るが、これが国連の場での日本の扱われ方である。

その後、COPUOS は委員会を設け、このガイドラインの上位概念をまとめて「国連スペースデブリ低減ガイドライン」を制定した。これは 2007 年 6 月の国連総会で採択された。現在 COPUOS 加盟国はこのガイドラインに沿って国内の宇宙活動を管理することが求められている。条約であれば発効や批准などの手続きが必要になり、批准している国とそうでない国の差が出るが、国際法上は「条約」ではない「国連決議」であったことから、逆にすべての加盟国が受け入れたものとの認識が得られている。このような非条約的な枠組みを法学者の間ではソフトローと呼んでいる。

これらの活動の時期に並行して幾つかの先進国は自主的なデブリ対策文書を発行し、一気にデブリ規制化への波ができた。IADC ガイドラインが潮の流れを劇的に変えたのであった。

この政府系自主規制の流れを受けて産業界に向き合う国際標準化機構 (ISO) もデブリ対策規格の動きに拍車がかかった。当初英国は各国政府機関が如何に認可制度を利用してデブリ対策の審査を行うかを規格化しようとしていたが、それは英国の国内事情にあまりにも依存しすぎているために、筆者は ISO の尊厳にかけて産業界独自のデブリ対策要求を確立すべきと主張した。これは検討の流れを大幅に変更するものであったために米国の議長からは巨体を押しつ

けられて「もっと柔軟になれ」との文字通りの物理的圧力をかけられたこともあったが、大方の賛同が得られ、リーダも交替し、ISO-24113「スペースデブリ低減要求」の発行に結びついた。当該議長もこの結果には満足したようである。これで国際間の衛星調達契約や打上げサービス契約にも適用される道筋ができた。今後は官民ともにデブリ低減活動が浸透していくことが期待される。逆に言えばデブリ対策のとられていない衛星やロケット打上げサービスは市場から淘汰される可能性もあると言える。しかし、デブリ対策要求の中には検証が困難な要求も散見される。それらは会議の場で多数決の原則で決定されたものである。それらの見直しの必要がある点では未だ過渡期のものであると言わなければならない。

　このようにゴミ問題にはそれなりの規制のベースラインができた訳であるが、一方では安全保障の面から更に厳しい宇宙活動の管理の必要性が唱えられ、それがデブリ対策を巻き込んでいる。あるいはデブリ問題を利用してより強い規制の方向に進みつつあるといった方が良いかもしれない。軍事上、戦略ミサイルなど宇宙に直接係わる武器のみならず、地上の軍事面での司令・統制・通信・情報・監視・誘導・攻勢など全ての面で宇宙インフラに大きく依存している状況では、非同盟国の宇宙活動がこれらの機能を一瞬で機能不全にする、あるいは時間をかけて蝕んでいく恐れを警戒しなければならない。情報インフラに対するサイバー攻撃と同種の警戒感がある。中国の引き起こした破壊実験などが繰り返えされれば、近傍の衛星への間接的攻撃、電波干渉による通信網の機能阻害など恐れとなる。同様に非同盟国の意図不明なロケットの打上げ、衛星軌道の突然の変更、自国衛星への接近などの潜在的脅威に敏感にならざるを得ない。そこで「宇宙活動の透明性及び信頼醸成の措置」という概念が推進されている。これは関係国が行う宇宙活動が攻撃的意図を有していないことを外部から見える形で曝し、関係国が互いに信頼感を持って宇宙活動行えるよう検証できる手段を確立しようとするものである。

　欧州では国連デブリ低減ガイドラインの順守を促進するために、「宇宙活動に関する欧州行動規範」を作成し、これを世界の規範とするよう提案したが、米国がこれを受けて新たな国際行動規範を作成するよう提案した。一方、国連

軍縮部（UNODA）では「信頼性及び信頼性醸成の手段（TCBM）のための政府専門家グループ」が2013年7月29日に報告書を作成した。これは安全保障面の色彩が濃いが、平和利用の観点からもこれを裏打ちしようという努力が国連COPUOS科学技術小委員における「宇宙活動の長期持続性持続性の検討」の一つの側面である。米国は前のふたつをトップダウンの取り組みと呼び、三番目をボトムアップの取り組みと呼んでいる。全てが行きつく先は安全保障のためのTCBMの構築であるとの意識である。よって結局はこれらは強くリンクされたものとなるのであろう。前の二つが限定的な参加国で作成されたのに対し、三番目が広範な国家間の合意として国連COPUOSで決議されるものなので、すべてがリンクされればTCBMの概念が広く国際的に認知されたことになる。これらは世界平和のための活動として認められるべきものであるが、本来の意味での「宇宙活動の長期持続性の活動」とは多少方向の異なるものとなることは否めない。即ち、ロケットの打上げ、衛星の軌道変更、衛星間の接近・ランデブ、衛星の破壊などに主眼を置くものとなり、将来はこれに「衛星の除去あるいは回収」の懸念が加わるであろう。宇宙活動の長期持続性を主眼とするならば、破砕事故の防止と破砕情報の迅速な通報・交換、再突入物体の落下に対する安全確保、衛星の信頼性・品質の確保などを含むより広い範囲の検討が必要であろう。

　筆者のもう一つの懸念は、情報の開示が義務づけられても実際に開示されるのかという点である。日本のように常に真摯に取り組む国が一方的に情報の開示国になりはしないであろうか。例えば自国の衛星に障害が発生した場合の説明を学術誌・専門誌にて頻繁に公開する米国のような国と、PAROSやGGEをリードした「情報公開を迫る国々」とは一致していない。国連の長期持続性の検討においても専門家会合-Bを例にとれば、常に期限内に情報提供や執筆担当部分を提供してきたのは日本である。日本のみと言っても過言ではない。当該専門家会合の報告書の完成が遅れたのも期限ぎりぎりに担当部分を提示し、十分な議論の時間もない状態に陥らせたのもこのような「情報公開を迫る国」などである。勿論、これは国の問題ではなく専門家個人の怠慢であると言われればそれまでである。

あとがき

　宇宙活動が現在の社会に大きく貢献していることは、天気予報、国土利用調査、地表・海洋資源探査、航法・ナビゲーション、位置確認、環境汚染など様々な面で一般社会に浸透しつつあるが、これらの便益を享受する裏側では、地球周辺の軌道環境が汚染され、落下物の脅威もあることも社会が認識する必要がある。高度な技術にはリスクが付随するのが常である。コスト低減の追及が負の側面を増幅しないように均衡のとれた宇宙活動が継続されることを願う。

　本書の発行にあたっては九州大学花田教授及びその研究室の方々よりデブリの除去に関する資料の提供を受けたことを感謝いたします。また読者の視点などを含めた観点から適切な助言や校正作業を行っていただいた地人書館の柏井様始め編集部の方々に感謝いたします。

索　引

【あ】
アリアン1型　85
アポジキックエンジン　13

【い】
意図的な破壊　80
イリジウム33　2, 72, 79

【う】
ウェスト・フォード計画　194
宇宙基本計画　226
宇宙基本法　223
宇宙空間平和利用委員会　14
宇宙条約　194
　第9条　194
宇宙統合機能構成部隊　52
宇宙のゴミ　14
運用終了後の破砕　81

【え】
衛星　10
衛星軌道
　一般摂動理論　129
　遠地点　11
　軌道要素　11
　近地点　11
　周回速度　10

【お】
欧州行動規範
　宇宙活動の　178
　デブリ低減　166
大型デブリ

【か】
科学技術小委員会　14
ガバード線図　71
観測　44

欧州宇宙監視網　60
監視能力　54
観測可能　16
観測可能な大きさ　47
限界等級　47
光学観測　45
望遠鏡口径と限界等級　47
レーダ観測　45

【き】
軌道
　寿命　17, 113, 146
　軌道上衝突事故　72
　軌道上破砕　23
　軌道上監視衛星　51
共通隔壁　83, 86

【く】
軍事的脅威　201
軍縮会議　191

【け】
限界等級　47
限界等級と観測物体の直径　47

【こ】
光学観測　45
小型衛星　141
　サイズ　141
　問題点　146
小型デブリ　19
国際宇宙ステーション　138
国際行動規範　211
　宇宙活動の　196
国連
　宇宙活動の長期持続性の検討　196
　宇宙空間平和利用委員会　14

科学技術小委員会　14
スペースデブリ低減ガイドライン　6, 101
登録簿　131
コスモス2251　3, 72, 79
コスモス954　115

【さ】
再突入
　大型落下物体　116
　加熱のプロセス　114
　危険面積　121
　時刻の予測　125
　主な落下物　118
　傷害予測数　121
　大気との摩擦　114
　特定個人への接触確率　123
　燃え尽きる　115
　溶融限界　124
　落下危険度　120
　落下物　116
サファイアシステム　65
残留推進薬の爆発事故　83

【し】
四酸化二窒素　83
自然着火　83, 107
周回衛星　11
重力傾斜　161
準同期軌道　12
条件付廃棄成功確率　25, 168, 170
衝突
　回避　128, 131
　検知器　68
　事例　89
　相対速度　16
　バンパ　52, 138

索　引

被害　17, 93
非故障確率　136
頻度　95, 134
防御　133
防御処置　138
リスク管理　132
連鎖反応　87
ロケットの打上げ時　131
除去
　スラスタ方式　158
　導電性テザー　159
人工衛星　10
信頼度　137
信頼度計算　137

【す】
スペースデブリ　5, 14
スペースデブリ発生防止標準　6

【せ】
静止衛星
　静止軌道　11, 12
　静止軌道高度　12
　静止軌道保護域　11
　静止遷移軌道　13
　直接投入　13
世界科学光学ネットワーク　61
世界の主なデブリ低減指針　171
世界のデブリ規制　24
世界標準化機構　166
接近解析　97
潜熱　114

【た】
第一宇宙速度　16
大気との摩擦　114
タイタン3C　83
太陽同期軌道　12
太陽同期準回帰軌道　12
太陽輻射圧係数　111
断熱圧縮　114

【ち】
中国衛星破壊実験　70
長期暴露実験機　20
超小型衛星　141
　九州工業大学　143
　最先端研究開発支援プログラム　143
　試験センター　143
　問題点　146

【て】
低軌道　11
低軌道保護域　28, 110
デブリ
　エンジニアリング分布モデル　39
　除去　151
　推移モデル　39
　デブリ対策要求　25
　デブリ分布モデル　39
　発生源　21, 69
　分布状態　28
デルタⅠ型　83

【と】
統合宇宙運用センター　52
導電性テザー　159
透明性及び信頼醸成の措置　193, 213

【は】
廃棄成功確率
　条件付　168, 170
バイスタティックレーダ方式　60
墓場軌道域　12
破砕
　運用終了後の破砕　81
　気化膨張　84
　原因　79
　高度分布　77

最初の自爆行為　80
残留推進薬の爆発事故　83
発生率　25
バッテリの破裂　85
不具合による破砕　85
バンパによる防御　138

【ひ】
非故障確率　136
微小デブリ　19, 132
ヒドラジン　84

【ふ】
風雲1号　70, 79
フェーズド・アレイ・レーダ　49
不要な人工物　14
フラックス　39
フランス
　CNES規格　180
　Technical Regulation　181
　宇宙法　181
プロトンK型　83

【へ】
米国
　宇宙監視センサ　56
　国家宇宙政策　174
べき乗則　76

【ほ】
ホイール　108
望遠鏡口径と限界等級　47

【も】
モーメンタム・ホイール　108
モルニア軌道　13

【ら】
落下危険度　120
危険面積　121

索　引

【り】
リスク管理　127
　　衝突被害に関するリスク　136
　　衝突リスク許容限界　132
　　微小デブリ衝突被害　75
【れ】
レーダ　49

監視設備　48
断面積　28

【ろ】
ローレンツ力　131
ロケット打上げ時の衝突回避　131
ロンチ・ウィンドウ

【わ】
我が国独自の監視能力　231

索　引

【A】
A/m　111
APO自爆システム　80
ASAT　80

【B】
Briz-M　83

【C】
CD　191
CERISE　18
CFRP　115
ComSpOC　59
COPUOS　14
Cosmos 50　80
Cosmos 2251　3, 72, 79
CSSS　65

【D】
DAS　113

【E】
EDM　161
EDT　159
EURECA　90
EVOLVE　41

【F】
FDIR　109
Fengyun 1C　1, 70, 79
FGAN　60
Flock　144, 148
FMEA　109

【G】
GEODSS　57
GGE　217
GLOBUS II　60
GRAVES　60

【I】
IADC　6
スペースデブリ低減ガイドライン　6, 165
プロテクションマニュアル　138
Iridium 33　2, 72, 79
ISO　166
ISO24113　166, 169
ISON　61

【J】
JAC　130
JAXA
　観測　66
　公募小型衛星　142
　衝突検知器　68
　スペースデブリ発生防止標準　6
JSpOC　52
　Space-Track　54
　緊急警報サービス　53, 97
　接近警戒サービス　129

【L】
LDEF　20, 48, 67
LEGEND　42

【M】
MASTER　39
MSX　51

【N】
NASA Safety Standard　179
NASA-STD-8719.14　179
NEXTAR　143
NPR 8715.6　179
NTO　83

【O】
ORDEM　39
ORS　144

【P】
PAROS　191, 195

【R】
ROSAT　115

【S】
SBSS　57
SDA　59, 130
SDI　14
SkyBox　144, 148
SOCRATES　130
Space Track　7, 54
SBSS　178
SSN　55
SSR　54
Starfish Prime　194
satellites　10
STM　200
STSC　14

【T】
TCBM　193, 213, 217
TIRA　60
TLE　54, 129
Two Line Element Data　54

【U】
UARS　115
UNCOPUOS　165
USSTRATCOM　7, 52

【W】
Westford　194

加藤　明（かとう　あきら）

昭和27年生まれ。九州大学大学院工学府航空宇宙工学専攻修了、九州大学工学博士、技術士（航空・宇宙部門）、日本技術士会会員。昭和50年宇宙開発事業団（当時）に入社後、ロケットエンジンの開発、研究開発企画調整、衛星環境試験、安全・信頼性管理業務等に従事、並行して平成5年以降JAXAデブリ発生防止標準の制定、世界宇宙機関間スペースデブリ調整委員会（IADC）のデブリ低減ガイドラインの起草、国連の各種デブリ規制文書の作成委員会に参加、国際標準化機構の技術委員として関係規格の起草・審議を担当。2013年3月定年退社後もJAXA非常勤職員としてデブリ関係業務を継続。

スペースデブリ
―宇宙活動の持続的発展をめざして―

2015年12月20日　初版第1刷©

著　者　加藤　明

発行者　上條　宰

発行所　株式会社地人書館

　　　　〒162-0835　東京都新宿区中町15番地
　　　　電話　03-3235-4422（代表）
　　　　FAX　03-3235-8984
　　　　郵便振替口座　00160-6-1532
　　　　URL　http://www.chijinshokan.co.jp/
　　　　e-mail　chijinshokan@nifty.com

印刷所　モリモト印刷
製本所　カナメブックス

Printed in Japan
ISBN978-4-8052-0888-5

|JCOPY|＜（社）出版者著作権管理機構委託出版物＞

本書の無断複写は著作権法上での例外を除き禁じられています。複写される場合は、そのつど事前に、（社）出版者著作権管理機構（電話 03-3513-6969、FAX 03-3513-6979、e-mail: info@jcopy.or.jp）の許諾を得てください。